배성준

서울대학교 국사학과를 졸업하고 같은 대학원에서 식민지 시기 경성 공업 연구로 박사학위를 받았다. 서울대학교 법과대학 공익법연구단 연구원, 명지대학교 국가기록연구원 연구원, 고구려연구재단 및 동북아역사재단 연구위원, 네덜란드 레이던 대학교 동아시아연구센터 연구원 등을 역임하였다. 지금은 동국대학교 인간과미래연구소에서 '상품 사슬'에 기반한 동아시아 자본주의의 재구성 문제에 관심을 가지고 공부하고 있다. 저서로는 『한국 근대 공업사: 1876-1945』(푸른역사, 2021)가 있으며, 논문으로는 「19세기 후반 영국 왕립지리학회의 만주와 백두산 탐사」(2017), 「간도파출소의 간도 문제 인식과 간도 문제의 식민화」(2022), 「제14차 5개년 계획 시기 중국의 백두산 연구와 개발의 새로운 추세」(2024) 등이 있다.

토문과 두만 사이

간도 담론의 출현과 식민주의적 변용

인사이트 학술총서 05
토문과 두만 사이
간도 담론의 출현과 식민주의적 변용

초판 1쇄 발행 2025년 5월 30일

지은이 배성준
펴낸이 주혜숙

펴낸곳 역사공간
등록 2003년 7월 22일 제6-510호
주소 04000 서울특별시 마포구 동교로 19길 52-7 PS빌딩 4층
전화 02-725-8806 팩스 02-725-8801
이메일 jhs8807@hanmail.net 블로그 blog.naver.com/jgonggan

ISBN 979-11-5707-653-6 94910
     979-11-5707-612-3 (세트)

이 저서는 2021년 대한민국 교육부와 한국학중앙연구원(한국학진흥사업단)
한국학대형기획총서사업의 지원을 받아 수행된 연구임(AKS-2021-KSS-1120008).

토문과 두만 사이

간도 담론의 출현과
식민주의적 변용

배성준 지음

책을 내면서

1992년 한중 수교를 전후하여 이슈화되었던 간도 문제는 2004년 중국의 '동북공정'을 계기로 다시금 전 국민적 관심사로 부각되었다. 이후 중국의 역사 왜곡 소식이 들려올 때마다 고구려, 발해 역사문제와 더불어 간도 문제가 거론되었지만 이슈화되지 못하고 점차 국민들의 관심에서 멀어져 갔다. 그러나 중국과의 정치적, 경제적 관계가 거의 단절되고 '문화 전쟁'이라고 불릴 만큼 중국과의 문화 갈등이 부각되고 있는 지금, 간도 문제는 언제든지 이슈의 중심으로 복귀할 가능성이 있다. 20년 전에는 중국의 역사 왜곡이 간도 문제를 불러오는 매개가 된 반면, 차별과 혐오가 만연해 있는 지금은 중국과의 문화 갈등이 간도 문제를 불러오는 매개가 될 수 있기 때문이다.

이처럼 주기적으로 이슈화되는 간도 문제에 발을 들이게 된 계기는 2004년 5월 고구려연구재단의 창립이었다. 대학원을 졸업한 이후 대학의 연구사업단에 참여하였지만 단기 프로젝트에 불과했기에 당시 중국의 고구려사 왜곡에 대응하여 문을 여는 고구려연구재단에 간도 문제를 주제로 삼아 지원하였다. 입사 이후 동북아관계사팀에서 간도를 비롯한 영토문제를 맡게 되었고, 2년 후 고구려연구재단이 동북아역사재단으로 개편되면서 '백두산·간도 연구사업'을 맡게 되었다.

약 14년 동안 공공기관의 연구원으로 근무하는 동안 주된 일은 간도 '연구'가 아니라 간도 '사업'이었다. 재단에서 필요로 하는 것은 정책 수립을 위한 자료를 정부기관에 제공하고 국회의 요청과 언론 보도에 대처하는 것이기에 대강의 연구사 정리만으로도 업무에 어려움이 없었다. 간도 문제라는 생소한 주제를 가지고 '이삼 년 경험해 보자'라고 들어왔던 것이 재단 개편을 거치는 사이에 몇 년이 금새 지나갔다. 점차 재단에서 보내는 시간은 간도 사업에 한정되었고, 자투리 시간을 내어야 했던 연구는 이런저런 핑계와 게으름 속에서 소홀하게 되었다. 북한의 백두산정계비 터를 둘러보고, 연변의 간도 땅을 밟을 수 있었던 경험은 망외의 소득이었다.

정년을 앞두고 미루어 둔 연구를 채우고 그간의 경험을 정리할 생각에서 간도 문제 연구서 발간을 준비했지만 노동조합 설립 및 노동위원회 제소로 인하여 돌아볼 여유를 가지지 못하였다. 연구서 집필에 착수하게 된 계기는 정년 직후인 2021년 10월, 한국학중앙연구원의 한국학총서사업에 간도 문제 연구가 선정된 것이다. 약 2년에 걸쳐 원고 집필과 논문 발표가 이루어졌고, 대한제국시기에서 1950년대에 이르는 간도 문제의 역사를 결과보고서에 담을 수 있었다. 그렇지만 그릇에 담고 보니 꿰지 못한 구슬이 서 말이라, 순서를 맞추고 빈 곳을 채우는 데 다시 1년의 시간이 흘렀다. 원래 한 권으로 완결할 생각이었지만 점차 분량이 늘어나서 해방 이후 부분은 부득이하게 다음으로 넘길 수밖에 없었다.

간도 문제에 발을 들이면서부터 책을 간행하기까지 많은 분들의 가르침과 보살핌을 받았다. 김정배 이사장님과 김용덕 이사장님은 간도 사업을 온전히 맡기고 지지해 주셨다. 간도 사업을 맡으면서 가장 먼저 달려간 이성환 선생님과 지도 사업을 맡아주신 양보경 선생님은 간도 연구의 길잡이가 되어주셨고, 백두산 답사를 함께 했던 이화자 선생님은 간도 연구와 사업의 빈 곳을 채워주셨다. 간도 사업을 함께 했던 윤휘탁 선생님과 최덕규 선생님, 언제나 간도 연구를 지지해 주셨던 고 김원수 선생님은 간도 사업의 든든한 동반자였다. 고 김원수 선생님은 간도 연구에 마지막 열정을 불태우면서 간도 연구를 채근해 주셨다. 이 책의 발간을 맡아 주신 역사공간의 주혜숙 사장님과 편집부에도 감사의 마음을 전한다.

우크라이나전쟁이 이스라엘-팔레스타인전쟁으로 이어지고, 민중 정치가 소멸한 곳에서 비상계엄과 대통령 탄핵을 겪으면서 '역사는 나쁜 방향으로 전진한다'는 구절을 되새긴다. 역사의 '좋은 방향'을 지향하는 민중의 역량이 존재하지만 이러한 역량이 소멸되는 역사의 '나쁜 방향'에 직면하여 역사는 갈등과 위기, 심지어는 내란과 전쟁을 경과하면서 나아간다는 것을 새삼 깨닫는다. 지금 펴내는 이 책이 역사의 나쁜 방향을 분석하는 데 조금이나마 기여할 수 있기를 바랄 뿐이다.

2025년 4월
배성준 삼가 씀

차례

책을 내면서 ____ 5

여는 글 ____ 11

제1장 　대한제국기 간도 문제의 출현과 간도 정책
　　　1. 간도 문제의 기원 ____ 44
　　　2. 대한제국 수립과 간도 문제의 출현 ____ 60
　　　3. 러시아의 만주 점령과 간도 정책의 대두 ____ 72

제2장 　대한제국기 간도 담론의 구조
　　　1. 『북여요선』의 북방 강역 및 간도 문제 인식 ____ 96
　　　2. 『대한강역고』의 북방 강역 및 간도 문제 인식 ____ 105

제3장 　러일전쟁 이후 일제의 간도 정책과 간도 담론
　　　1. 러일전쟁 직후 일제의 간도 정책 ____ 124
　　　2. 일청 간도 교섭과 간도협약 ____ 141
　　　3. 간도 담론의 분열: 간도 개척과 간도 방기 ____ 154

제4장 　간도파출소의 간도 문제 인식과 간도 문제의 식민화
　　　　1. 간도파출소의 간도 조사 ____ 164
　　　　2. 간도파출소의 간도 문제 인식 ____ 171
　　　　3. 중립지대에 의한 간도 문제의 전유 ____ 181

제5장 　조선총독부의 압록강-두만강 지역 조사와 경계 인식
　　　　1. 조선총독부의 압록강-두만강 지역 조사 ____ 194
　　　　2. 조선총독부의 압록강-두만강 경계 인식 ____ 211

제6장 　1910~1920년대 간도 한인과 간도 담론
　　　　1. 한인의 간도 및 만주 이주와 중일의 간도 정책 ____ 232
　　　　2. 간도 담론의 확산 및 분열: 만주개발론과 귀화론 ____ 249
　　　　3. 재만 한인의 구축과 자치론의 발흥 ____ 260

제7장 　1930년대 전반 간도 문제의 소환과 간도 담론의 변용
　　　　1. 치외법권 철폐문제와 간도 문제 ____ 270
　　　　2. 만몽 문제와 간도 문제 ____ 279
　　　　3. 간도 문제의 소환과 간도협약의 재평가 ____ 291

닫는 글 ____ 303

미주 ____ 312
참고문헌 ____ 355

여는 글

1) 간도를 찾아서

간도를 찾아가는 길은 두 갈래이다. 한 갈래 길은 백두산 동남쪽 기슭의 정계비를 향하고, 다른 한 갈래 길은 연변의 선구촌[船口村, 오늘날 연변조선족자치주 용정시(龍井市) 개산둔진(開山屯鎭)]을 향한다. 백두산정계비를 찾아가는 이유는 비문에 새겨진 "서쪽으로는 압록강을 경계로 삼고 동쪽으로는 토문강을 경계로 삼는다[西爲鴨綠, 東爲土門]"는 구절을 확인하고, 정계비에서 발원하는 토문강을 보기 위해서이다. 그러나 정계비는 1931년에 누군가에 의해 훼손되어 없어졌기 때문에 백두산정계비 탁본을 확인하는 수밖에 없다. 국립중앙박물관에 들러 백두산정계비 탁본에서 "서위압록, 동위토문"을 확인하고, 백두산 기슭에 있는 정계비 터로 가보자.

정계비 터 전경
배성준 촬영, 2005. 7. 20

정계비 터에서 바라본
동쪽 골짜기 전경

배성준 촬영, 2005. 7. 20

정계비 터는 북한 땅 백두산에 있고 삼지연(三池淵: 오늘날 량강도 삼지연시)에서 가깝다. 삼지연 공항에 내려 차를 타고 백두산으로 올라가다 보면 압록강을 따라 올라오는 길과 만나고, 이내 장군봉으로 올라가는 길과 백두역(향도봉으로 올라가는 케이블카를 타는 곳)으로 가는 길이 갈라지는 곳에 있는 주차장에 닿는다. 정계비 터는 바로 이 주차장 한쪽 모퉁이에 있다. 정계비 터에는 정계비 받침돌로 보이는 바위와 정계비 터를 표시하는 하얀 표지석이 있다. 정계비 터에 서서 주위를 둘러보면 서쪽으로는 연지봉 아래에 압록강 발원지로 보이는 골짜기가 있고, 동쪽으로는 넓게 펼쳐진 고원지대에 토문강 발원지로 보이는 골짜기가 보인다.

지금으로부터 140년 전인 1885년, 조청 국경회담에 나선 조선 측 감계위원 이중하(李重夏)는 청국 측 감계위원과 같이 정계비를 조사하기 위해 백두산에 올랐다. 정계비 조사를 마치고 무산으로 돌아가 회담을 마무리한 이중하는 고종에게 보내는 보고서에서 정계비에서 발원하는 토문강의 지형과 물줄기의 흐름을 설명하였다.

정계비는 백두산에서 처음 떨어지는 남쪽 기슭 아래에 있는데, 좌우에 골짜기와 물줄기가 있습니다. 비문에 이르기를 서쪽은 압록강이고 동쪽은 토문강이라고 한 것은 바로 이것을 가리킵니다. 거기에는 물줄기의 모양은 있지만 물이 흐르는 흔적은 없어, 동쪽 물줄기 기슭을 따라 흙과 돌을 쌓아 올려 처음부터 끝까지 90리가 되며, 돌무더기·흙무더기는 180여 개가 됩니다. 이 물줄기 중간에 양 기슭의 흙벽이 문처럼 마주보고 있는 것이 토문이란 명칭의 유래입니다. 토문에서 흙무더기가 끝나는 곳까지의 거리는 10리입니다. 흙무더기가 끝나는 곳에서 도랑을 따라 수십 리를 가면 비로소 물이 나오는데, 토착인들은 이알개(伊戛蓋) 또는 삼포(杉浦)라고 부르고, 중국인들은 황화송구자(黃花松溝子)라 부릅니다. 이 물줄기가 동쪽으로 흐르다 북쪽으로 꺾어져 송화강으로 들어가서 나중에 흑룡강이 된다고 합니다.[1]

이중하는 정계비에서 발원하여 송화강으로 흘러들어가는 토문강이 조선과 청의 경계이고, 토문강 동쪽을 우리 땅이라고 보았다. 이러한 이중하의 토문강 인식은 지금까지 간도 문제의 기원을 이루고 있다.

간도를 찾아가는 다른 한 갈래 길은 연변(延邊)으로 향한다. 연변의 선구촌을 찾아가는 이유는 간도 명칭이 시작된 곳을 보기 위해서이다. 연길 공항에서 차를 타고 용정을 지나 개산둔에 들어오면 두만강을 만난다. 마을 안으로 들어가지 말고 차를 돌려 두만강변을 따라 도문(圖們) 방향으로 내려가다 보면 광소촌(光昭村)을 지나 선구촌에 닿는다. 선구촌은 북한의 종성 맞은편에 있는 마을인데, 예전에 두만강의 대표적인 나루터여서 '선구'라는 지명이 생겼다고 한다. 선구촌 주변은 '천평(天坪)벌'이라고 불리는 넓은 옥토(沃土)인데, 이곳에서 생산되는 쌀이 만주국 황제에게 진상되어서 '어곡전(御穀田)'이라고 불렸다. 천평벌 앞에 흐르는 두만강은 1950년대까지 한 갈래가 천평벌 쪽으로 흘러서 본류와 합해지면서 천평벌이 섬을 이루었다. 이 섬을 '사이

섬'이라고 불렀고, 천평벌 상단에 있는 마을을 머리섬, 천평벌 끝에 있는 마을을 꼬리섬이라고 불렀다.[2]

1994년에 연변의 작가 류연산은 두만강 답사 길에 선구촌에 들렀다. 선구촌에 사는 박흥송(朴興松, 당시 72세)은 그에게 선구촌의 유래에 대해서 이야기해 주었다.

백삼십 년 전에 종성 하산봉의 리영수 형제가 떼목을 타고 강을 건너와 이 천평벌에 괭이를 박았다고 합데다. 그 먼저 종성 사람들은 저 뚝 너머 사이섬에서 농살했지라우. 그래서 여기 벌농살 한 리영수 형제도 월강죄가 무서워 사이섬에 가서 농사를 지었다고 거짓부렁일 했지 뭠둥. 그 다음부터 저기 산너머 석정골이며 연집골까지 들어갔으면서두 사이섬 농사가 된거라꾸마. 그후 어윤중이 '월강죄불가진살'이라 한 다음부터 사람들은 시름을 놓고 월강농살 했고 리씨 형제는 아주 이사를 해서 살았다지 뭠둥. 사람들은 떼를 타고 건너다가 차츰 배를 놓아 오갔으므로 이곳 이름이 선구가 된거 아임둥.[3]

박흥송은 천평벌에서 두만강에 연한 곳을 '사이섬'이라고 불렀다. 여기에서 말하는 '사이섬'은 곧 '간도(間島)'인데, 중국 정부에서는 일본이 연길 지역을 빼앗기 위해서 간도 명칭을 날조하였다고 보았기 때문에 '간도'라고 부르지 못하고 '사이섬'이라고 불렀던 것이다. 1994년부터 130년 전이라면 1864년인데, 종성에 살던 조선인들이 두만강을 건너서 개간을 시작한 곳이 바로 사이섬이었다. 그 후 천평벌 너머로 개간이 확대된 뒤에도 조

사이섬 비석 전경(위)
「박창희 기자의 북중변경 나루와 다리 〈4〉 선구촌과 사이섬」, 『국제신문』, 2007. 10. 25

파손된 비석 전경(아래)
배성준 촬영, 2007. 6. 27

선인들은 중국 관헌의 단속을 피해 개간한 곳을 사이섬이라고 불렀다. 지금도 이곳에는 천평벌과 사이섬에 관련된 명칭이 남아 있다. 광소촌에는 '상천평(上泉坪)', '중천평(中泉坪)', '하천평(下泉坪)' 지명을 쓰고 있고, 선구촌에는 꼬리섬을 한자로 바꾼 '미도(尾島)'가 있다.

한중 수교 이후 선구촌 앞 두만강변에 '사이섬' 비석이 세워진 적이 있었다. 간도를 찾아 선구촌을 방문하는 한국인이 늘어나자 2002년에 선구촌 앞 두만강변에 '사이섬'이라고 새긴 기념비가 세워졌다. 그러나 간도 명칭을 인정하지 않던 중국 정부 때문인지 사이섬 비석은 1년도 채 되지 않아 파손되고 말았다.[4]

백두산 기슭의 정계비 터와 두만강변의 선구촌, 간도를 찾아가는 길은 두 갈래로 나뉘어 있지만 간도 문제는 '토문강'과 '사이섬'이 만나는 곳에서 시작되었고, 지금까지 해결되지 않은 문제로 남아 있다.

2) 간도 문제에 대한 담론적 접근

통상 간도 문제는 '간도는 우리 땅'이라는 구호에서 선명하게 드러나듯이 간도 지역의 귀속을 둘러싼 영유권문제를 의미한다. 영토문제로서 간도 문제 연구는 간도 귀속에 관련된 역사적 사실(historical fact, 史實)을 발굴하고, 이를 근거로 간도 영유의 정당성을 입증하는 데 중점을 두었다. 역사학 분야에서는 간도 영유를 뒷받침할 수 있는 자료의 발굴과 사실의 해석에 집중하였고, 이를 토대로 국제법 분야에서는 국경 획정을 통한 간도 영유의 정당성과 유효성을 입증하는 데 주력하였다. 이에 따라 백두산정계비 건립, 비문의 '토문' 해석, 조선과 청의 경계 인식, 조선인의 간도 이주, 조청 국경회담, 일본의 간도 정책과 간도협약, 국경비로서 백두산정계비의 유효성, 간도협약 무효 여부 등을 중심으로 간도 문제 연구가 이루어져 왔다.[5]

그렇지만 이러한 방식의 간도 문제 연구는 현재 간도 영유권을 뒷받침할 수 있는 자료의 발굴은 물론, 간도 영유의 유효성 입증도 곤경에 처해 있는 실정이다. 이는 간도 문제에 대한 민족주의적 인식 때문이기도 하지만, 간도 문제가 가지고 있는 근본적인 곤란함, 즉 '토문' 비정의 혼란스러움과 간도 영역의 불확실함에 기인하는 것이다.

타자를 배제하고 단일한 정체성을 추구하는 경향이 강한 한국 민족주의는 다른 민족이나 문화와의 관계에서 한민족의 독자성이나 우월성을 강조하는 '자민족중심주의'로 흐르기 쉽다. 이는 간도 문제 연구에서 역사적 사실에 대한 합리적이고 객관적인 해석을 추구하기 보다는 우리 민족의 간도 영유를 입증하는 데 유리한 자료나 해석을 선택, 강조하는 경향으로 나타난다. 또한 우리 민족의 간도 영유가 상대편보다 시기적으로 앞선 것임을 입증하기 위하여 간도 영유의 성립시기를 최대한 앞당기려고 한다. 간도가 고구려, 발해의 옛 땅이라고 하거나 간도 명칭이 고대에 사용되던 '곰터'에서 나왔다거나 하는 주장이 그러한 사례이다. 그 결과 간도 문제가 출현한 시대적 조건은 사라지고 간도는 오랜 옛날부터 우리 민족의 영토였다는 생각이 자리잡게 된다.

간도 문제 연구가 직면한 보다 근본적인 문제는 토문 비정의 혼란스러움과 간도 영역의 불확실함이다. 토문 비정의 혼란스러움은 백두산정계비 건립 당시 청국 사신 목극등(穆克登)이 송화강으로 들어가는 물줄기를 두만강의 원류라고 오인한 것에서 유래한다. 강희제의 지시를 받은 목극등은 압록강과 두만강의 발원지를 조사하고 "서쪽으로는 압록강을 경계로 삼고, 동쪽으로는 토문강을 경계로 삼는다"고 새겨진 정계비를 세웠고, 당시에는 조선과 청 모두 압록강과 두만강이 천연의 경계이고 토문강이 두만강이라는 인식을 공유하고 있었기에 19세기 후반까지 양국 사이에 경계문제가 불거진 적은 없었다. 그렇지만 백두산정계 이후 정계와 관련된 여러 가지 해석이나 추론이 제기됨에 따라 조선 후기의 고지도 중 상당수가 두만강과는 별개의 흐름으로 토문강을 표시하였고, 여기에 '분계강(分界江)'까지 더해지면서 토문 비정의 혼란이 가중되었다.[6] 1880년대 들어 조선인의 월경문제가 발생하면서 조선에서 토문강이 두만강과 다른 강이라고 경계 문제를 제기하였고, 1885년의 조청 국경회담에서 비로소 정계비에서 발원하는 물줄기가 송화강으로 흘러 들어간다는 사실을 확인함으로써 양측 모두 대책 마련에 부심하였다.[7]

이러한 토문 비정의 혼란이 간도 명칭의 유래와 결합되면서 간도 영역의 불확실함을 낳았다. 간도 명칭의 유래에 대해서는

제1장 앞부분에서 자세히 살펴보겠지만, 간도 명칭은 종성 건너편의 두만강 모래톱에서 시작되어 두만강 건너편의 개간지를 가리키는 명칭으로 확산되었고, 북간도와 더불어 서간도 명칭이 등장하면서 압록강 건너편의 조선인 이주지까지 간도 영역에 포괄되었다. 토문 비정의 혼란과 결합되면서 간도 영역은 연해주 일대를 포괄하는 영역으로까지 확장되었다. 정계비에서 발원하는 토문강의 흐름을 따라간다면 '토문강-송화강-흑룡강'이 경계가 될 것이고, 간도 영역은 만주와 연해주 일대를 포괄하는 광대한 영역이 된다.[8] 그렇지만 토문강의 흐름을 경계로 하는 간도 영역이 비현실적이었기에 대한제국시기에는 '토문강-분계강' 경계가 제시되었고, 간도파출소에서는 송화강과 두만강의 수계를 나누는 노야령산맥(老爺嶺山脈)을 경계로 간도 영역을 설정하기도 하였다.

 토문 비정의 혼란과 간도 영역의 미정이라는 간도 문제의 근저에 있는 유동성은 영토문제로서 간도 문제를 구성하거나 간도 영유권을 제기하는 데 근원적인 결함이 되었다. 영토문제란 특정한 경계의 획정과 이와 더불어 생겨나는 일정한 영역을 전제로 하여 그 귀속의 역사적 근거와 국제법적 정당성을 다루는 것인데, 간도같이 경계가 혼란스럽고 영역도 미정인 곳이라면 영유권 주장 자체가 난관에 봉착할 수밖에 없다. 국제법 분야에서는 간도협약 무효와 북중국경조약 유효문제를 제기하지만 설령 북중국경조약과 간도협약이 무효가 된다고 하더라도 1885년 조청 국경회담에서 이중하가 직면한 곤경이나 1899년 한청통상조약에서 경계획정문제를 제외할 수밖에 없었던 상황은 여전히 남아 있을 것이다.

간도 문제의 유동성은 영토문제로서 간도 문제를 구성할 때에도 여러 가지 어려움을 낳는다. 간도 문제의 중심에 있는 토문경계 비정과 간도 영역 설정은 그 기원이 다르기 때문에 간도 문제의 성립시기를 특정하기 곤란하며, 영토문제로서 간도 문제가 성립한 이후에도 간도 문제의 유동성은 간도 문제 자체를 취약하게 만든다. 경계가 혼란스럽고 의미와 영역이 변동하기 때문에 간도 문제가 놓인 시대적 조건과 이에 따른 경계와 영역의 변동을 고려해야 할 뿐만 아니라, 간도 문제를 제기하는 주체들 사이에도 혼란과 균열이 일어나기 마련이다. 대한제국 정부에서는 간도 정책에 대한 내부(內部)와 외부(外部)의 입장과 대처 방식이 달랐고,[9] 이후에도 간도 문제가 이슈화될 때마다 간도 문제를 보는 입장이 갈라졌다. 그동안 이러한 측면이 간과되었던 것은 토문강과 두만강이 동일한 강이라는 중국 측의 주장을 비판하는 데에만 주력하였기 때문이다.

이처럼 간도 문제의 유동성은 영토문제로서 간도 문제를 다룰 때에는 결함이자 한계로 작용하지만, 간도 문제가 놓인 시대적 조건과 주체, 그리고 시간의 흐름에 따른 역사적 변천에 주목하도록 만든다. 그리고 지금까지 간도 문제 연구가 간과해 왔던 질문, '간도 문제는 언제 출현하였으며, 왜 주기적으로 이슈화되는가'라는 질문으로 인도한다. 대략적으로 살펴보더라도 1880~1890년대에 경계문제와 더불어 시작되는 간도 문제는 간도협약으로 일단락되었지만, 1930년 무렵 만몽 문제와 더불어 이슈화되었다. 해방 이후 1960년대 들어 백두산 영유권문제와 더불어 한일회담 과정에서 간도 문제가 제기되었으며, 1992년 한중 수교, 2004년 동북공정 같은 현안과 더불어 간도 문제가 이슈화되었다. 이처럼 100년 이상에 걸쳐 주기적으로 되풀이되는 간도 문제의 역사에 대해서 그동안 간도 문제 연구에서는 주목하지 않았지만, 간도 문제의 유동성은 간도 문제의 출현과 역사적 변천이라는 문제를 제기하는 기반으로 작용한다.

  간도 문제의 유동성을 중심에 놓고 간도 문제의 출현과 역사적 변천이라는 문제를 탐구하기 위해서는 새로운 지평이 요청된다. 간도 문제의 유동성이 토문 비정의 혼란과 간도 영역의 미정에서 나온 것이고 토문 비정과 간도 영역 설정이 정계 및 토문 관련 사료(史料)에 대한 해석과 간도 이주 및 간도 관련 사료에 대한 해석에서 비롯된 것이기에, 간도 문제의 유동성을 분석하기 위해서는 간도 문제에 대한 담론적 접근이 필요하다. 담론적 관점에서 간도 문제가 간도 담론을 통하여 구성되고 의미를 부여받는 주제(topic)라고 볼 때, 간도 문제 연구는 간도 귀속을 둘러싼 역사적 사실의 규명에서 간도 담론의 역사적 변천에 대한 탐구로 전환하게 된다. 이러한 전환은 고정적인 영토문제에서 유동적인 담론문제로 연구 지반을 전환함으로써 간도 문제의 '역사성'을 탐구하는 출발점이기도 하다.

  우선 '담론' 개념에서 출발해 보자. '담론'이란 언어학적으로 한 묶음의 말하기(utterance)나 일련의 문장(sentence)을 가리키지만, 특정한 맥락에서 언어의 사용으로 이해되기도 하고, 말해진 것이 물질화된 텍스트(text)를 지칭하기도 한다. 또한 언어를 통하여 세상을 이해하고 세상과의 관계를 만들어 나간다는 점에서 담론을 사회적 실천의 한 형태라고 보기도 한다. 이처럼 담론은 아주 폭넓은 의미와 용법을 가지고 있다. '담론 연구(discourse studies)'에 따르면 담론은 대체로 두 가지 상이한 방식으로 사용되는데, 언어학이나 미시사회학에서 사용하는 실용적인 이해 방식에 따르면 담론은 사용 중인 언어, 발화 행위의 상황적 생산, 텍스트를 맥락화하는 과정이나 실천을 의미하며, 거시사회학에서 사용하는 사회-역사적 이해 방식에 따르면 담론은 규모가 큰 사회적 공동체의 언어적, 비언어적 실천의 총체를 의미한다.[10]

담론적 접근이 가지는 함의는 언어가 가지는 '의미'를 사회적 실천의 산물로 이해한다는 점이다. 이는 언어의 의미가 말하기나 텍스트에 내재된 속성에서 나오는 것이 아니라 특정한 맥락에서 언어를 사용한 결과로서 형성된다고 본다. 담론적 접근은 특정한 상황에서 상호작용하는 대화 참가자나 언어가 물질화된 텍스트에 초점을 맞추기도 하지만, 담론적 실천 속에서 사회적 질서가 구성되는 방식에 주목하기도 한다.[11] 언어와 지식, 권력, 주체의 관계를 탐구하는 문화 연구와 비판적 사회과학에서의 담론 연구에 따르면 담론은 사회적 공동체에서 사람들이 생각하고 행하는 것을 표상하는데, 세상을 표상한다는 것은 담론을 통하여 세상을 인식한다는 점에서 세상을 구성하는 것이기도

하다. 이러한 의미에서 담론적 실천은 주어진 사회적 관계 속에서 행해지지만, 역으로 담론적 실천이 사회적 관계를 형성하기도 한다.[12]

　담론적 관점에서 사료와 사실에 대한 이해는 역사학에서의 통상적인 이해와는 상이하다. 역사학에서는 과거에 일어난 사실이 사료 속에 담겨 있다고 보기 때문에 사료에 대한 해석을 통하여 사실을 드러내는 것을 역사 서술의 본령이라고 생각한다. 따라서 역사 연구란 사료에 대한 객관적 분석과 해석을 통하여 사료의 외부에 존재하는 사실을 '있는 그대로' 보여주는 것이다. 역사학의 이러한 이해는 사료에 앞서 '실재'가 존재하고 사료(및 사료에 기반하여 만들어진 역사적 사실)는 그 실재를 반영/묘사한다는 인식에 기반해 있으며, 사료가 반영/묘사하는 실재와 사료 외부의 실재 사이의 조응이 역사학의 진리를 담보한다는 인식으로 연결된다.

　반면 담론적 관점에서는 언어가 실재를 반영하는 것이 아니라 역으로 언어를 통해서만 실재를 인식할 수 있다. 그리고 언어의 의미도 텍스트 자체에 담겨 있는 것이 아니라 사회적 맥락 속에서 형성된다. 따라서 사료가 실재를 반영/묘사한다거나 사료의 의미가 사료 자체에 담겨 있다고 보지 않고, 사료의 의미는 사회적 맥락 속에서 생겨난다고 본다. 이러한 관점에서 사료는 텍스트의 일종이며, 역사적 사실은 텍스트에 대한 역사가의 해석을 통해서 지식의 대상으로 구성되는 것이다. 그러므로 역사 서술의 대상인 '과거'는 사료 외부에 존재하는 실재가 아니라 문서고

에 남아 있는 사료를 바탕으로 역사가가 지식의 대상으로 생산한 것이다.[13]

이러한 관점에서 간도 문제를 바라볼 때, 간도 문제는 특정한 사회적 맥락과 정세 속에서 담론에 의해 구성되고 의미가 부여되는 지식의 대상이 된다. 이제 간도 문제는 간도라는 자명한 실재를 전제로 하여 간도의 귀속 여부를 입증하는 문제가 아니라, 간도 자체가 사회적 맥락 속에서 하나의 대상으로 구성됨으로써 특정한 의미를 지니게 되는 과정에 대한 분석이 된다. 이에 따라 간도 문제 연구는 간도 문제의 출현에서 현재에 이르는 간도 문제의 역사적 변천에 대한 분석이 중심이 되고, 연구의 영역도 간도의 귀속과 관련된 텍스트(문헌 자료와 고지도)에서 정부의 간도 정책과 대중의 간도 인식, 간도에 대한 지식의 생산과 유통 같은 영역으로 확장된다.

간도 문제의 역사적 변천을 분석하기 위해서는 '담론 연구'의 여러 갈래 중에서 담론과 권력, 주체, 사회와의 관계에 주목하는 '비판적 담론 분석(Critical Discourse Analysis)'이 유용한 기반을 제공해 준다. 페어클러프(Norman Fairclough), 판 다이크(Teun A. van Dijk), 보다크(Ruth Wodak) 등에 의하여 체계화된 비판적 담론 분석은 텍스트에 대한 미시적 분석과 담론의 사회적 맥락에 대한 거시적 분석을 결합함으로써 언어와 사회의 변증법적 관계를 분석하는 데 중점을 둔다. 페어클러프는 담론 분석을 위하여 담론의 세 가지 차원—텍스트, 담론적 실천(discourse practice), 사회문화적 실천(sociocultural practice)—

과 관련된 분석틀을 상정한다. 먼저 '텍스트' 차원의 분석은 텍스트의 어휘, 문법, 결합/배열 및 텍스트 구조 등에 대한 '기술(description)'에 해당한다. '담론적 실천' 차원의 분석은 텍스트가 생산, 유통, 소비(수용)되는 과정에서 기존의 텍스트 및 담론과 상호작용하면서 의미가 생산되는 과정에 대한 분석인데, 장르(genre), 스타일(style), 담론들(discourses)로 나누어 텍스트의 행위 방식, 존재 방식, 표상 방식을 분석함으로써 텍스트의 의미에 대한 '해석'이 이루어진다.[14] '사회문화적 실천' 차원의 분석은 담론적 실천이 이루어지는 사회적 구조와 정세에 대한 분석으로서, 담론과 권력, 담론과 사회적 구조의 관계에 대한 '설명'이 이루어진다.[15]

비판적 담론 분석의 흐름 중에서 담론 간의 관계 및 사회정치적 변동에 따른 담론의 변화에 주목하는 것이 '담론-역사적 접근(discourse-historical approach)'이다. 보다크가 체계화한 담론-역사적 접근은 담론의 사회적 맥락에 주목하여 '재맥락화'를 통한 담론의 시간적 이행을 탐구한다. 핵심을 간추리자면 담론을 구성하는 요소인 텍스트, 장르, 주제가 시간의 경과에 따라 새로운 맥락에 배치되어 새로운 의미를 획득하는 것을 '재맥락화'로 개념화하고, 재맥락화를 구성하는 담론 사이의 상호텍스트적이고 상호담론적인 관계에 주목하여 담론의 시간적 이행을 체계화한다.[16] 가령 시간의 경과에 따라 '담론 A'가 '담론 B'로 이행하는 경우, '담론 A'의 구성 요소인 '장르 A-텍스트 A-주제 A'와 '담론 B'의 구성 요소인 '장르 B-텍스트 B-주제 B' 사이의

상호텍스트적이고 상호담론적인 관계를 분석함으로써 담론 사이의 이행을 설명할 수 있다.[17]

이 책에서는 이상에서 살펴본 담론 분석 방식을 참조하여 간도 담론을 분석함으로써 간도 문제의 출현 및 역사적 변천 과정을 탐구하고자 한다. 먼저 간도 담론 분석에 페어클러프가 제시한 담론의 세 가지 차원을 적용해 보면, 간도 담론도 텍스트, 담론적 실천, 사회문화적 실천이라는 세 가지 차원의 분석을 상정할 수 있다. 텍스트 차원에서는 간도 관련 텍스트를 대상으로 텍스트의 어휘, 개념, 문법 등을 분석하는 텍스트 분석이 이루어질 수 있으며, 담론적 실천 차원에서는 다양한 장르에서 생산되는 간도 텍스트가 생산, 유통, 소비(수용)되고 주제로 형성되는 과정에 대한 분석이 이루어질 수 있다. 사회문화적 실천 차원에서는 간도 텍스트가 사회적 이슈로 부각되는 사회적 맥락과 정세에 대한 분석이 이루어질 수 있다. 이러한 각각의 층위에 대한 분석은 개별적으로 이루어지기도 하지만, 텍스트에 대한 분석이 텍스트가 생산, 유통, 소비되는 담론적 실천 차원의 분석과 결합되거나 담론적 실천 차원의 분석이 특정한 주제가 사회적 이슈로 부각되는 사회문화적 실천 차원과 결합되는 것처럼 텍스트 분석을 중심으로 다른 층위의 분석이 결합되는 방식으로 담론 분석이 수행된다.

간도 문제에는 영토의 귀속을 주장하는 단일한 입장만 있을 것이라고 생각하기 쉽지만 시기에 따라 다양한 주장이 출현하였고 대립하는 주체들이 존재하였다. 간도 문제에서 대립되는 주장과 주체의 출현이란 곧 간도 담론의 분열을 의미하는 것인데, 이러한 간도 담론의 분열은 담론 자체가 가진 불안정성 때문이기도 하지만 저항 담론의 존재 때문이기도 하다. 담론은 다양한 활동, 개념, 주체를 연결시키고 지식의 대상을 구성하기 때문에 항상 분산적이고, 이질적이며 불안정하다. 푸코에 따르면 사람들은 동일한 담론적 실천 안에서 상반되는 견해들을 갖거나 모순적인 선택을 하는 것이 가능하다.[18] 또한 지배가 있는 곳에서는 저항이 존재하기 마련이므로 지배 담론은 항상 저항 담론을 수반한다.[19] 따라서 간도 담론에서도 담론의 분열, 곧 주체의 분열이 수반되기 마련이며, 간도 문제의 역사적 변천에서 간도 담론의 분열은 다양한 방식으로 출현하면서 간도 담론의 변용과 이행을 추동한다.

간도 문제의 역사적 변천을 분석하기 위해서는 '담론-역사적 접근'에서 담론의 시간적 이행을 설명하는 방식을 활용할 수 있다. 가령 대한제국기 간도 담론에서 식민지기 간도 담론으로의 이행을 설명하는 경우, 대한제국기 간도 담론을 구성하는 '장르 A-텍스트 A-주제 A'가 사회적 맥락과 정세의 변화에 따라 재맥락화되면서 식민지기 간도 담론을 구성하는 '장르 B-텍스트 B-주제 B'로 변용될 수 있다. 그리고 이러한 과정에서 식민주의와 민족주의의 대립이 전개되면서 간도 담론에서 분열이 발생할 수 있다. 다음 도식은 대한제국기 간도 담론에서 식민지기 간도 담론으로 이행하는 과정을 도식화한 것이다.

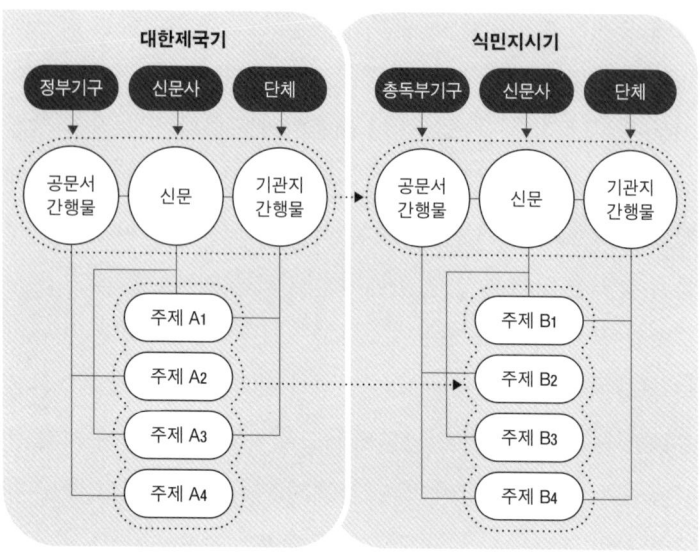

간도 담론의 역사적 변천

3) 간도 문제 연구의 흐름

간도 문제가 출현한 이래 간도 문제는 주기적으로 정치적·외교적 현안이나 사회적 이슈로 등장하였고 간도 문제가 부각되는 시기를 중심으로 간도 문제 연구가 이루어져 왔다. 간도 문제 연구는 간도 문제가 만몽 문제와 결부되어 정치적 현안으로 대두하였던 1930년대에 시작되었다. 통감부간도파출소 총무과장을 지냈던 시노다 지사쿠(篠田治策)[20]는 1930년에 『간도 문제의 회고』를 발간하여 간도파출소 시절을 회고하는 한편 간도의 역사를 정리하였으며, 1938년에 『백두산정계비(白頭山定界碑)』

를 발간하여 정묘호란 직후 무인지대 성립부터 간도협약에 이르는 간도 문제의 역사를 서술하였다. 언론인 유광열(柳光烈)[21]은 1933년 『간도소사(間島小史)』를 발간하여 윤관의 정계비 건립부터 만주사변에 이르는 간도 문제의 역사를 서술하였다. 간도파출소의 간도 문제 인식을 계승한 시노다의 연구와 『북여요선』의 간도 문제 인식을 계승한 유광열의 연구는 간도 문제 연구의 양대 축을 형성하면서 이후 간도 문제 연구로 이어졌다.

해방 이후 간도 문제 연구가 본격적으로 출범한 것은 1960년대 들어서이다. 남북 분단과 더불어 만주 한인의 귀환, 간도에서 연변(延邊)으로의 전환 등 급격한 정세 변화로 인하여 간도 문제는 대중의 기억에서 잊혔다가 1960년대 초반 백두산 영토문제의 출현과 더불어 간도 문제가 사회적 이슈로 부각되면서 간도 문제 연구가 새롭게 시작되었다. 1960년대 이후 2010년대까지 간도 문제 연구는 크게 세 개의 시기 ― 제1기는 1960년대에서 1970년대까지 간도 문제 연구가 출범한 시기, 제2기는 1980년대부터 1990년대까지 간도 문제 연구가 확산되는 시기, 제3기는 2000년대부터 2010년대까지 간도 문제 연구가 분화되는 시기 ― 로 나누어 볼 수 있다. 제1기는 1960년대 백두산 영토문제의 제기 및 백산학회(白山學會) 발족으로 간도 문제 연구가 새롭게 출범하는 시기이며, 제2기는 1980년대 후반 북방정책 및 한중 수교를 계기로 북방사 연구가 촉발됨에 따라 간도 문제 연구가 양산되는 시기이다. 제3기는 '동북공정'으로 간도 문제가 사회적 이슈로 부각되면서 간도 문제 연구가 활성화되고 기존의 간도 문제 연구에 비판적인 경향이 출현하는 시기이다. 이러한 간도 문제 연구의 변천을 고려하면서 각 시기별로 간도 문제 연구의 흐름과 쟁점을 살펴보기로 하자.22

간도 문제 연구의 출범

해방 이후 간도 문제가 사회적 이슈로 출현한 시기는 1960년대 들어서이다. 1961년 중화인민공화국이 백두산 영유권을 주장하고 있다는 보도가 나온 이래 언론에서는 중공이 한국전쟁을 지원한 대가로 북한에게 백두산 할양을 요구하였다는 보도가 잇따랐다. 백두산 영토문제의 제기와 더불어 한일회담 과정에서 간도 문제가 일본과 해결해야 될 현안의 하나로 부각되면서 간도 문제는 사회적 이슈로 등장하였다. 또한 안수길의 『북간도』(1967)에 이어 박경리의 『토지』(1973)가 발간되고 연극, 영화, 드라마로 제작됨으로써 간도에 대한 대중의 기억을 소환하는 데 커다란 역할을 하였다.

이처럼 간도 문제가 사회적 이슈로 부각되면서 1966년 4월 반도사관의 극복과 북방영토 연구를 내세운 백산학회가 발족되었다. 백산학회는 주요 사업으로 대륙관계사(大陸關係史) 간행을 추진하였으며, 언론을 통하여 간도가 우리 영토라는 사실을 대중에게 환기시켰다. 또한 국립도서관의 독립운동사 자료 수집 및 국사편찬위원회의 『한국독립운동사』(1965~1969) 편찬, 원호처에 설치된 독립운동사편찬위원회의 『독립운동사』(1970~1978) 간행, 고려대학교 아세아문제연구소의 외교문서

편찬 등 독립운동사 및 외교사 편찬의 일환으로 간도 문제 관련 자료를 수집, 간행함으로써 간도 문제 연구를 뒷받침하였다.

중공이 백두산 영유권을 주장하고 있다는 언론 보도 직후 이선근의 「백두산과 간도문제-회상되는 우리 강역의 역사적 수난-」(『역사학보』, 1962)이 발표되었고, 백산학회에서는 기관지인『백산학보』에 간도 문제 관련 논문과 자료를 꾸준히 게재하였다. 이선근은 중국의 영토 주장이 청국의 탐욕과 불법을 계승한 것이라고 비난하면서 백두산과 간도 관련 사료를 근거로 이 지역이 '우리 민족 본연의 강역'임을 주장하였다. 백산학회에서는 장지연의「백두산정계비고」를 필두로 매호마다 간도 문제에 관한 자료를 소개하였고, 윤관의 선춘령비부터 간도 이주에 이르는 간도 문제 관련 논문을 수록하였다. 국제법 분야에서는 노계현의 간도협약 논문과 더불어 이한기의『한국의 영토』(1969)가 간행되었고, 외교사 분야에서는 신기석의『간도영유권에 관한 연구』(1979)가 간행되었다. 노계현, 이한기는 신기석의 간도 문제 정리를 수용하여 국경조약으로서 백두산정계비의 유효함과 간도협약 무효를 주장하였다. 1960년대에 출범한 간도 문제 연구는 반공의식과 고토 회복의식을 배경으로 하고 있으며, 간도 문제 인식에서 간도파출소의 식민주의적 인식을 수용하고 있다는 점이 특징적이다.

간도 문제 연구의 확산
1988년 정부의 '북방정책' 추진으로 한소 수교(1990), 한중 수교

(1992)를 비롯하여 남북한 유엔 동시가입 및 '남북기본합의서' 채택 등으로 사회주의권과의 교류 및 협력을 위한 기반이 마련되었다. 이에 따라 해외여행자유화 조치(1989) 및 한중 수교로 인하여 백두산과 연변 지역 관광이 시작되었고, 1989년 동아일보사의 '백두산 생태계 학술조사단', 조선일보사와 대륙연구소의 '대륙연구 학술조사단'을 필두로 현지조사가 추진되었다. 연변 지역과의 왕래가 빈번해지고 연변 지역과 조선족에 대한 관심이 증대하면서 간도 문제가 현실적인 문제로 등장하였다. 한중 수교를 전후하여 언론에서는 수교 시의 과제로 간도 영유권 문제를 거론하였다. 국회에서도 1983년에 「백두산 영유권 확인에 관한 결의안」이 제출된 데 이어, 1995년 국회의원 261명이 재차 「백두산 영유권 확인에 관한 결의안」을 제출하여 백두산 및 간도 영유권문제에 대한 정부의 대책 수립을 촉구하였다.

북방정책 추진 및 한중 한소 수교를 계기로 연변 지역과 연해주 지역과의 교류가 시작됨에 따라 북방사 연구가 촉발되었다. 기존의 백산학회와 더불어 대륙연구소가 간도를 비롯한 북방사 연구를 추동하였다. 1988년 흑룡강성 삼강평원 개발을 위하여 설립된 대륙연구소는 연해주와 동몽골의 고구려, 발해 유적 발굴 및 북방사 연구를 지원하였다. 그리고 1992년에는 양태진 등 영토문제 전문가 20여 명이 토문회(土門會)를 결성하여 간도 문제 연구에 나섰다. 또한 외교안보연구원에서는 간도 영유권 자료 번역집을 간행하여 중국 자료를 소개하였다.

북방사 연구의 활성화와 더불어 간도 문제 연구도 양적으로 증가하였고, 연구의 영역도 확장되어 월경문제, 압록강·두만강의 도서(島嶼)문제, 통감부의 간도 정책, 일청 간도 교섭, 간도의 독립운동 등의 분야에서 연구가 이루어졌으며, 간도 문제가 국경사(영토사)의 일부로 서술되었다. 『한국 국경분쟁사』(김경춘, 1980), 『백두산과 북방강계』(김득황, 1987), 『한국국경사연구』(양태진, 1992), 『조선의 영토』(노계현, 1997), 『한중국경문제연구: 일본의 영토정책사적 고찰』(최장근, 1998), 『간도연구』(김명기 편저, 1999) 등 역사학과 국제법 분야에서 국경사와 간도 문제에 대한 저서가 다수 간행되었다. 백산학회에서도 간도 문제에 대한 논문 발표와 자료 소개가 늘어났으며, 『한민족의 대륙관계사』(1996), 『한국의 북방영토』(1998), 『간도영유권 문제 논고』(2000), 『백두산정계비와 간도영유권』(2000) 등의 논문집을 간행하였다. 이처럼 간도 문제 연구가 양적으로 확대되고 일본 외무성 자료를 활용하는 등 연구도 심화되었지만, 간도 문제 연구의 인식틀과 서술체계는 1960년대 간도 영유권 중심의 연구에 머물러 있었다. 차이가 있다면 국경비로서 백두산정계비를 부정하는 논의가 제기되었다는 점이다.[23]

한편 간도 영유권 중심의 간도 문제 연구에 대한 비판적 인식이 제기되었다. 1981년 4월 고려대학교 민족문화연구소에 '영토문제연구실'이 설립되어 조선 후기 및 대한제국기의 영토문제를 새롭게 조명하고자 하였다. 대표적으로 조광은 토문강, 분계강(分界江), 두만강에 대한 다양한 인식이 출현하였다는 점, 주민의 생활상이나 문화에 대한 연구가 필요하다는 점을 제기하였다.[24] 그 밖에도 이성환은 간도를 둘러싼 중일 관계에 주목하여 러일전쟁 전후 일본의 간도 문제 개입에서 만주국 간도성(間島省) 성립에 이르는 간도 문제의 역사를 새롭게 구성하였으며,[25] 강석화는 18~19세기 북방지역 개발에 따른 영토의식의 변화에 주목하여 백두산정계비 건립 당시 토문강과 두만강을 동일한 강으로 인식하였으나, 18세기 중반 이후 토문강과 두만강을 별개의 강으로 인식하였다고 주장하였다.[26]

간도 문제 연구의 분화
2003년 '동북공정'을 통한 중국의 고구려사 왜곡 소식이 전해지면서 동북공정의 목적이 간도 영유권을 확고히 하려는 데 있다는 주장과 더불어 '간도협약 무효'를 통한 간도 영유권 회복이 제기되었다. 또한 2004년 국회에서 국회의원 59명이 백두산 영토문제를 간도 영토문제로 확대하는 「간도협약의 원천적 무효 확인에 관한 결의안」을 제출하여 간도 영유권문제에 대한 정부 차원의 대응을 촉구하였다. 이에 따라 정부에서는 2004년 5월에 중국의 역사왜곡에 대응하기 위한 고구려연구재단을 발족하였으며, 10월에는 반기문 외교부장관이 외교부 국정감사에서 "간도협약에 관해서는 법리적으로 무효"이지만 간도 문제는 "다양한 국제법적 이슈와 관련된 복잡하고 민감한 사안"이라고 간도 문제에 대한 정부의 입장을 최초로 표명하였다.
한편 2004년 7월 백산학회 주도로 설립된 '간도되찾기운동본부'는 간도협약이 체결된 9월 4일을 '간도의 날'을 제정하는 등

국민운동적 차원에서 간도 문제를 이슈화하였다. 또한 '간도 영유권 100년 시효설'[27]이 회자되면서 간도 문제 해결이 시급함을 촉구하였다. 간도협약 100년을 맞는 2009년, 국회의원 50명이 재차 「간도협약의 원천적 무효 확인에 관한 결의안」을 제출하였으며, 간도되찾기운동본부에서는 국제사법재판소에 간도가 한국 영토임을 주장하는 탄원서를 발송하였다. 국회에서는 일본, 중국의 역사왜곡에 대처하기 위하여 2013년에 '동북아역사왜곡대책특별위원회(1차 2013. 6, 2차 2015. 9~12)'를 구성하여 동북공정 및 간도 문제에 대한 대책을 협의하였다.

동북공정을 계기로 백두산과 만주에 대한 관심이 고조되고 간도 문제가 대중적 이슈로 부각됨에 따라 간도 문제 연구가 활성화되었다. 그동안 한·중·일의 관련 자료 및 연구가 축적됨에 따라 백두산정계비 건립, 대한제국의 간도 정책, 조청 국경회담, 일본의 간도 정책 등에 대한 심화된 연구가 제출되었다. 이 시기 간도 문제 연구에서 주목할 점은 학계에 탈근대, 탈식민의 흐름이 수용되고 민족주의 비판이 제기되면서 간도 문제 연구에 분화가 발생하였다는 점이다. 한편에서는 기존의 간도 영유권 연구를 강화해 나간 반면, 다른 한편에서는 영유권 중심의 연구 경향을 비판하고 간도 문제 연구의 새로운 방향을 모색하였다.

간도 영유권을 주장하는 편에서는 백산학회 회원을 중심으로 2004년 6월 한국간도학회가 설립되었고, 백산학회와 한국간도학회를 중심으로 간도 영유권 주장을 강화하는 연구가 이루어졌다. 이일걸, 박선영, 노영돈 등은 중국 '동북공정'의 목적이 영토문제, 즉 간도 영유권의 확보에 있다는 주장과 더불어 간도 문제 해결의 시급함을 제기하였다.[28] 다른 한편에서는 영유권 중심의 연구 경향을 비판하면서 간도 문제 연구의 새로운 기반을 탐구하였다. 은정태는 대한제국의 간도 정책을 식민화정책으로 규정하고 러시아의 만주 장악이 외적 계기라면 영토의 식과 이민담론의 확산은 내적 계기에 해당한다고 주장하였으며,[29] 김형종은 1880년대 조청 국경회담에서 조선의 '토문강 경계론'이 폐기되고 '홍토수 경계론'으로 전환되는 과정을 규명하였다.[30] 이화자는 두만강 발원지 현지조사를 통하여 백두산정계비 건립 직후 정계비로부터 두만강의 원류인 홍토수까지 석퇴·토퇴·목책이 설치되었음을 밝혔다.[31] 김기훈은 간도 담론을 '대표적인 민족주의 담론'으로 파악하고, 간도 담론의 형성과 전개를 세 개의 시기 — 간도 담론의 초기적 형성(구한말~일제 시기), 민족주의적 간도 담론의 형성과 확대(해방 이후~1990년대 말까지), 간도 담론의 분화와 경쟁(2000년대 이후) — 로 나누어 검토하였다.[32]

4) 책의 구성

간도 문제에 대한 이상의 이론적 검토와 연구사 정리에 기반하여 이 책에서는 담론적 관점에서 간도 문제의 역사적 변천을 해명하고자 한다. 이 책에서는 대상시기를 한청통상조약을 앞두고 간도 문제가 제기되는 1898년부터 만주국 간도성이 수립되는 1934년까지로 잡았다. 간도 문제의 출발을 한청통상조약으로 잡은 것은 한청통상조약 체결을 전후하여 비로소 영토문제로서 간도 문제가 제기되었기 때문이다. 1880년대 중반에 청국과 경계문제를 해결하기 위한 국경회담이 열렸지만 간도는 언급조차 되지 않았던 반면, 한청통상조약 체결을 거치면서 간도는 한청 경계문제의 상징으로 대두하였고 간도 문제는 당대의 이슈가 되었다. 1934년의 만주국 간도성 수립을 간도 문제의 일단락으로 간주한 것은 러일전쟁 이래 일본에 의하여 제기된 간도 문제가 간도성 수립으로 종결되었다고 보기 때문이다. 러일전쟁 직후 일본이 개입한 간도 문제는 만주국 수립으로 간도가 일본제국의 영역으로 확보되었고, 간도성 수립으로 하나의 행정구역으로 분립됨으로써 식민지시기 간도 문제는 일단락되었다.

　1890년대에서 1930년대에 이르는 간도 문제의 역사적 변천은 간도 담론의 출현과 이행에 따라 크게 4개의 시기로 나뉘어진다. 첫 번째 시기는 대한제국기에 간도 문제가 출현하고 간도 정책이 수립, 시행되는 1898년에서 1904년까지의 시기로서, 대한제국기의 간도 담론이 출현하는 시기이다. 두 번째 시기는 러일전쟁 직후 간도파출소가 설치되고 일청 간도 교섭을 거쳐 간도협약 체결에 이르는 1905년에서 1909년까지의 시기로서, 대한제국기 간도 담론이 식민주의 간도 담론으로 변형되는 시기이다. 세 번째 시기는 강제병합 이후 한인의 간도 이주와 더불어 만주 개발, 일본군의 간도 토벌 등이 전개되는 1910년부터

1929년까지의 시기로서, 간도 담론이 만주 담론에 포섭되는 시기이다. 네 번째 시기는 간도협약 이래 잠잠했던 간도 문제가 소환되고 만주국 간도성 수립으로 귀결되는 1930년부터 1934년까지의 시기로서, 간도 문제가 만몽 문제와 결부되면서 식민주의 간도 담론이 변용되는 시기이다.

이러한 시기 구분에 기반하여 이 책은 모두 7개 장으로 구성되었다. 1898년에서 1904년에 이르는 첫 번째 시기는 제1장과 제2장으로 나누어 대한제국기 간도 문제의 출현과 더불어 간도 문제를 구성하는 간도 담론을 분석하였다. 제1장에서는 한청통상조약 체결을 계기로 하여 간도 문제의 두 가지 기원, 즉 간도 명칭의 유래와 조청 국경문제가 결부되면서 간도 문제가 출현하고 러시아의 만주 점령으로 인한 국경 위기 속에서 간도 정책이 출현하는 과정을 살펴보았다. 제2장에서는 대한제국기 간도 문제에 대한 체계적 저술인 『북여요선』과 『대한강역고』를 대상으로 북방 강역 및 간도 문제에 대한 인식을 비교, 검토함으로써 대한제국기 간도 담론의 구조를 살펴보고자 한다.

1905년에서 1909년에 이르는 두 번째 시기는 제3장과 제4장으로 나누어 일본의 간도 정책이 추진되는 과정에서 간도 문제가 전유되고 식민주의 간도 담론이 출현하는 과정을 분석하였다. 제3장에서는 러일전쟁 직후 간도의 전략적 중요성이 부각되면서 대한제국에서 일본으로 간도 문제 이관, 통감부 간도파출소 설치, 일청 간도 교섭 등 일본 주도로 간도 문제가 제기되는 과정을 정리하고, 간도 개척을 주장하는 일진회와 일본의 간도 문제 개입을 비판하는 『대한매일신보』로 간도 담론이 분열되는 과정과 각각의 인식을 검토하였다. 제4장에서는 간도파출소 보고서를 통하여 대한제국의 간도 담론과는 상이한 식민주의 간도 담론의 출현을 검토하고 식민주의 간도 담론의 구조를 분석하였다.

1910년에서 1929년에 이르는 세 번째 시기는 제5장과 제6장으로 나누어 조선총독부의 압록강-두만강 경계 인식을 다루고 중일의 만주 정책 변화에 따른 간도 담론의 만주 담론에의 포섭과 갈등을 분석하였다. 제5장에서는 강제병합 이후 조선총독부가 시행하였던 압록강-두만강 지역 조사와 조선총독부가 실질적인 담당자였던 중국과 러시아와의 경계 교섭에 대한 분석을 통하여 조선총독부의 압록강-두만강 경계 인식을 검토하였다. 제6장에서는 만몽조약을 계기로 한인 이주가 간도에서 만주로 확산됨에 따라 만주 한인을 둘러싼 중일 양국의 협력과 갈등의 과정을 정리하고, 이러한 정세 속에서 만주 개발을 주장하는 『매일신보』와 중국으로 귀화를 주장하는 『조선일보』로 만주 담론이 분열되는 과정과 각각의 인식을 검토하였다.

1930년에서 1934년에 이르는 네 번째 시기를 다루는 제7장에서는 1930년대 전반 간도 문제가 치외법권 철폐문제 및 만몽 문제와 결부되면서 식민주의 간도 담론이 변용되는 과정을 분석하였다. 만주사변 직전 치외법권 철폐문제 및 만몽 문제와 결부되면서 간도 문제가 새롭게 소환되었는데, 이 시기 간도 문제 저술에 대한 분석을 통하여 만몽 문제와 결부된 간도 담론의 변화 과정을 검토하였다. 특히 기존의 연구에서 주목하지 못했던 만주국 간도성 수립을 일본이 개입하고 주도한 간도 문제의 귀결점으로 자리매김하였다.

제1장

대한제국기
간도 문제의 출현과
간도 정책

1 간도 문제의 기원

1) 간도 명칭의 유래

간도를 찾아가는 길이 두 갈래이듯이 간도 문제의 기원을 찾아가는 길도 두 갈래이다. 한 갈래는 당연히 '간도'라는 장소가 생겨난 곳으로 향할 것이고, 다른 한 갈래는 중국과의 경계를 상징하는 '토문'이 시작되는 곳으로 향할 것이다. 토문강이 시작되는 곳은 정계비가 세워진 백두산 동남쪽 기슭이기에 찾기에 어려움이 없지만 간도가 어디에서 시작되었는지는 명확하지 않다. 간도라는 장소는 간도라는 이름과 더불어 생겨났을 것이기에 간도가 생겨난 곳을 찾는 것은 곧 간도 명칭의 유래를 찾아가는 것이다.

해방 직후 간도 명칭의 유래에 대해서 처음 언급한 사람은 역사학자 이병도이다. 그는 1948년에 간행한 한국사 개설서인 『조선사대관』에서 근세사 말미에 울릉도 문제와 간도 문제를 배치하고, 간도 명칭의 유래에 대해서 "간도(間島)는 墾島 혹은 艮土, 墾土라고도 쓰거니와 이는 조선어의 음역으로, 그 어의에 있어서는 자세치 아니하나 나의 천착으로는 고어 '곰터(神州·神鄉)'를 사음(寫音)한 것"이라고 보면서 "간도는 한 곳에만 한(限)한 이름이 아니어서 압록강 중상류의 대안지방을 서간도, 백두산과 상접한 송화강 상류지방을 동간도 서부, 백두산 이동 두만강 대안지방을 동간도 동부라 한다. 여기의 간도는 동간도 동부를 이름이니 이를 북간도라고도 한다"라고 서술하였다.[33] 그는 간도 명칭이 신성한 장소를 의미하는 옛말인 '곰터'에서 유래한 것이라고 상정하면서 간도는 여러 가지 유사한 용어와 혼용되었으며, 간도라고 지칭하는 장소도 한 곳이 아니라고 하였다.

식민지 초기의 문헌으로 간도 명칭의 유래에 대해서 여러 가지 설을 소개하고 있는 것으로는 1918년 동양척식주식회사가 만주 개발에 착수하면서 간도 지역의 역사와 상황을 조사하여 발간한 보고서인 『간도사정(間島事情)』이 있다. 『간도사정』에서는 간도의 연혁을 서술하면서 간도 명칭의 유래를 소개하고 있는데, 간도 명칭이 ① 함경도 이주민이 개간한 땅을 일컫는 간도(墾島) 또는 간토(墾土)에서 유래한 명칭, ② 토착민이 광제욕[光霽峪: 오늘날 용정시 개산둔진 광소촌(光昭村)] 앞의 모래톱을 가강(假江) 또는 강통(江通)이라고 부르는 것에서 와전된 명칭, ③ 압록강과 두만강 북쪽의 간광지대(間曠地帶)를 의미하는 명칭, ④ 조선 왕조의 발상지인 알동(斡東)에서 와전된 명칭이라고 각각의 유래를 설명하였다.[34] 이는 당시에 전해지던 간도 명칭의 유래들을 종합한 것으로서 이후 간도 문제를 다루는 문헌에서도 간도 명칭의 유래는 대체로 여기에서 벗어나지 않는다. 그렇지만 간도 명칭의 유래에 대한 네 가지 설은 각기 다른 배경을 가지고 있고 시기적으로도 선후가 있기에, 간도 명칭의 출발점을 찾기 위해서 당시 사료에 대한 검토로 들어가 보자.

간도 명칭의 시작에 대한 자세한 설명은 1885년 토문감계사(土們勘界使)로 임명되어 조청 국경회담에 참석했던 이중하(李重夏)의 보고에서 찾을 수 있다. 국경회담을 마친 이중하는 「별단초(別單草)」에서 간도 명칭의 유래에 대해 다음과 같이 언급하였다.

> 간도(間島)는 종성과 온성 사이에 두만강이 갈라져 흐르는 곳에서 몇 궁(弓)을 넘지 않는 땅을 말합니다. 본래 농지가 귀한데다 정축년(丁丑年: 1877)부터 분거하던 사람들이 누차 호소하는 글을 올려 비로소 농사를 지어 먹고 살 수 있게 되었고 이를 간도라 부르게 되었습니다. 이것이 그 시발점이 되어 그 후 종성, 회령, 무산, 온성 네 읍에서 점차 간도 이외의 땅을 경작하기 시작하여 마침내 강 주변 일대 온 들판이 개간되지 않은 곳이 없게 되었습니다. 그래서 통칭 간도라고 부르는 것은 원래 개간을 시작한 곳의 지명을 말하는 것이지 실제로 물 가운데의 섬이 되는 땅은 아니옵니다.[35]

이중하는 1877년 무렵부터 조선인들이 종성과 온성 사이의 두만강이 갈라져 흐르는 곳에 있는 좁은 땅을 간도라고 부르기 시작했다고 보았다. 이 자료는 간도 명칭이 조선인의 두만강 연안 개간에서 유래하였다는 것, 그리고 종성과 온성 사이의 두만강 연안에서 시작된 조선인의 개간이 종성, 회령, 무산, 온성의 두만강 건너편으로 확대되었다는 사실을 전하고 있다. 또한 이중하는 국경회담 도중인 1885년 11월에 함경북도 각지에 공문을 보내어 "근래에 각 읍 백성으로 간도(間島)를 개간한 자는 하나도 남김없이 이름을 적어 신속히 보고해야 한다. … 두만강 건너편 연안의 상하 수십 리 이내를 집총(執摠)하라"고 지시하였고, 12월에 함경북도에서 보내온 책자에 따르면 각지의 월간민은 회령 1,128명, 무산 153명, 종성 1,362명, 온성 403호에 달하였다.[36]

간도 명칭이 사료에 처음 등장하는 것은 1880년대 초반 조선과 청이 두만강을 건너간 월간민 처리를 둘러싸고 교섭이 진행되던 때이다. 1883년 4월 종성의 빈민(貧民)들은 월간민을 쇄환할 것이라는 방침이 알려지자 돈화현의 청국 관리에게 탄원서를 제출하였다.

저희들이 어리석고 무지하여 굶주림에 시달려 염치를 돌보지 않고 감히 강에 있는 섬을 개간하게 된 지 일 년이 지났습니다. … 저희들은 일찍이 오늘날의 분계강(分界江)은 토문강(土們江)의 한 줄기라고 들어왔습니다. 분계강 남쪽 150리 지역은 모두 텅 비어 풀만 무성한 땅이고, 중국인이 거주하지 않으며, 조선 사람 역시 여기에 머물지 않습니다. 종래 중국의 사냥꾼이나 농민이 움막을 세우는 경우는 자주 있었지만, 30년 전에 중국에서 그것들을 따로 지시하여 모두 불태우고, 사람들을 분계강 서쪽으로 모두 거두어들인 다음에야 저희들은 이곳이 중국인이 거주해서는 안 되는 땅이며, 그 위쪽은 오라총관 목극등이 경계를 정한 땅임을 비로소 알게 되었습니다. … 섬에 있는 경지의 경우 매년 큰물이 넘쳐 혹은 서쪽이 잠기고 동쪽이 늘어나거나, 아니면 동쪽이 잠기고 서쪽이 늘어나는 식으로 옛적에는 우리 쪽에 속했던 것이 강 서쪽으로 바뀌어 버린 경우도 있고, 또한 두 강물 가운데 작은 섬이 생긴 경우도 있습니다. 따라서 굶주린 백성들이 들어가 간토(間土)를 개간하게 되었고, 처음에는 조그만 넓이였다가 점차 몇 무나 되는 땅으로 늘어나면서 차츰차츰 개간 면적이 늘었지만 기껏해야 그 넓이는 2~3리에 지나지 않았습니다. 그런데 돈화현에서 강력하게 금지를 하니 어찌 감히 한 치의 땅이라도 개간을 할 수 있겠습니까? 엎드려 생각하건대, 청조에서는 조선을 대할 때 마치 내지(內地)와 마찬가지로 대해 왔으니, 조선 백성이 중국의 간토(間土)를 개간해서 먹고산다고 해서 무슨 큰 잘못이 있겠습니까?[37]

이들은 두만강에 있는 모래톱을 개간하고 있으며, 그 모래톱 중에서 두 강물 사이에 있는 개간지를 강 사이의 섬을 개간한 땅이라는 의미에서 '간토(間土)'라고 지칭하였다. 여기에서 간토, 즉 '사이 땅'은 강 사이에 있는 개간지를 가리키는 것이지만, '사이 섬'이라는 의미의 간도(間島)와 서로 통용될 수 있는 용어이다. 당시 서북경략사로 임명받은 어윤중(魚允中)은 압록강 중강에서 봉천·조선변민교역장정을 체결하고 길림과의 무역장정 체결을 위하여 경원(慶源)에 머무르고 있었다.

어윤중이 함경도를 시찰하고 한양으로 돌아온 직후인 1884년 2월, 함경도 유학 이면후(李冕厚) 등이 상소를 올려 서북경략사 어윤중이 함경도에 와서 폐단을 개혁한 조치들을 다시 시행할 것을 청하였다. 상소문에서는 "첫째는 조적(糶糴: 환곡)을 없애고 각 고을의 공용 비용을 전결로 돌린 것이고, 둘째는 명목이 없는 잡세를 없앤 것이며 … 일곱째는 육진(六鎭) 간도(間島)의 토지 수백 결을 빈궁한 백성에게 소속시킨 것"38이라고 육진의 대안에 있는 간도의 토지를 거론하고 있다.

이중하의 보고서와 종성 빈민의 탄원서에 나오는 간도의 유래에 대한 설명을 결합해 보면 1870년대 후반에 종성과 온성 사이에 있는 두만강 건너편의 모래톱에 조선인들이 건너가서 경작하기 시작하였고, 1880년대 들어 함경도에서는 두만강 모래톱의 개간지를 간도라고 불렀다. 이후 개간지가 모래톱을 넘어 두만강 연안의 육지로 확대되어 나가자 이들 개간지 모두 간도라고 부르게 되었음을 알 수 있다. 초기의 명칭은 중국 지방관청의 단속과 월강죄 처벌을 피하기 위하여 '간도'를 사용하였으며, '간토(間土)', '간토(墾土)', '간도(墾島)' 같은 용어와 섞어서 사용한 것으로 보인다. 이는 여는 글에서 인용한 선구촌의 유래에 대한 박홍송의 증언과도 상통한다.

중국에서는 일본이 연길 지역을 침탈하기 위하여 간도 명칭을 날조하였다고 보기 때문에 간도 용어의 사용을 금지하였다. 따라서 조선인 월간민에 대한 자료나 일본의 간도 영유권 주장을 비판하는 글에서 간도 명칭의 유래를 엿볼 수 있다. 1882년 1월 조선인의 월경 개간에 대한 대책을 마련하라는 광서제의 지시에 대하여 길림장군이 올린 상주문에는 조선인의 두만강 모래톱 개간 상황이 설명되어 있다.

지금 조선인들이 개간한 지역[두만강에 있는 모래섬]의 북쪽에 지류가 하나 있는데, 근년에 더욱 침식되면서 그 강폭이 더욱 넓어졌습니다. 조선의 가난한 백성들은 [두만]강 남쪽의 땅이 수몰된 곳이 많고, 강 북쪽의 모래섬[沙灘]에 새로 늘어난 땅이 생기자 마침내 지류를 본류로 오인하고, 이것이 거듭 와전되었던 것입니다.[39]

상주문에 따르면 조선인이 두만강 북쪽의 모래톱을 개간하였고, 두만강의 침식, 퇴적에 따라 강폭이 넓어지고 모래톱에 새로운 땅이 생기자 개간을 확대하면서 단속을 피하기 위하여 청국 관헌에게는 모래톱 북쪽의 지류를 두만강 본류라고 말했음을 알 수 있다.

1907년 8월 동삼성총독 서세창(徐世昌)의 지시를 받은 오록정(吳祿貞)이 연길, 혼춘 및 백두산 일대를 조사하고 제출한 보고서에 간도 명칭의 유래가 서술되어 있다. 오록정은 측량원과 더불어 70여 일에 걸쳐 두만강과 백두산 일대를 조사, 측량하고 보고서를 제출하였으며, 이 보고서는 이듬해에 『연길변무보고(延吉邊務報告)』란 이름으로 출간되었다.[40] 오록정은 『연길변무보고』에서 예로부터 연길 지역이 청의 영토임을 주장하였다.

간도(間島)라는 이름은 어디에서 시작되었는가? 대개 도문강(圖們江)은 무산 이하로부터 강을 따라 사주[灘地]가 많은데, 광제욕(光霽峪) 앞 가강(假江)의 면적이 가장 크다. 가강은 한인들이 사미(斜米)라고 부르는데, 중국인들이 강의 사주(沙洲)를 부르는 뜻과 같다. 길이 10리 너비 1리, 합하여 2천여 무(畝)에 이른다. 도문강은 똑바로 흘러서 종성 남안 사주를 경유하여 도문(圖們)의 북안에 연결된다. 광서 7년(1881) 한인들이 도문강 북안에 사사로이 한 도랑을 파서 강물을 갈라지게 만들었다. 월간국(越墾局) 총리가 길림장군에게 보고한 품고(稟稿)에 보인다. 이 사주는 강 중앙에 있어 사방이 물로 싸여 있다. 내버려둔 이후에 한인들이 맨 먼저 경작하여 매년 은 팔백여 량을 월간국에 납부하여 판공경첩(辦公經貼)으로 삼았고 두루 구례(舊例)가 되었다. 또한 월간국 총리 품고에 보이고 현재 은은 화룡욕아문(和龍峪衙門)에 납부한다. 광서 29년(1903)에 이르러 한인 관리 이범윤이 월간국에 공문을 보내어 멋대로 가강 땅을 간도라고 하면서 밭 오십여 결이 두 강 사이에 있다고 하였다. 또 "이 땅은 강이 갈라지는 사이에 있고, 한민이 경작을 시작했다"라고 하면서 멋대로 혼란을 일으키고자 한국 영토라고 하였다. 이것이 간도 명칭의 유래이다.[41]

그는 간도 명칭이 1881년 종성 대안에 있는 광제욕 앞 모래톱에서 비롯되었다고 하였다. 1882년의 상주문과 비교해 볼 때, 조선인이 두만강 건너 개간을 시작한 곳, 즉 간도 명칭이 유래한 곳이 두만강 북쪽의 모래톱에서 '광제욕 앞 가강'으로 구체화되었다. 또한 상주문에서는 모래톱 북쪽의 지류가 침식되면서 강폭이 넓어지고 모래톱의 면적이 커졌다고 한 반면, 『연길변무보고』에서는 조선인이 모래톱의 북쪽에 도랑을 내어 모래톱을 섬처럼 만들었으며, 이범윤이 가강을 간도라고 지칭하였다고 설명하였다. 조선인이 모래톱의 북쪽에 도랑을 파서 물길을 내었다는 설명이 후대로 내려오면서 덧붙여진 것으로 보이지만, 간도 명칭의 유래에 대한 『연길변무보고』의 서술은 조선 사료의 서술과도 상통하는 점이 있다. 또한 1904년 6월 양국의 지방관이 체결한 변계선후장정(邊界善後章程)에서 "옛 간도는 곧 광제욕 가강의 땅"[42]이라고 명기하고 있다는 점도 『연길변무보고』의 설명을 뒷받침해 준다.

간도 명칭의 유래에 대한 이상의 자료를 종합해 보면 간도 명칭은 1870년대 후반 종성의 농민들이 두만강 건너편 모래톱을 개간할 때 강물이 갈라져서 섬처럼 생긴 땅을 가리키는 명칭으로 처음 출현하였다. 이후 개간지가 두만강 연안의 육지로 확대되면서 간도 명칭은 두만강 건너편의 개간지를 가리키는 일반적인 명칭이 되었다.[43] 개간지는 지역에 따라 회령간도, 종성간도, 무산간도, 온성간도 등으로 나누어 불렀으며, 개간한 땅이란 의미의 '간도(墾島)'와 '간토(墾土)'가 간도(間島)와 혼용되기도 하였다.

북간도 명칭이 사용되기 시작한 것은 시찰사 이범윤이 간도로 파견될 무렵이었다. 1902년 5월 이범윤이 시찰사로 임명되자 『황성신문』에서는 이범윤을 '함북간도(咸北間島) 시찰' 또는 '북간도(北間島) 시찰'이라고 지칭하였다.[44] 이후 1903년 8월 시찰사 이범윤의 관리사 임명을 알리는 『관보(官報)』에서 "시찰사 이범윤을 북간도관리에 임명한다"[45]라고 '북간도(北墾島)' 명칭을 공식적으로 사용하고 있다. 북간도 명칭은 이범윤을 '함북간도(咸北間島) 시찰' 또는 '북간도관리'라고 부르는 것이나 내부(內部)에서 간도를 '북도변계 간도(北道邊界間島)' 또는 '북변 간도(北邊間島)'라고 부르는 것에서 유래한 것으로 보인다.[46] 즉 함경북도에 속한 간도 또는 함경북도 변경지역에 있는 간도라는 용어를 줄여서 북간도라고 불렀을 것이다. 간도(間島)와 간도(墾島)가 혼용되듯이 북간도(北間島)도 북간도(北墾島)와 혼용되면서 이범윤의 북간도 관리 임명 이후 북간도 명칭이 정부의 문서에서 널리 사용되었다.[47]

북간도 명칭이 사용되면서 '서간도(西間島)' 명칭도 사용되기 시작하였다. 예로부터 관서, 관북을 구분한 것처럼 압록강 유역과 그 북쪽을 서변(西邊), 두만강 유역과 그 북쪽을 북변(北邊)이라고 불러왔는데, 이에 따라 두만강 이북의 개간지를 북변 간도 또는 북간도로 부르게 되면서, 압록강 이북의 개간지는 자연히 서변 간도 또는 서간도로 불리게 되었다. 서간도 명칭이 보급된 것은 일진회가 북간도와 서간도로 세력을 확장한 것이 계기가 되었다. 일진회는 러일전쟁 직후인 1905년 9월에 북간도 지부를 설치하였고, 10월에는 서간도에 지회를 설치하고 일진회에서 추천하는 민장(民長)을 서간도 지역에 파견할 것을 정부에 청원하였다.[48] 1908년에 간행된 『증보문헌비고(增補文獻備考)』 「여지고(輿地考)」에는 「북간도강계(北間島疆界)」와 더불어 「서간도

강계(西間島疆界)」가 수록되어 있다.[49] 당시의 백과사전에 해당하는 『증보문헌비고』가 1906년 말에 편찬되고 1908년에 간행되었음을 감안한다면, 1906년 무렵에는 두만강 건너편의 개간지를 북간도, 압록강 건너편의 개간지를 서간도로 지칭하는 것이 일반화되었음을 알 수 있다.

2) 조청 경계문제

두만강 건너편의 모래톱을 개간한 것에서 유래한 간도 명칭은 1880년대 이래 두만강 건너편의 개간지를 가리키는 명칭으로 확장되었지만, 간도 명칭은 주로 함경도 지역에서 통용되었다. 더구나 간도 명칭이 청의 월경 단속과 정부의 월경죄 처벌을 피하기 위하여 만들어진 것이기에 제한된 지역에서만 통용되었고 널리 알려져서 중앙 정부에서 거론되는 것을 꺼려하였다. 따라서 함경도 지방에 국한되었던 간도 명칭이 중앙 정부의 현안으로 대두되고 전국적인 관심사로 부각되는 데에는 또 다른 기원이 필요하였다. 간도 명칭이 정부의 현안으로 부각되면서 사회적 맥락 속에서 의미를 가지는 하나의 담론이 되기 위해서는 간도라는 이름을 정국의 초점으로 만들 수 있는 강력한 배경이 요청되었는데, 그것이 바로 당시 정부의 당면 과제이자 조청 외교의 현안으로 등장했던 조청 경계문제이다.

조청 경계문제의 발단은 1712년 백두산정계비의 건립이다.

17세기 후반 이래 백두산 일대와 압록강과 두만강 중상류에서 초피(貂皮), 인삼 등을 구하던 조선인과 청국인의 월경과 충돌이 빈번해졌고, 청은 새로운 지리지를 편찬하는 과정에서 백두산 일대의 조청 국경을 상세히 조사할 필요가 생겼다. 1710년 평안도 위원(渭原)에서 일어난 월경사건을 계기로 청은 사건조사 및 국경조사를 위하여 오라총관(烏喇摠管) 목극등(穆克登)을 조선에 파견하였다. 목극등은 백두산에 올라 압록강과 토문강이 발원하는 분수령에 정계비를 세우고, "서쪽으로는 압록강을 경계로 삼고 동쪽으로는 토문강을 경계로 삼는다"고 기록하였다. 정계비 건립 직후 토퇴, 석퇴, 목책 등 경계 표지물 설치를 둘러싸고 논란이 있었지만, 19세기 중반까지 조선과 청 사이에 경계문제가 불거진 적은 없었다.[50] 당시 조선은 압록강과 두만강 남쪽을 확보하였다는 사실에 안도하였고, 1767년 영조는 백두산에 제사를 올려 백두산을 조선 산천의 조종산(祖宗山)으로 삼음으로써 비로소 백두산을 조선의 강역으로 포괄하였다.[51]

  조선과 청 사이에 경계문제가 불거진 시기는 1880년대 들어서이다. 압록강, 두만강 지역에서 채삼, 수렵을 위한 소규모 월경은 1860년대부터 대규모 이주로 바뀌기 시작하였으며, 중국 경내 뿐만 아니라 러시아 경내로도 이주하였다. 조선인의 월경 이주는 1869년과 1870년의 흉년과 기근 때문이기도 하지만, 청이 러시아의 진출에 대항해서 유조변 바깥의 봉금(封禁)을 해제하고 이민실변(移民實邊)정책을 추진하였고, 러시아도 연해주 개발을 위해서 조선인 개간민을 끌어들인 것도 주요한 원인이었다. 두만강을 건너간 대규모 월간민이 양국의 현안으로 대두된 계기는 1881년 혼춘의 관리가 두만강 지역의 개간 상황을 조사하던 중에 황무지를 개간하고 있는 수천 명의 조선인을 발견한 것이다. 이들 월간민의 처리를 둘러싸고 양국 간의 교섭이 진행되었으며, 1883년 종성 빈민의 탄원서에 이어 종성부사가 길림 돈화현(敦化縣)에 정계비를 근거로 하여 "중국과 조선은 종래 토문을 경계로 하였다"는 조회를 보냄으로써 경계문제가 제기되었다.[52] 당시 종성부에서 제기한 경계문제는 길림과의 무역장정 체결을 위하여 경원에 머무르고 있었던 어윤중의 지원 아래 이루어진 것이며, 지방 차원에서 개시된 경계문제는 양국 사이의 국경회담으로 비화되었다.

1880년대 초반에 제기된 조청 경계문제가 간도 문제의 기원으로 자리한 것은 동양척식주식회사가 발간한 보고서인 『간도사정』부터이다. 이 보고서의 첫 장에서는 발해 건국부터 간도협약에 이르는 간도의 역사를 서술하면서 1881년 청이 두만강 북쪽에서 다수의 조선인 개간민을 발견하고 이들에 대한 쇄환 교섭이 진행되었음을 서술하였다.

광서 9년(1883) 4월 돈화현으로부터 종성, 회령의 월변(越邊)에 고시하여 조선인민을 회귀시키려고 하였다. 이에 회령부사는 먼저 월간지가 어디인지 물은즉 돈화현은 온성, 유원, 이중(利中), 광역(光逆), 종성, 패왕성(覇王城), 고려진, 회령, 무산 등 소관(所管)의 대안(對岸)이고, 해당 지방에는 중국인민을 불러서 간종(墾種)할 것이라고 하였다.

이에 이들 지방의 유민은 자못 경악하여 종성부사에게 호소하였다. 때마침 조선 동북경략사 어윤중이 경원에 있었고 월간민의 호소를 듣고 종성인 김우식(金禹軾)으로 하여금 백두산을 탐험하고 정계비 및 토문강의 원류를 찾게 하였다. 그 결과 종성부사로 하여금 돈화현에 조회하여 토문과 도문(圖們)의 차이를 설명하고 정계비의 토문은 북류하여 송화강에 들어가는 것으로 도문강에 들어가는 것은 아니므로, 쇄환해야 할 유민은 토문강 밖의 월간민이지 도문강 밖의 월간민은 아니라고 주장하였다. 그러나 이 견해의 차이는 심히 현격하여 서로 조정할 수 없었다. 결국 양국이 위원을 파견하여 감사(勘査)하는 일이 되니 이것이 그 유명한 간도 문제의 기원이다.[53]

『간도사정』에서는 1883년 두만강 연변의 유민들이 종성부사에게 호소하고 서북경략사 어윤중이 종성부사로 하여금 돈화현에 경계문제를 제기하게 한 것이 간도 문제의 기원이라고 보았다. 이러한 설명은 해방 이후에도 그대로 이어졌다. 『조선사대관』에서는 간도 문제의 기원에 대해서 다음과 같이 설명하였다.

고종 18년(1881) 청국이 간도 지방을 개간하려 할 때에 이곳에 다수한 조선 이주민이 있음을 보고 아정(我廷)과의 사이에 교섭을 생(生)하매 아정은 그들을 쇄환하려 하였다. 아(我) 변민들은 정계비의 문구를 들어 조정에 대하여 간도의 소속을 분명히 하여 달라고 청원하였다. 이에 의하여 고종 20년(1883)에 아정은 어윤중을 서북경략사로 삼아 백두산정계비를 조사케 하였던 바 조청 양국의 이 방면 경계가 분명히 토문강임을 확인하게 되었다. 대개 간도는 토문·두만의 양강 사이의 땅으로, 토문강 남에 있는 까닭이었다. 이로 인하여 양국 강계 감사(勘查)문제가 일어나게 되었거니와.⁵⁴

1881년 조선인 월간민 처리를 둘러싼 조청 간의 교섭이 조청 경계문제가 제기된 계기이고, 서북경략사 어윤중의 백두산 조사를 근거로 하여 지방당국 차원에서 제기된 토문강 경계 문제가 중앙정부 차원의 국경회담으로 비화되었다는 것이다.

1880년대에 제기된 조청 경계문제는 간도 문제의 다른 하나의 기원으로 삼을 수 있지만 간도 명칭과 무관하다는 점에서 간도 문제의 출발점으로 볼 수는 없다. 어윤중은 김우식을 백두산으로 보내어 정계비 비문과 주변 지형을 확인하였지만 새롭게 등장한 간도 명칭에는 무심하였고, 1885년과 1887년 두 차례에 걸친 조청 국경회담에서도 간도 명칭은 전혀 언급되지 않았다. 이중하가 「별단초」에서 설명하듯이 당시 간도는 이제 알려지기 시작한, 함경도 일부 지방에서 두만강 건너편의 개간지를 가리키는 용어였을 뿐이다.

1880년대 양국에서 경계문제가 제기되면서 정작 문제가 되었던 것은 두만강과 토문강이 같은 강인가 다른 강인가에 있었다. 1883년 종성부사가 돈화현에 보낸 조회에서는 토문이 조선과 청의 경계인데도 돈화현에서 두만강을 토문강으로 착각하고 있다고 주장하였다.⁵⁵ 또한 1885년의 제1차 국경회담에서도 조선은 정계비를 증거로 하여 토문강과 두만강이 다른 강이고 조선과 청의 경계는 예로부터 토문강이었다고 주장한 반면, 청은 정계비를 불신하고 두만강의 본류인 홍단수(紅丹水)를 양국의 경계로 삼고자 하였다. 이처럼 문제의 발단은 조선에서 토문강 경계를 제기한 데 있었고, 토문강과 두만강이 같은 강이냐 다른 강이냐를 두고 양국이 대립하였다는 점에서 1880년대에 제기된 경계문제는 간도 문제의 기원으로 보는 편이 적절할 것이다.

이처럼 간도 명칭의 유래와 토문강 경계문제가 간도 문제의 기원이라면 간도 문제는 언제 출현하는가? 함경도 지역에서 두만강 건너편의 개간지를 가리키는 명칭이던 간도가 간도 문제로 되기 위해서는 간도라는 이름이 중앙 정부의 현안으로 대두되어 전국적인 관심사가 되어야 할 것인데, 이렇게 되려면 정부의 당면 과제이자 조청 외교의 현안인 조청 경계문제에서 간도라는 이름이 핵심적인 위상을 차지해야 한다. 1880년대에 함경도 국경지방에서 두만강 건너편의 개간지를 가리키는 명칭으로 등장한 간도가 어떻게 조청 경계문제의 핵심적인 사안이 될 수 있었을까?

2 대한제국 수립과 간도 문제의 출현

1) 한청통상조약과 간도 문제의 제기

청일전쟁의 결과, 청으로부터 '자주독립국'임을 확인받은 조선은 근대적 주권국가로의 면모를 갖추기 위하여 1897년 10월에 국호를 대한제국으로 바꾸고 고종이 환구단에서 황제로 즉위하였다. 또한 1899년에는 『공법회통(公法會通)』에 기초한 「대한국국제」를 반포하여 대한제국이 황제에 의하여 통치되는 자주독립국가임을 선언하였다. 이러한 절차를 거쳐 대한제국은 공법에 입각한 주권국가임을 대내외적으로 천명하였지만, 주권국가로서 지위를 인정받기 위해서는 주권국가들과의 조약 체결을 통한 상호 승인이 필수적이었다.[56] 특히 서구와의 불평등조약 체결을 통하여 국가간체제(interstate system)의 위계질서에 편입된 조선은 청과 대등한 입장에서 조약을 체결함으로써 전통적인 사대자소(事大字小) 관계를 청산하고 독립국가이자 주권국가로서 승인을 받고자 하였다.

청은 조선을 자주독립국으로 인정한 뒤에도 '통상장정의 상정을 허용하고 영사 설치를 허용하되 조약을 맺지 않고 사신을 파견하지 않으며, 국서를 제출하지 않는다'는 방침을 고수하였다. 그러나 대한제국의 조약 체결 요구, 청상(淸商) 보호의 필요, 서구 열강의 압력과 더불어 무술변법을 통한 내정개혁에 직면한 청은 1898년 6월 조선에 국서 전달과 조약 체결을 결정하고 서수붕(徐壽朋)을 주찰조선국흠차대신(駐紮朝鮮國欽差大臣)으로 임명하였다.57 청이 조약 체결을 위한 전권대신을 파견한다는 소식이 전해지면서 청과의 현안에 대한 상소와 언론의 보도가 잇따랐다. 당시 청과의 현안으로 파원감계(派員勘界), 영사재판권, 한성철잔(漢城撤棧) 등의 문제가 제기되었는데, 그중 파원감계와 영사재판권 문제가 조청 경계문제와 직결되는 현안이었다. 파원감계 문제는 1880년대 국경회담 이래 청과 동등한 지위를 가진 주권국가로서 국경조사를 통한 국경 회담을 제기한다는 점에서, 영사재판권문제는 압록강·두만강을 건너 이주한 한인(韓人)의 법적 지위와 재판권 행사에 관련된다는 점에서 향후 조청 경계문제에 대한 정부의 인식과 대응을 살펴볼 수 있는 지점이다.

1880년대 토문강 경계문제가 함경도 주민에 의해서 제기되었듯이, 대한제국 들어 조청 경계문제를 제기한 이도 함경도 주민이었다. 정부가 청과 조약을 체결한다는 소식을 들은 종성의 유생 오삼갑(吳三甲) 등은 1898년 8월 상소를 올려 "분계강·두만강 두 강 사이에 간도(間島)라 이름하는 땅이 있으니 내지(內地)

의 인민이 대한의 경계로 인식하고 입거한 자들이 수만 호라 … 이 경계에 대한 조약과 장정(章程)을 확정하시면 국가에 큰 다행이옵고 인민에 큰 행복이로소이다"58라고 청과 조약을 체결할 때 경계에 대한 조약도 아울러 체결할 것을 요청하였다. 오삼갑의 상소는 외부(外部)의 비판에 부딪쳐 실질적인 대책 수립으로 이어지지 않았지만, 최초로 분계강(-토문강)과 두만강 사이에 있는 '간도'가 대한의 토지라고 주장하였다.

  1899년 1월에 청의 전권대신인 서수붕이 도착하여 황제에게 국서를 전달하고 대한제국 측 전권대신인 외부대신 이제순(李齊純)과 조약안 마련을 위한 회담을 시작할 무렵, 언론에서는 청과의 조약 체결에 대한 소식과 더불어 토문강과 두만강 사이의 토지와 인민에 대한 정부의 방책을 요구하였다.『황성신문』에서는 재차 오삼갑의 상소를 게재하면서 지난 국경회담에서 청이 제기하였던 토문·두만이 "동강이음(同江異音)"이라는 주장과 백두산정계비를 잘못 설치했거나 옮겼다는 주장을 반박하고 "강계를 확정하는 것과 관헌을 두어 백성을 안정시키는 일이 급무"59라고 주장하였다.『독립신문』에서는 한청통상조약이 "완전한 대등 조약"60이 되어야 한다고 주장하면서, 한청통상조약을 통하여 두만강과 토문강 사이에 있는 "대한의 토지"를 찾고 영사를 설치하여 주민을 보호할 것을 주장하였다.61

  이에 내부(內部)에서는 4월 들어 함경북도관찰사에게 백두산정계비 현지조사를 지시하였고, 함경북도관찰사 이종관(李鍾觀)은 경원군수 박일헌(朴逸憲)을 사계파원(査界派員)으로 정하여 현지조사를 실시하였다. 또한 의정부에서는 조약 협상 시 파원감계(派員勘界)문제, 즉 관리를 파견하여 경계를 조사하는 문제를 거론할 것을 외부에 요청하였고, 외부에서는 조약안에 파원감계 조항을 추가하여 청과의 협상에 나섰다.[62] 한청통상조약은 1899년 2월부터 8월까지 8차례의 회담을 가진 후 9월에 체결되었는데, '파원감계'문제는 회담 초반인 제2차 및 제3차 회담에서 논의되었다. 제1차 회담(2.15)에서 청이 유민의 월경개간을 엄금하자는 조항을 제시한 데 대하여 제2차 회담(4.19)에서 정부는 "교계(交界)의 황폐한 땅은 한민(韓民)이 이미 개간한 곳은 안업(安業)하도록 변계의 관리가 보호하고, 종전의 계한(界限)이 분명하지 않은 곳은 피차 파원(派員)하여 다시 감정(勘定)"하자고 제안하였다. 이에 대하여 제3차 회담(5.5)에서 청은 "봉천·길림 일대는 압록·도문 양강(兩江)을 경계로 삼아 계한이 명확하지 않은 곳이 없다"고 반박하고, 조약 체결 이후 월간을 엄금할 것을 제기하였다. 그리고 한국 정부가 파원감계를 원한다면 후일 육로통상장정을 체결할 때에 다시 논의하자고 하여 파원감계 조항은 빠지고 상호 월간 금지를 규정하는 것으로 타결되었다.[63]

영사재판권문제는 치외법권을 철폐하여 대등조약을 체결해야 한다는 견해가 우세했지만 청의 상호 영사재판권 보유 제안에 대하여 한국이 기본적으로 동의하면서 타결되었다. 영사재판권 철폐를 제기하지 않고 근대적 법률 정비 이후에 영사재판권을 철폐한다는 단서 조항에 그친 것은 영사재판권 조항이 한청 양국의 문제가 아니라 서양 열강과의 조약 전반에 걸친 문제였고, 근대적 법률제도의 정비가 동반되어야 하는 사안이었기 때문이다.[64] 영사재판권은 월간 한인의 재판권문제와 관련된 것이기도 했지만, 파원감계문제가 선결되지 않고서는 거론하기 어려운 사안이기에 차후의 육로통상조약으로 미루어졌다.

2) 간도 담론의 형성

대한제국 정부는 「대한국국제」 반포를 통하여 "대한국(大韓國)은 세계 만방에 공인되어 온 바 자주독립해 온 제국"(제1조)임을 천명하는 한편, 청과 대등한 관계에서 통상조약을 체결함으로써 대외적으로 주권국가로서 승인받고자 하였다. 「대한국국제」가 공법(公法)에 기반해 있고, 조약 체결을 통한 상호 승인을 거쳐 공법에 입각한 국제질서에 참여하고자 한다는 점에서 대한제국이 표방하는 자주독립국은 '공법'이라는 새로운 토대 위에 세워진 주권국가를 지향하였다. 따라서 청과의 경계문제도 1887년에 결렬된 조청 국경회담과는 달라진 기반 위에서 제기되어야 했다.

대한제국 수립 무렵 함경북도관찰사 조존우(趙存禹)는 백두산정계비 인근의 지형과 분수령에서 시작되는 물줄기를 조사하고 『공법회통(公法會通)』에서 제시한 분쟁지 해결의 원칙에 따라 경계문제를 해결해야 한다고 보고하였다. 그는 지난 국경회담에 대해서 "을유년에 저들은 토문과 도문(圖們)은 같은 물을 가리킨다하고 우리 측은 토문과 도문은 분명히 두 가지 다른 물이라 하여 차례차례 살펴보고 낱낱이 가리켜 증거하니 저들은 고인의 착오라 하여 타결하지 못하였다. 정해년에 또 감계했으나 정계가 되지 못한 것은 상대하는 양측의 형세가 현격하고 강약(强弱)이 대적할 수 없었던 소치"라고 평가하고,『공법회통』의 영토 획득 및 상실 조항을 들어 "문명, 개화의 시대에 지도를 참고하고 방위를 분별하며 비문을 사감(査勘)하고 강의 흐름을 사감함은 이 조항에서 벗어나지 아니"한다고 공법에 따라 토문강 경계를 밝힐 것을 주장하였다.[65]

한청통상조약 체결을 앞두고『황성신문』에 게재된 오삼갑의 상소와『독립신문』의 영토문제 제기는 공법의 기반 위에서 조청 경계문제를 새롭게 제기하는 동시에 간도를 조청 경계문제와 결부시켰다. 오삼갑은 윤관의 여진 정벌에서 백두산정계비 건립에 이르는 강역의 역사를 소개하면서 '분계강과 두만강 사이에 간도가 있다'고 언급하였다.

대개 백두산에 대택(大澤)이 있고 택변(澤邊)에 정계비가 있고 비 아래 분수령이 있으니 토석(土石)으로 무더기를 늘어놓고 수목으로 목책을 만드니 이것이 분계(分界)의 명확한 증거요, 동북 90리에 물이 솟아 분계강(分界江)이 되고 분계강이 흘러 토문강(土門江)이 되어 물은 영(嶺)에서 비로소 나누어지고 영은 물에 연하여 그치니 분수령은 하반령(下畔嶺)에 이르고 분계강은 토문강에 이르러 상하동서에 그 땅을 변리(邊裏)·변외(邊外)라 이름하니 이 또한 분계의 확실한 증거이온지라 … 분계강·두만강 두 강 사이에 간도(間島)라 이름하는 땅이 있으니 내지(內地)의 인민이 대한의 경계로 인식하고 입거한 자들이 수만 호라. 지금 청국인에게 압제를 당하여 생명을 보전하기 어려우니 당당한 대한의 토지와 인민을 타국에 부여함이 어찌 분개치 아니하오리까. 신들이 근래에 듣자오니 주청공사(駐淸公使)를 파견하오시니 이는 천년에 한번 있는 기회라. 이 경계에 대한 조약과 장정(章程)을 확정하시면 국가에 큰 다행이옵고 인민에 큰 행복이로소이라.[66]

그는 '분계강-토문강'을 조선과 청의 경계라고 간주하고, 청과 이 경계에 대한 조약을 체결하여 '대한의 경계'를 명확히 할 것을 요청하였다.[67] 통상조약에 대한 협상을 앞두고 『독립신문』은 토지와 삼림에 대한 주권국가로서의 권리와 이익을 찾아야 한다고 주장하였다.

함경북도 육진 지경 두만강 건너 토문강이 있는데, 두 강 사이 칠팔백 리 토지가 당당한 대한에 속한 토지라. 조선 전조 공신 윤시중이 북도 개척할 때에 토문강에 정계비를 세웠는지라. 그러한 고로 십여 년 전에 조선 정부에서 그 토지를 찾고자 하다가 국제상 공법을 몰라서 그 일을 결말치 못하였거니와 지금 청국 사신이 와서 새로 조약을 하는 지경이니 대한의 토지를 대한에서 찾는 것이 당당한 일이요.[68]

『독립신문』은 지난 국경회담 때 "국제상 공법을 몰라서" 우리의 토지를 찾지 못하였지만 이제는 청과의 조약을 통하여 토문강과 두만강 사이에 있는 "대한의 토지"를 찾아야 한다고 주장하였다.

한청통상조약을 계기로 제기된 조청 경계문제에서 주목할 점은 첫째, 토문강과 두만강 사이의 땅을 '간도'라고 지칭함으로써 간도 문제의 두 가지 기원을 결부시켰다. 비록 통상조약 협상에서는 "교계의 황폐한 땅"이라는 애매한 표현에 그쳤지만 오삼갑의 상소에서는 분계강-토문강을 조선과 청의 경계로 제시하고 분계강-토문강과 두만강 사이에 있는 땅을 간도라고 불렀고, 『독립신문』에서 언급한 "두 강 사이 칠팔백 리 토지"란 곧 간도를 가리키는 것이었다. 두만강 건너편의 개간지를 가리키던 간도를 토문강과 두만강 사이로 가져오는 것, 즉 '토문강과 두만강 사이에 간도가 있다'는 언표(statement)[69]는 서로 무관하게 제기되었던 간도 문제의 두 가지 기원을 결부시켰다. 두만강 건너편의 모래톱에서 유래했던 간도 명칭과 백두산정계비 건립에서 유래했던 조청 경계문제가 '토문강과 두만강 사이에 간도가 있다'는 표명을 통하여 비로소 단일한 문제로 통합되었다.

간도라는 이름이 토문과 결부됨으로써 간도는 조청 경계문제의 핵심으로 진입하였다. 두만강 건너편의 개간지를 가리키던 간도가 토문강과 두만강 사이의 땅을 가리키는 명칭으로 전환되면서 간도는 청과의 경계문제를 의미하는 명칭이 되었고, 조청 국경회담에서 제기되었다가 철회되었던 토문 경계는 간도의 경계가 됨으로써 조선인이 개간한 땅이라는 구체적인 의미를 획득하게 되었다. 간도가 토문강과 두만강 사이의 영역을 가리키는 명칭이 되면서 토문과 더불어 청과의 경계문제를 상징하는 이름이 되었다.

둘째, 간도가 "대한의 토지"로 표상됨으로써 주권 및 영토 문제와 결부되었다. 두만강을 건너 경작하고 있는 월간민(越墾民) 문제와 백두산정계비에서 시작하는 토문강의 존재는 1880년대 청과의 국경회담에서 해결되지 못한 문제로 남았다가 청과 대등한 관계에서 조약을 체결하게 되자 다시금 현안으로 부각되었다. 1880년대 국경회담 때와 달라진 것은 간도라는 이름이 토문과 더불어 조청 경계문제의 상징이 되면서 간도는 '대한의 토지'가 되고 간도의 월간민은 '대한의 인민'이 되었다는 점이다.

이러한 전환은 대한제국이 공법에 입각한 주권국가임을 천명한 것에서 기인하였다. 당시 대한제국에서는 대외적으로 주권국가임을 천명하고 공법을 토대로 제도적 기반을 바꾸어 나가는 가운데 주권이 행사되어야 할 영역과 주권에 의해서 보호받아야 할 인민에 대한 인식이 생겨났다. 이에 따라 간도는 대한제국의 주권이 행사되어야 할 영역, 곧 '대한의 영토'가 되었고, 간도로 건너간 이주민은 주권에 의해 보호받아야 할 '대한의 인민'이 되었다. 역으로 자국의 영토에 대한 배타적 지배권을 가지고 그 영토에 속해 있는 인민을 보호할 수 있어야 주권국가로서의 자격을 갖출 수 있었다.

대한제국 정부는 자국의 영토에 대한 배타적인 지배권을 확립하기 위하여 변경지역으로 시찰사를 파견하였다. 내부에서는

1899년 6월에 시찰사 이광하(李匡夏)를 압록강 대안지역에 파견하여 유민에 대한 호구조사, 호세 징수, 민사 소송 처분 등의 조치를 시행하였으며,[70] 울릉도에 들어온 일본인과 이로 인한 폐단이 문제가 되자 1900년 5월에는 우용정을 시찰사로 울릉도에 파견하여 이주 및 개척 상황과 일본인의 입거 상황을 조사하였다.[71] 1902년에는 서상무(徐相懋)를 변계관리사무(邊界管理事務)로 임명하여 압록강 대안지역에 파견한 데 이어,[72] 이범윤을 두만강 대안지역에 시찰사로 파견하여 순찰 및 주민 위무를 비롯하여 호구조사, 호적 편성, 호세 징수 등의 조치를 시행하도록 하였다.[73]

한청통상조약 체결 과정에서 내부가 시행한 백두산정계비 및 토문강·분계강 조사는 청과의 영토문제에 대처하기 위한 것이었다. 경원군수 박일헌은 분계강[74]을 거슬러 올라가 분계강의 근원을 조사하고 다시 백두산 분수령에 올라 정계비와 토문강의 근원을 조사한 뒤, 그 결과를 보고하였다. 보고서에서는 분계강이 하반령(下畔嶺)에서 발원하여 온성에서 두만강과 합류한다는 점, 토문강은 백두산정계비가 있는 분수령에서 발원하여 북증산(北甑山) 서쪽을 지나 송화강과 합류하여 동쪽으로 흑룡강에 이른다는 점을 들어 토문강의 하류가 분계강이 아니라는 점을 분명히 하였다. 또한 "비(碑)와 퇴(堆)가 두만강의 상원과 떨어지기는 족히 90여 리의 원거리가 되어 당초 토문강의 발원과는 접속되지 않은즉, 두만강을 가리켜 토문강이라 함은 구차한 주장으로서 성립될 수 없는 것입니다. … 토문강의 상원(上源)으로부터 하류의 바다에 들어가는 곳에 이르는 동쪽은 진실로 경계 내의 땅"이라고 청의 두만강 경계를 부정하고 토문강 경계를 강조하였다.[75] 그리고 이러한 지리 인식에 기반하여 한국·청국·러시아 3국이 회동하여 백두산정계비에서 토문강 하류까지 조사하고 공법에 의거하여 국경 획정이 이루어져야 한다고 주장하였다.

　이상에서 살펴본 것처럼 한청통상조약을 계기로 하여 간도에 대한 다양한 정보와 지식이 생산, 유통, 소비되면서 '간도 담론'이 형성되었다. 한청통상조약을 앞두고 오삼갑의 상소로 인하여 간도 문제가 촉발되었고, 협상 과정에서 정부의 공문서와 보고서가 생산되었다. 이렇게 생산된 텍스트는 당시 등장한 대중 매체인 신문을 통하여 전국에 유포되었다. 『독립신문』, 『황성신문』, 『제국신문』에서는 논설과 외보(外報), 잡보(雜報)를 통하여 간도와 관련된 상소문, 청원서, 보고서, 정부 공문서 등을 게재하고 간도의 주민, 역사, 지리, 수전(水田), 통치, 교역 등에 대한 다양한 정보를 전달하였다. 조약 협상과 맞물리면서 간도 문제는 정국의 현안으로 부각되었으며, 비록 협상에서 성과는 미미했지만 중앙과 지방에서 간도와 관련된 다양한 논의들이 표출되었다. 당시 신문은 간도에 대한 정보와 지식을 생산, 유통시키는 데 주요한 통로가 되었을 뿐만 아니라, 관리와 일부 지식인에 국한되었던 담론의 주체를 신문의 독자들로 확장시킴으로써 담론적 장에 대중이 진입하는 계기가 되었다.

　간도 담론이 형성되는 과정에서 오삼갑의 상소를 통하여 간도라는 이름이 토문과 결부됨으로써 간도는 토문과 더불어 청과의 경계를 상징하는 이름이 되었고, 간도가 주권 및 영토 문제와 결부됨으로써 비로소 영토문제로서 간도 문제가 출현하였다. '토문강과 두만강 사이에 간도가 있다'라는 언표는 간도 담론의 구심점이 되었고, 간도가 '대한의 토지'이고 그 주민은 '대한의 인민'이라는 은유는 간도를 주권 및 영토 문제와 결부시키면서 간도 문제를 정국의 중심으로 가져왔다. 이렇게 한청통상조약을 경과하면서 간도라는 이름은 정부의 현안이자 영토문제의 상징으로 부상하였다.

3 러시아의 만주 점령과 간도 정책의 대두

1) 러시아의 만주 점령과 국경의 위기

청과의 조약 체결이 추진되는 과정에서 공법을 기반으로 하여 토문강 경계를 확정하고 토문강과 두만강 사이에 있는 '대한의 토지와 인민'을 되찾아야 한다는 주장이 새롭게 제기되었지만, 1880년대 국경회담 때와 마찬가지로 한청통상조약 체결 때에도 토문강이 곧 두만강이라는 청 측의 주장을 넘어서지 못하였다. 간도 문제가 청 측의 주장을 넘어서 정부의 공식적인 정책으로 전환되기 위해서는 새로운 계기가 필요하였는데, 1900년 의화단 진압을 구실로 한 러시아의 만주 점령이 그 단서가 되었다.

19세기 말 산동 지역을 중심으로 성장한 의화단은 무술정변 이후 청조의 배외정책에 힘입어 급속히 세력을 확장하였다. 산동성 순무(巡撫)로 부임한 원세개(袁世凱)의 강경 진압을 피한 의화단은 1900년 들어 직예성(直隸省)으로 북상하였고 마침내

북경에 입성하였다. 당시 의화단 진압과 북상의 여파로 3, 4월경에는 산동성의 피난민 수천여 명이 압록강을 넘어 평안도로 몰려들었다.[76] 북경에 들어온 의화단이 각국 공사관을 공격하자 각국 공사들은 청에게 의화단 진압을 요청하였다. 그러나 의화단을 앞세운 청조의 배외정책이 강화되자 6월 들어 8개국 열강은 공사관 호위를 명분으로 파병하였고, 청조와의 전쟁에 돌입하였다. 만주로 북상한 의화단에 의하여 동청철도 일부가 파손되자 러시아는 7월에 동청철도 보호와 의화단 진압을 구실로 혼춘 공격을 개시하였고, 10월에는 러시아군이 만주 전역을 점령하였다.

1901년 7월 청은 11개국 열강과 신축조약(辛丑條約)을 체결하여 배상금 지불과 외국 군대의 북경 주둔을 수용하는 것으로 전쟁을 종결하였지만, 러시아는 만주 점령을 영구적인 것으로 만들려고 시도함으로써 청과의 갈등을 초래하였다. 1900년 11월 러시아 극동군 총사령관 알렉세예프(E. I. Alekseev)는 성경장군 증기(增祺)와 러시아의 민정관리권과 청군의 무장해제를 규정한 여순협정(旅順協定)을 체결하여 만주 점령을 영구화하고자 하였다.[77] 그러나 미국을 비롯한 열강의 개입과 청 정부의 비준 거부로 여순협정 체결이 어렵게 되자, 러시아는 1901년 2월에 동청철도 준공 시까지 철병 연기 및 청군 불허, 고위관리 면직권, 철도부설권 독점 등을 규정한 조약안을 청에 제시하였다.[78] 만주를 러시아의 보호국화하는 것과 다름없는 조약안에 대하여 청은 열강들의 지원 아래 협상을 거부하였고, 열강들은 러시아의 요구가 청과의 개별 협상의 대상이 아니라 청과 열강 간의 조약에 포괄적으로 포함되어야 한다고 반대하였다.

러시아의 만주 점령은 청의 영토 보전과 문호 개방이라는 만주 문제에 대한 기존의 합의를 깨트린 것이기에 열강의 반발과 청의 저항을 초래하였다. 러시아는 조약안을 철회하고 만주 철병을 위한 청러 협상을 재개하였으며, 특히 영국과 일본은 러시아의 요구가 자국의 이익을 침해하는 것으로 간주하고 열강의 반대를 주도하였다. 1902년 1월 '영일동맹' 체결로 한반도와 만주에서 일본의 입지가 크게 강화되자, 러시아는 철병 협상을 서둘러 4월에 러시아군의 단계적인 철병을 규정하는 러청만주환부조약(露淸滿洲還付條約)을 체결하였다.[79] 조약에는 러시아군이 1년 6개월 이내에 만주에서 완전히 철수할 것을 명시하였고, 10월에는 성경성 서남부 요하에 주둔하던 러시아군의 1차 철병이 이루어졌다.

한편 1901년 12월 주한러시아공사 파블로프(A. I. Pavlov)는 주한청국공사 허태신(許台身)에게 '압록강·두만강 변계 한청인민사단약서(土門江鴨綠江邊界韓淸兩國人民事端約書)'를 제안하였다. 제안의 내용은 압록강과 두만강 대안지역을 분쟁지로 간주하고 한청 양국이 관리를 파견하여 공동관리한다는 것이었다.[80] 이 제안은 러시아 사무관 스미르노프(Eugene Smirnov)가 한러 간 전신선연결문제로 한성에 갔을 때 파블로프가 스미르노프로부터 간도 거주 한인이 러시아 측에 보호를 요청한 일을 들은 것이 계기가 되었다. 그렇지만 간도 공동관리는 러청 간의 철병 협상이 진행 중인 상황에서 러시아공사의 즉흥적인 제안에 불과한 것이어서 양국 모두 거절하였다.

　러시아군의 만주 장악으로 청의 지방행정은 붕괴되고 러시아군에 의한 군정이 시행되었고, 혼춘을 비롯한 주요 도시에는 러시아 군정관에 의한 통치가 이루어졌다. 만주 곳곳에서는 러시아군에 패한 청군과 의화단 세력, 그리고 러시아의 군정에 반대하는 지방 조직들이 반러시아 항쟁에 나섬으로써 만주 전역이 혼란상태에 빠지게 되었다. 특히 피난민에 더하여 청군과 의화단 패잔병, 러시아군에 쫓긴 지방 무장부대와 '청비(淸匪)'[81]들이 압록강-두만강 국경지역으로 내몰림으로써 국경의 위기를 초래하였다. 러시아군의 혼춘 침공 직후인 1900년 8월에 함경북도 관찰부에서는 "청국 혼춘에서 피난한 자와 패군이 회령과 종성 등지로 나와서 촌락에 횡행하며 재산을 늑탈하여 민인들이 사방으로 환산하되 방비할 도리가 없다"고 내부에 보고하였으며, "압록강 상류 자성군에 의화단 삼만여 명이 엄습하여 옴에 그곳 인민들이 사산하였다는 기별"[82]을 전하였다. 1900년 후반부터 1901년 초반까지 평안북도와 함경북도 각지에서 청인 피난민뿐만 아니라 청군 패잔병과 청비에 의한 인명 살해, 재산 약탈 등의 보도가 이어졌다.[83]

　러시아군의 만주 점령에 따른 국경의 위기 상황에서 정부는 국경 수비를 강화하였다. 정부는 의화단의 국경 유입을 방어하고 청비를 단속하기 위하여 1900년 6월에 평안북도 의주와 강계, 함경남도 북청과 함경북도 종성에 진위대(鎭衛隊)를 설치하였다. 종성에는 지방대가 폐지되고 진위대가 설치되었는데, 진위대대에는 5개 중대 1,000명이 배치되었다.[84] 그러나 진위대만으로는 월강하는 청군 패잔병과 청비를 방어하기 부족하여 국경지역에서는 민간인 포수를 모집하여 산포군(山砲軍) 또는 산포대(山砲隊)를 조직하였다. 무산군에서는 1900년 8월에 청군 패잔병을 막기 위하여 산포군 30명을 모집하였으며, 1901년 초에는 안변, 삼수, 갑산 등지로 확산되었다. 청비의 월경이 잦은 삼수, 갑산에서는 산포군을 100명씩 두었으며, 포계(砲契)를 조직하여 산포군을 운영하였다.[85]

압록강 대안지역에서 국경 수비대와 청비와의 충돌은 1899년부터 본격화되었다. 청비와 더불어 의화단 진압을 피하여 월경한 피난민과 의화단 잔여세력, 러시아군과 교전한 청군 패잔병, 단련(團練), 충의군(忠義軍) 같은 지방 자치조직 등이 국경을 넘나들면서 국경에서의 충돌이 잦아졌다. 교전의 규모가 큰 것으로는 1900년 11월 삼수에서 지방 수비대·산포군과 청 단련의 충돌, 1901년 3월 무산 대안에서 진위대·산포군과 청 단련의 충돌 등이 있었으며, 그 밖에도 국경에서 크고 작은 충돌이 이어졌다.[86] 초기에는 진위대·산포군이 월경하여 공격하는 청군 패잔병과 비적을 방어하는 경우가 많았지만, 점차 패주하는 청비를 쫓아 월경하기도 하고 압록강·두만강 대안에 모여 있는 청비를 공격하기도 하였다.

국경지역에서 청의 피난민으로 인한 혼란과 더불어 청군 패잔병과 청비에 의한 인명 살해, 재산 약탈 등이 일어났고, 압록강-두만강 대안지역에서도 청비의 횡포로 인한 청원이 이어졌다. 1901년 1월 종성간도와 회령간도 거주민이 "러시아가 만주를 점령하여 군사가 이 땅에 들어왔기로 청비가 횡폭(橫暴)하여 사람을 해치고 재물을 약탈하니 백성들이 부지할 수 없으니 업드려 바라건데 관원을 보내어 보호해 달라"[87]고 내부에 청원하였다. 3월에 간도 거주민들은 "작년부터 권비(拳匪)가 소란을 일으킨 이후로 청비의 침략(侵掠)과 러시아군의 횡포를 일일이 거론할 수 없으니 백성들이 안도할 방책은 군대를 두고 병사를 모집하여 갑작스런 일을 방어하는 것만한 것이 없으나 … 거주민들이 각자 재력을 내어 군대를 모집하여 훈련시키겠으니 민원에 따라 군대를 설치할 것"[88]을 외부와 원수부에 청원하였다. 1901년 9월에는 강계 대안의 거주민 90여 명이 "밖으로는 청국인 무뢰배의 침해가 날로 심해지고 안으로는 순교(巡校)와 병정의 침해가 또한 감당하기 어렵다"고 관리를 보내어 보호해 달라고 내부 및 외부에 청원하였고,[89] 10월에는 초산 대안 유민 170여 명이 평안북도관찰사에게 "유민 만여 호의 참혹한 사정은 차마 보고 들을 수 없으니 관헌을 두어 보호"할 것을 호소하였다.[90] 특히 청비의 약탈과 러시아군의 횡포에 시달리는 간도 거주민들의 청원은 관헌 파견은 물론이고 군대 주둔을 요청할 만큼 절박한 것이었다.

 러시아군의 만주 점령과 철병 협상은 간도 거주민의 영토 인식을 자극하였다. 1901년 3월 간도 거주민 채동은(蔡東殷) 등은 "토문강이 비록 한청 양국이 다투던 곳이나 지금 두만강 이서(以

西)와 만주 전체가 러시아 점령에 들어간즉, 토문강 이남은 청의 경계로 인정되어 병탄에 의심이 없으니 우리가 다투는 바는 어찌 될 것인가? 러시아의 통첩(通牒) 내에 청에게 환부한다는 어구가 있으니 이 할토정계(割土定界)의 날에 이르러 가만히 앉아서 이때를 놓칠 수는 없"다고 철병 협상으로 토문강 이남의 영토가 청으로 귀속될 것을 우려하여 정부에 청원하였다.[91]

2) 간도 정책의 출현: 변계경무서와 시찰사 파견

러시아의 만주 점령에 따른 혼란의 와중에서 국경지역 주민이 생존의 위기에 처하자 정부는 1901년 2월 "함경북도 변계(邊界)의 일체 간황변호(墾荒邊戶)를 보호"하기 위하여 회령에 경무서(警務署)를 설치하고, 무산과 종성에 분서(分署)를 두었다.[92] 변계경무서에는 경무관(警務官) 2명, 총순(總巡) 4명, 순검(巡檢) 200명을 배치하였으며, 두만강 대안지역에 대한 행정, 위생, 경찰, 사법 등의 업무를 수행하였다.

변계경무서의 구체적인 활동은 종성 분서의 기록을 통해서 일단을 확인할 수 있다. 종성 분서의 일기에 따르면, 종성 분서에서는 호구조사, 종두 실시, 대안지역 순찰, 노름·아편·작폐 단속, 청비 동향 탐문 및 청비의 침학 행위 조사 등의 업무를 수행하였을 뿐만 아니라, 민사·형사 사건에 대한 조사, 한인 범죄자의 연행과 심문, 청인 범죄자의 체포 및 인도 같은 사법 업무도 수행하였다.[93] 변계경무서 설립 초기에 교섭하였던 청의 관서는 종성 대안에 있는 광제욕의 통상국(通商局)이었는데, 두만강을 건너 순찰하던 순검이 통상국을 호위하는 청군과 대치하는 경우 변계경무서와 통상국 간의 협의를 통하여 대안지역을 순찰하고 사건의 뒤처리를 담당하였다. 때로는 러시아군의 두만강 유역 정찰에 동행하기도 하였다.[94]

변계경무서는 러시아가 만주를 점령한 상황에서 간도 지역에 대한 관할권을 강화하는 한편 러시아 군정과 교섭하여 간도 거주민의 보호에 나섰다. 1901년 12월에는 함경북도 교계관을 두어 "일체의 영사 교섭과 일체의 각국 변계관 사무를 관장"하고 변계 인민의 생명과 재산을 보호하게 하였다.[95] 교계관은 변계경무서 경무관이 겸하였는데, 변계경무서가 경부(警部)의 지휘를 받는 반면, 교계관은 외부(外部)의 지휘를 받았다. 교계관 설치는 한청 간의 군사적 충돌이 가져올 국경의 위기 상황에 대비할 뿐만 아니라, 러시아가 철수하는 상황에서 국경 교섭에 대처하기 위한 것이었다. 이처럼 변계경무서는 두만강 대안지역의 한인을 관할하는 최초의 기구로서, 간도 문제에 대한 정부의 대처가 전담 관서의 설치라는 새로운 단계로 접어들었음을 보여준다.

변계경무서 설치와 더불어 간도 문제에 대한 정부의 대처를 보여주는 사안은 시찰사 파견이다. 러시아의 만주 점령과 군정 실시, 청비로 인한 국경의 혼란, 한청 간의 군사적 충돌 등의 상황에서 간도 거주민들이 관헌 파견을 요청함에 따라 정부는 "해당 지역 거주민의 인구 다소와 생활의 고통과 질병을 순찰, 무유(撫諭)하고 그중에서 가자(加資)에 합당한 노인을 모두 조사"[96] 할 명목으로 1902년 5월 이범윤(李範允)을 시찰사(視察使)[97]로 파견하였다. 내부에서는 1900년에 우용정을 시찰사로 울릉도에 파견한 데 이어, 이범윤을 두만강 대안지역에 시찰사로 파견하여 변경지역의 상황을 조사하고 주민을 관리하고자 하였다.

이범윤은 종성에 머물면서 간도 지역 순찰과 주민 위무, 호구조사와 호적 등재 등의 활동을 전개하였다. 당시 러청만주환부조약이 체결되고 청의 지방행정이 복구되는 상황에서 청 관헌은 간도의 한인에 대하여 치발역복(薙髮易服)을 강제하였고, 청국공사의 증빙을 소지하지 않은 이범윤의 월경 활동을 저지하고자 하였다.[98] 이에 이범윤은 내부 보고에서 간도 주민에 대한 청 관헌과 청비의 침학 행위를 적시하는 한편, 변계경무서 순검이 청비를 두려워하여 강을 건너지 않으니 간도 주민을 보호하기 위해서 진위대를 파견, 주둔케 할 것을 요청하였다. 그리고 시찰사 파견에 대한 청국공사의 증빙과 더불어 간도 순찰 시 진위대 군사를 대동케 해 달라고 요청하였다.[99] 이범윤의 보고로 치발 강제는 중단되었지만 진위대는 상부의 지시가 없다고 시찰사 호위를 거절하였고, 원수부에서는 진위대의 월경을 허가하지 않았다.

이범윤은 간도 주민의 호적조사, 청비피해조사, 전답과 부동산 조사를 실시하여 1903년 5월 2만 7천여 호의 호적대장 52권과 전답 및 부동산 소유 현황을 내부에 보고하였다.[100] 또한 중국과 조선의 사료를 바탕으로 북간도가 대한의 영토임을 입증하는 『북여요선(北輿要選)』을 편찬하여 내부에 올렸다.[101] 이범윤이 시찰사로 파견된 이후에도 청군과 청비의 한인 마을 습격은 끊이지 않았다. 1902년 9월에 무산간도에서 청비의 대규모 공격으로 피해가 크자 이범윤은 종성 진위대의 파병을 요구하였다. 그러나 원수부에서는 진위대의 간도 진출을 허가하지 않았으며, 무산군에서는 산포군 300명을 모집하여 국경 수비를 강화하였다.[102]

한편 러시아군의 철병이 시작됨에 따라 청 정부는 만주의 지방행정을 복구해 나갔다. 월간 한인을 관리하던 무간국(撫墾局)[103]이 유명무실화된 상황에서 1902년 10월 남강(南崗)에 연길청(延吉廳)이 설치되었다. 1903년 2월에는 화룡욕에 분방경력(分防經歷)이 설치되고 월간민에 대한 관리는 분방경력에서 담당하였다. 또한 혼춘부도통에서는 변경 수비를 강화하기 위하여 길강군(吉强軍)을 국자가에 주둔시키고 국경지역은 단련(團練)으로 하여금 치안을 담당하게 하였다.[104] 연길청을 중심으로 지방행정이 복구되고 길강군이 국경 수비를 담당하게 됨에 따라 간도 한인을 둘러싼 양국의 갈등은 더욱 격화될 조짐을 안고 있었다.

3) 러일전쟁과 간도 정책의 귀결

'압록강 위기'와 간도에서의 한청 충돌
대한제국 정부의 간도 정책이 러시아의 만주 점령이라는 새로운 정세에 기반한 것이었기 때문에, 이후 간도 정책의 부침은 러청만주환부조약 이후 한반도와 만주를 둘러싼 러일 간의 각축이 어떻게 진행되는가에 달려 있었다. 영일동맹으로 한반도에서의 권익을 보장받게 된 일본은 한국에 대한 독점적 권리를 확보하고 만주에서 러시아의 이권 확대를 견제하기 위하여 러시아군의 만주 철병 상황과 러·청 교섭에 촉각을 곤두세우고 있었다. 반면 만주에서 철병하는 러시아로서는 동청철도를 비롯한 만주에서의 권익을 보호하고 일본의 세력 팽창을 저지할 방책을 필요로 하였다. 이러한 상황에서 러시아가 주목한 것은 경의철도 부설권과 압록강 삼림채벌권이었다.[105]

 러시아는 1902년 11월과 다음해 2월 대한제국 정부에 경의철도 건설에 차관 제공을 제의하여 일본의 경의철도 부설권 교섭을 견제하는 한편, 1903년 4월로 예정된 제2차 철병 — 성경성의 나머지 지역과 길림성의 러시아군 철수 — 을 이행하지 않고 러시아군을 압록강 지역으로 남하시켰다. 그러나 일본의 개입과 대한제국 정부의 자력 건설 방침으로 경의철도 부설권 획득이 난관에 처하자 러시아는 1903년 4월에 압록강 삼림채벌권 개발을 구실로 용암포 기지 구축 및 용암포 조차에 착수하였다. 러시아 목재회사를 내세워 용암포, 의주 일대의 삼림채벌, 토지매입으로 기지 건설을 위한 기반을 마련하였고, 7월에 러시아 목재 회사 총무인 모지스코(Mogisko)와 삼림감리 조성협(趙性協) 간에 용암포 조차 가조약이 체결되었다. 이에 일본은 대한제국 정부에 용암포, 의주 개항을 요청함으로써 러시아의 용암포 조차를 견제하였고, 8월에 람스도르프(V. N. Lamsdorf) 러시아 외상에게 협상안을 제시하였다. 러시아는 용암포를 기점으로 하는 '압록강 방벽'을 구축함으로써 뤼순의 조차지를 보호하고 일본의 세력 팽창을 저지하고자 하였으며, 일본은 러시아군의 압록강 하구 진출을 한반도에서의 권익에 대한 침해로 간주하고 개전을 준비하였다.[106]

러시아군의 압록강 남하는 러시아의 만주 점령으로 개방되었던 간도 정책의 공간을 급속히 위축시켰다. 만주와 한반도의 접속지인 압록강-두만강 경계가 러시아의 대일본 저지선이 됨에 따라 러시아는 간도가 청의 영토임을 승인하는 길을 택하였다. 러시아로서는 일본과 대치한 상황에서 청과의 갈등을 피하고자 하였고, 간도 문제에 일본이 개입함으로써 만주 진출의 길을 열어주는 상황을 방지해야 했다. 용암포를 둘러싸고 러시아와 일본의 긴장이 고조되고, 개전이 임박했음을 느낀 고종이 러일 양국에게 전시 중립을 요청한 상황에서 대한제국의 간도 정책은 추진 동력을 상실하고 위기에 처했다.

이범윤이 시찰에서 관리(管理)로 승격한 때는 러시아와 일본이 압록강 하구를 둘러싸고 대치하던 상황이었다. 1903년 7월 내부 지방국장 우용정(禹用鼎)은 이범윤의 보고에 기초하여 "분

수령 정계비에서 토문강·하반령 이남 등의 땅은 명확하게 우리
나라 영역"이기 때문에 한청통상조약에 근거하여 관리를 간도
에 주재시킬 것을 요청하였다.[107] 8월에 내부대신 임시서리 겸
의정부 참정대신 김규홍(金奎弘)은 상주문을 올려 "북간도는
바로 한청의 교계(交界)로 지금까지 수백 년 동안 비어 있었습
니다. … 수백 년 동안 비어 두었던 땅을 갑자기 타정(妥定)하는
것은 일을 크게 벌이려는 것 같으니 우선 보호할 관리를 특별히
두되 북간도 백성들의 청원대로 시찰 이범윤을 관리(管理)로 특
별히 임명하여 북간도에 주재시켜 사무를 관장하게 함으로써 그
들의 생명과 재산을 보호하게 하여 조정에서 백성들을 보살피는
뜻을 보여 주는 것이 어떻겠습니까"[108]라고 시찰사 이범윤을 관
리로 임명하여 북간도에 주재시켜 백성들을 보호하자고 청하였
고, 고종은 이범윤을 '북간도관리'로 임명하였다. '시찰'이 현지
를 돌아보고 현지의 사정을 중앙에 보고하는 직책이라면, '관리'
는 현지에 주재하면서 현지의 인민을 관할하는 직책이라는 점에
서 간도 정책의 일보 전진이었다.

이범윤은 북간도관리로 승격되자 곧바로 간도 한인의 생명과
재산을 실질적으로 보호할 수 있는 자체의 무장을 갖추는 데 진
력하였다. 간도의 장정들을 모집하여 사포대(私砲隊)를 조직하
고, 사포대 운영을 위하여 간도 주민에게 호세를 거두었다. 종성
에 병영을 설치하고 사포대 포수들을 훈련하였으며, 모아산(帽
兒山), 마안산(馬鞍山), 두도구(頭道溝) 등지에 영소(營所)를 설
치하였다. 한국 측에서는 기존의 진위대, 산포군에 사포대가 더

해지고 청 측에서는 길강군(吉强軍)이 투입됨에 따라 충돌의 규모는 커지고 전투는 한층 격렬해졌다. 1903년 10월과 11월에 진위대·산포군과 청군·단련 사이에 몇 차례 월강과 교전이 일어났고, 진위대는 무산 대안에 있는 우심산(牛心山) 일대를 일시 점거하기도 하였다.[109] 1904년 들어서도 진위대와 청비와의 충돌이 계속되었고, 4월에는 무산 대안에서 이범윤의 사포대와 청군·단련 간의 충돌이 일어났다.[110] 무력충돌이 격화됨에 따라 혼춘부도통에서는 길강군을 파견하여 진압에 나섰으며, 연길청에서는 방곡령을 선포하여 두만강 양안의 양곡 매매를 금지하고, 두만강 나루터를 봉쇄하여 한인들의 왕래를 금지하는 등 주민에 대한 통제를 강화하였다.[111]

북간도관리의 소환과 감계 협상 연기

대한제국 정부에서 북간도관리 이범윤의 소환이 거론된 계기는 주한러시아공사와 주한청국공사가 이범윤의 '불법 행위'에 대하여 단속을 요구한 것이 발단이 되었다. 1903년 12월 주한러시아공사 파블로프는 외부에 조회하여 한국 관헌이 두만강 대안의 청 영토를 관할하려는 것은 위법 행위이니 단속해 달라는 요청과 함께 이범윤이 러시아 교계관에게 간도 주민을 보호하기 위하여 군사를 지원해 달라고 했으나 거절했다는 사실을 전해 주었다.[112] 또한 1904년 2월 주한청국공사 허태신(許台身)은 외부에 조회하여 진위대의 월경과 이범윤의 불법행위를 거론하며 러일 간의 개전 상황에서 국경에서의 분규를 방지하기 위하여 월경 방지와 이범윤의 철회와 처벌을 요구하였다.[113] 이에 외부에서는 이범윤이 러시아 관헌에게 군사를 빌리려 한 것에 대하여 처벌을 요구하였고, 내부에서는 "러시아 관헌에게서 병사를 빌린 일은 애초에 없었다"라는 이범윤의 답변을 전하며 "양국 변계의 떠돌아다니는 백성을 양국 관원이 각기 보호하여 이웃나라와의 후의를 공고하게 지킴이 타당"하다고 처벌을 거부하였다.[114]

이범윤의 철회 요구에 대한 회답이 없자 주한청국공사는 1904년 3월에 이범윤의 철회를 재차 요구하는 한편, 양국이 관원을 파견하여 감계할 것을 제의하였다. 청 측의 감계 제의에 대하여 외부대신은 감계 협상을 제기할 것을 의정부에 청의하였다.[115] 정부에서 의정부 의결을 거쳐 감계 협상에 나설 위원을 파견하기로 결정하자, 이 소식을 들은 일본에서는 양국 정부에 감계 협상을 연기할 것을 제안하였다. 주한일본공사 하야시 곤스케(林權助)는 한국 외부대신에게 러일전쟁의 상황을 보아 일본 정부의 중재를 받아 파원감계문제를 해결하자고 권고하였으며,[116] 주청일본공사 우치다 고사이(內田康哉)는 청 외무부에 러일전쟁이 평정될 때까지 한국과의 파원감계를 보류해 달라고 요청하였다.[117] 일본의 감계 협상 연기 제안을 청이 받아들였고, 정부에서도 8월에 청 외무부의 요청이라는 형식으로 러일전쟁 이후로 감계 협상을 연기하기로 결정하였다.[118]

한청 양국 간에 파원감계 논의가 오갈 무렵인 1904년 6월, 광제욕에서 양국의 지방관이 모여 변계선후장정(邊界善後章程)을 체결하였다. 이 장정은 한국 측에서는 진위대대 참령과 변계경무서 경무관, 청 측에서는 연길청 지부(知府)와 길강군 통령(統領)이 서명한 지방관 차원의 협정으로, 양국 정부의 파원감계를 앞두고 국경에서의 충돌을 방지하기 위한 것이었다. 모두 12개 조항으로 이루어진 변계선후장정은 공동조사를 위한 관원 파견 때까지 국경의 현상 유지, 월경과 충돌 방지, 이범윤의 소환 등을 규정하고 있다.[119] 장정에서는 "양국의 경계는 백두산정계비의 기록이 입증하고 있지만 파원회감(派員會勘)을 기다리기로 하였다. 공동조사 이전에는 구례를 따라 도문강(圖們江) 일대 수(一帶水)를 사이에 두고 각자 정해진 구역을 지킨다"(제1조)고 하여 양국의 경계는 정계비의 토문강을 근거로 한다고 하였지만, "옛 간도는 곧 광제욕 가강의 땅"(제8조)이라고 간도 영역을 종성 맞은편의 모래톱으로 제한함으로써 간도 영토 주장을 배제하였다. 그리고 "시찰 이범윤이 북간도를 관리하는 것은 청 정부에서 허가 서류를 발급하지 않았으며 중국 변경 관리도 승인하지 않았고 한국 변경 관리도 억지로 힘쓰지 않았다"(제3조)고 이범윤의 북간도 관리를 부인하고 이범윤의 철회를 규정하였다.

변계선후장정 체결 이후 주한청국공사의 이범윤 소환 요구가 계속되었고 외부에서도 의정부에게 이범윤의 소환을 요청하는 것으로 미루어 보아 내부에서는 이범윤을 소환하지 않은 것으로 보인다.[120] 러일전쟁 이후 이범윤은 사포대를 이끌고 연해주로 이동함으로써 간도에서 이범윤의 활동은 막을 내리게 되었다.

러일전쟁 발발로 대한제국의 간도 정책은 실질적으로 종결되었지만 변계경무서는 러일전쟁 이후에도 유지되다가 1907년 2월에 폐지되었다.

4) 간도 정책과 간도 문제 인식

러시아군의 만주 점령으로 청의 지방행정이 붕괴되고 국경지역으로 내몰린 피난민과 패잔병으로 인해 한청 국경이 위태로워진 상황에서 대한제국 정부는 국경 수비를 강화하는 한편, 회령에 경무서를 설치하고 시찰사를 파견하여 간도 한인들의 보호에 나섰다. 시찰사 이범윤은 간도 지역의 구체적인 상황과 간도 거주민의 피해를 조사하여 내부에 보고하고 군대 파견 등의 대책을 요청하였으며, 신문에서는 이범윤의 보고서를 게재하여 간도의 상황을 소개하고 대중의 관심을 촉구하였다.[121]

> 청비가 십년 전부터 한민(韓民)들을 좀먹고 있더니 병란 이후로 각 호에 토지세, 잡세, 마초(馬草), 화목(火木), 닭·돼지(鷄猪), 염장(鹽醬), 양곡(粮米)을 강제로 부과하고 요역, 수운(輸運)에 노예와 같이 부리며, 종성 진위대를 설치한 초기에는 진위대 병정이 방수(防守)가 엄중하여 위곽지세(衛霍之勢)가 있으므로 청비의 약탈이 줄어들고 거주민이 의지하더니 경무서를 설치한 후로는 경무서 순검이 청비를 두려워하여 결코 강을 건너지 않고 진위대 병정과 시극지단(猜剋之端)인지 한

인 보호의 방책을 서로 미루는 것 같아서 거주민의 고초와 청비의 침학은 날로 심해져 가는 바.[122]

이범윤은 보고서에서 간도 주민의 피해 상황을 적시하고 국경 수비의 한계를 지적하면서 군대 파견을 요청하였다.

이범윤의 보고에 기반하여 내부에서는 시찰사 이범윤을 관리사로 승격시켜 간도에 주재시킬 것을 요청하였는데, 시찰사에서 관리사로의 승격을 이끌어내는 데 필요한 근거와 명분을 제공한 것은 내부지방국장 우용정(禹用鼎)의 의견서이다. 『황성신문』에 실린 우용정의 「북도변계간도 우민(寓民) 등 보호에 관한 의견서」에 따르면, 백두산 정계 당시의 상황을 설명하면서 다음과 같이 정계 이후의 사정과 시찰사 파견의 경위를 설명하였다.

그때 접반사와 감사가 혹은 흙을 쌓고 혹은 돌을 모으고 혹은 목책을 세우는 일을 농한기에 공역으로 일으킨 뜻을 거듭 거론한 것 등이 양국 공첩(公牒)에 분명히 실려 있은즉, 분수령 정계비에서 토문강·하반령(下畔嶺) 이남 등의 땅은 명확하게 우리나라 영역이지만 혹 간민(奸民)의 무리가 들어가서 분란이 일어날 것을 염려하여 지금까지 수백 년 동안 비워 두었습니다. 수십 년 전부터 북도(北道) 각 군의 우리 백성이 이곳으로 이주하여 농사짓고 생활하는 자가 지금은 수만 호, 십여만 명에 이르게 되었고, 청인의 학대와 침탈이 가혹하기 때문에 지난해 내부에서 시찰 이범윤을 보내어 거주민을 무유(撫諭)하고 호구를 조사하게 하였습니다.[123]

우용정은 백두산 분수령에 세운 정계비에서 석퇴, 토퇴, 목책 같은 경계 표지물을 따라 토문강, 하반령에 이르는 선, 즉 정계비에서 토문강, 분계강을 거쳐 두만강에 이르는 선의 남쪽을 대한제국의 강역으로 간주하고 있다. 이러한 경계 인식은 한청통상조약 체결 때 내부에서 시행한 백두산 현지조사에 기반한 것으로, 토문강과 분계강이 이어지는 물줄기가 아니라는 점을 알았기 때문에 토문강과 더불어 하반령을 거론한 것이다. 백두산 현지조사 당시의 인식과 달라진 점은 토문강 경계에서 토문강-분계강 경계로 변화하였다는 것이다. 이는 1885년 국경회담에서 토문강 경계를 주장하는 조선 측의 주장이 청 측에 전혀 받아들여지지 않았고 이미 러시아가 북경조약을 통하여 연해주를 차지한 상태에서 토문강 경계를 주장하는 것은 비현실적이라고 생각했기 때문이었다.

이러한 경계 인식에 기반하여 우용정은 간도 한인의 피해가 청이 한청통상조약을 위반하였기 때문에 야기된 것이라고 보았다. 먼저 이범윤의 보고서를 인용하여 "우리 인민은 우리가 다스린다는 것[我理我民]은 만국공법과 같은 한청통상조약 제5조에 있는 것인데 청 관헌이 조약을 준수하지 않고 멋대로 학대하면서 인민들의 재물을 강탈하니 이는 아무런 근거가 없는 것"[124]이라고 설명하였다. 그리고 한청통상조약 제12조를 거론하면서 토문강 이남의 영토에 대한 경계문제를 제기해야 하지만 우선 간도에 관리를 주재시켜 백성들의 생명과 재산을 보호할 것을 요청하였다.

이 조사보고(이범윤의 보고서-필자)를 살피건대 우리나라 우민(寓民)이 족히 10여만 명에 이르는데 청나라 관원이 끝없이 침어(侵漁)하고 있어 그 산업을 보전하기 어렵다고 한다. 한청조약 제12관 중 양국 육로의 교계처(交界處)에서 변민(邊民)은 종래부터 교역을 해 왔고 이번에 조약을 맺은 뒤에 다시 육로통상장정과 세칙을 정할 것인즉, 변민으로 이미 월간한 자는 자신의 직업에 안주하게 하고 생명과 재산을 보호한다 등의 구절이 있으므로 외부(外部)에서 청나라 공사와 상판한 후에 해당 지방 부근의 관원에게 공문을 보내어 재물을 약탈하고 강제로 치발(薙髮)하는 것 같이 법에 어긋나게 학대하는 일이 없게 하며, 강계(疆界)에 대해서도 정계비 이하 토문강 이남 구역을 우리나라 계한(界限)으로 확정하여 관리를 두고 세금을 정해야 하지만 수백 년 비워 두었던 땅을 갑자기 타정(妥定)하는 것은 일을 크게 벌이려는 것 같으니, 우선 보호관을 특별히 두되 이름을 관리(管理)라 칭하고 간도에 주재시켜 사무를 전관(專管)하여 생명과 재산을 보호하게 ….[125]

우용정은 한청통상조약 제12조의 "변민으로 이미 월간한 자는 자신의 직업에 안주하게 하고 생명과 재산을 보호한다"는 구절을 양국의 관리가 자국의 월간민을 각기 보호하는 것으로 해석하여 청 관헌이 한인 월간민을 학대, 수탈하는 것을 금하는 한편, 정부에서도 관리를 파견하여 간도의 한인을 보호해야 한다고 주장하였다.

내부의 간도 정책 추진에서 주목할 점은 한청통상조약을 관원 파견의 근거로 삼고 있다는 것이다. 한청통상조약 제12조에 기반한 관리사 파견 사안은 내부대신 김규홍에 의하여 고종에게 상주되어 재가를 얻었으며, 외부를 통해서 주한청국공사 허태신에게 전달되었다.[126] 이에 대해서 청국공사는 "한민(韓民)이 우리 나라 변경지역에 넘어와서 개간하는 것을 종전에 수차례 귀국에 소환하도록 요청하였습니다. 중한정약(中韓定約)이 체결되고 비로소 제12관에 변민으로 이미 월간한 자는 자기 직업에 안주하게 하고 생명과 재산을 보호한다는 문구가 실려 있지만 파원(派員)이 경계를 넘어 관리할 수 있다고 규정한 문구는 없습니다. 변경지역을 살펴보면 통상항[商埠]과는 달라서 응당 우리가 맡아서 보호해야 할 곳입니다."[127]라고 반박하고 관원 파견은 육로통상장정 체결과 경계 확정 이후의 일이라고 답변하였다. 이에 대해서 내부에서는 백두산 정계를 근거로 토문강 이남이 우리나라의 영역임을 강조하고 시찰사를 파견한 것은 청에서 변경지역에 있는 백성을 위해 관리를 두는 것과 마찬가지라고 대응하였다.[128]

이처럼 한청통상조약 제12조에 대한 양국의 해석이 상반된 상황에서 간도로의 관리 파견은 경계 획정의 문제로 귀결되었다. 내부에서는 토문강이 경계임을 전제로 간도로의 관리 파견이 정당하고 양국 관원이 각기 자국의 백성들을 보호해야 한다고 주장한 반면, 청은 두만강이 경계임을 전제로 간도로의 관리 파견은 조약 위반이고 영사관 설치도 통상항에 국한되는 것이라고 주장하였다. 이러한 내부의 입장은 1904년 이범윤의 소환문제가 제기되었을 때에도 일관되었기 때문에,[129] 청은 이범윤의 소환과 더불어 감계 협상을 제안하는 수밖에 없었다.

내부의 간도 정책에 대한 적극적인 지지자는 『황성신문』이었다. 『황성신문』은 간도 문제에 대한 내부의 인식을 널리 알리는 한편, 논설을 통하여 관리사의 파견을 적극적으로 성원하였다. 간도 관리사의 임명에 즈음하여 "서북 간도(墾島)는 원래 우리 기자, 고구려 이래의 봉강(封疆)이고 두만강 이북의 구역은 곧 우리 목조(穆祖), 익조(翼祖)의 발상지"[130]라고 간도의 연원을 고대로 소급하는 한편, 신임 관리사가 "무수(撫綏)하는 방책을 강구하고 더욱 방호의 도리를 다하여 간도 주민을 안정시키고 호구가 번식하면 조정에서 빠른 시일 내로 감계안을 타결하여 차례로 군현을 설치하고 군대를 보내어 주둔케 하여 성조(聖祖)의 발상지에 다시 성읍을 정하고 비를 세우고 정계한 구역으로 판도를 완전"하게 할 것을 기대하였다. 또한 간도 거주민들에게 "슬프다 우리 동포여, 우리 강역을 우리가 다스리고 우리 양식을 우리가 뿌려서 대한의 곡식을 먹고 대한의 실로 옷을 만드니 대한제국의 신민이오 청국의 관할이 아니거늘 어찌 십만이 탐학 아래에서 명령을 감수하는가. … 생명과 재산을 보호하고자 한다면 모름지기 용맹한 의기(義氣)를 배양하고 애국의 정성을 분발하여 우리의 지귀지중(至貴至重)한 자유권리를 잃지 않는 것이 가장 중요한 계책"[131]이라고 간도 거주민의 애국심에 호소하였다.

제2장

대한제국기
간도 담론의 구조

1 『북여요선』의 북방 강역 및 간도 문제 인식

시찰사 이범윤이 종성에 머물면서 간도의 상황을 파악하고 간도 주민에 대한 보호 대책을 강구하던 무렵, 경원(慶源)에 거주하는 유학자 김노규(金魯奎)[132]는 간도의 역사지리에 관한 최초의 체계적 저술이라고 할 수 있는 『북여요선(北與要選)』 편찬에 착수하였다. 『북여요선』의 편찬은 북방 강역에 대한 지리지 편찬을 통하여 간도 관할의 정당성을 얻고자 했던 시찰사 이범윤에 의하여 시작되었고, 함경도 국경지역의 역사지리에 관심이 많았던 김노규에 의하여 편찬 작업이 이루어졌다. 내부대신 김건하(金乾夏)는 서문에서 "시찰군(視察君)이 국경이 하루라도 감정되지 않으면 우리 백성들에게 하루의 편안함이 없다고 생각하여, 옛 자취를 채집하여 지지(地誌)를 편찬하여 공증(公證)의 근거가 되게 하려던 참에, 경원에 은거하여 덕행을 쌓고 경세제민(經世濟民)의 뜻을 품어 오던 처사 김노규가 오래도록 이미 국경 관계의 일에 유의해 왔고, 또 시찰군의 고심에 감명되어 고금의 기록으로 명확히 전거가 있는 것들을 모으고 간간이 자기의 의견을 붙여 변증하고 그의 문인 오재영(吳在英)을 시켜 한 벌을 베끼게 하고 '북여요선'이라 했다"[133]고 발간의 경위를 밝히고 있다.

이범윤의 요청으로 지리지 편찬에 착수한 김노규는 자신의 문하에 있는 오재영과 최상민(崔相敏)에게 자료의 정리와 필사를 담당하게 하였고, 작업에 착수한 지 4개월 후인 1903년 초 상·하 2권의 지리지 저술을 완성하였다. 편찬 과정에 대해서는 『북여요선』의 책머리에서 "북방의 사적을 틈틈이 모으고 강역의 경계에 관한 과거사의 요체를 뽑아서 상하로 편을 나누고 상고할 것이 있으면 안변(按辨: 자신의 견해)을 붙여 살펴보기에 편리하게 하였으니 그 항목이 무릇 여덟 가지로 합해서 이름 붙이기를 '북여요선'이라 하였다"[134]고 언급하였다. 뒤에 간행된 『(증보현토) 북여요선』의 부록 「원본편집고」에서는 "계묘(癸卯: 1903) 봄에 상민(相敏)이 용당(龍堂) 근처에 기거할 때에 마침 시찰사가 고적을 조사하여 북여요선이라 이름짓고 상민으로 하여금 학음옹(鶴陰翁: 김노규)의 문하로 삼아서 수정, 편집하니 선사(先師)가 그 대강을 총괄하고 상민에게 편술(編述)을 명하였다. 무릇 총설과 안변(按辨)은 시찰사가 서술한 것으로 예로 삼았다"[135]고 편찬과정을 설명하였다. 이로 보아 『북여요선』의 편찬은 김노규에 의해서 이루어졌지만 이범윤이 초고를 작성하였고, 원고 집필과 교정을 했던 최상민과 오재영도 편찬 작업의 한 몫을 담당한 것으로 보인다.[136]

이렇게 만들어진 『북여요선』 원고는 이범윤의 주선으로 한성으로 보내졌고, 1903년 6월 『황성신문』에서는 『북여요선』 발간을 전하면서 "외국으로 하여금 토문 이하 두만 이북 간도가 우리 땅이 분명하다는 것을 알게 하고 이것을 다음 감계에서 하나의 보탬으로 삼"[137]는데 발간의 의의가 있다고 하였다. 그러나 이범윤의 시찰사 파견을 뒷받침하였던 내부대신 김건하가 사직함에 따라 원고 출간이 어렵게 되었고 원고가 도중에 분실되는 일이 있었지만, 오재영이 원고를 다시 작성하고 종성에 사는 조항식(曹恒植)이 발간비를 출연하여 1904년 봄에 활자본 『북여요선(北輿要選)』이 간행될 수 있었다.[138] 이후 1911년 조선고서간행회에서 『발해고』, 『북새기략(北塞記略)』 등과 함께 『북여요선』을 재간행하였고, 1925년 이창종(李昌鍾)은 기존의 『북여요선』에 북방의 사적에 관한 글을 부가하고 토를 달아 『(증보현토)북여요선』을 간행함으로써 널리 보급되었다.[139]

1) 『북여요선』의 서술체계

『북여요선』은 상·하 2권 1책으로 구성되어 있다. 상권 앞에는 내부대신 이건하(李乾夏), 농상공부대신 김가진(金嘉鎭), 독립운동가 유완무(柳完茂), 오재영(吳在英)의 서문이 있으며, 하권 뒤에는 이범윤을 수행하였던 북간도 수약위원(修約委員) 이병순(李秉純)의 발문이 있다. 백두산의 역사지리와 백두산정계비 건립 전말을 서술한 상권은 「백두고적고(白頭古蹟攷)」, 「백두구강고(白頭舊疆攷)」,「백두도본고(白頭圖本攷)」,「백두비기고(白頭碑記攷)」 4편으로 구성되어 있다. 그리고 1883년부터 1898년까지 백두산정계비와 토문 경계를 조사한 자료를 정리한 하권은 「탐계공문고(探界公文攷)」,「감계공문고(勘界公文攷)」,「찰계공문고(察界公文攷)」,「사계공문고(査界公文攷)」 4편으로 구성되어 있다. 각 편은 강역에 대한 자료를 제시하고 자료의 말미에 안설(按說)을 붙여 편찬자의 의견을 피력하는 방식으로 서술되어 있다.

상권은 백두산의 역사지리 및 백두산정계비에 대한 기록을 통하여 선춘령과 토문강으로 이루어진 경계를 명확하게 규명하고자 하였다.「백두고적고」에는 백두산의 역사지리를 소개하고 영조 때 백두산에 망사(望祀)한 사실을 밝힘으로써 백두산이 조선의 강역임을 규정하였다. 또한 부록인「백두산 아래에서 발상한 고적[白頭山下發祥古蹟]」에는 태조의 선조 유적이 두만강 좌안과 우안에 있으므로 두만강 일대가 왕조의 발상지임을 밝혔다.「백두구강고」에는 고려 때 공험진과 선춘령 유적 및 조선 건국 시기 백두산 일대의 역사적 연고를 통하여 백두산 일대가 조선의 옛 강역이었음을 서술하였다.「백두도본고」와 「백두비기고」에는 백두산정계비 건립 당시의 사정과 주변의 지형을 고찰하고, '선춘령 경계'에서 '토문강 경계'로 강역이 줄어들었음을 한탄하였다.

하권은 1883년에서 1898년에 이르는 백두산 경계조사를 통하여 토문강 경계를 논증하였다.「탐계공문고」에는 1883년 어윤중이 보낸 종성인 김우식의 백두산 탐사 기록, 「감계공문고」에는 1885년 감계사 이중하의 을유감계(乙酉勘界) 보고, 「찰계공문고」에는 1897년 함경북도관찰사 조존우의 백두산 조사 보고, 「사계공문고」에는 1898년 사계파원(査界派員) 박일헌의 백두산 조사 보고를 통하여 토문강과 분계강이 연결되지 않는다는 점, 토문강은 송화강으로 흘러들어간다는 점을 확인하고, 토문강 이남(以南)이 조선의 강역임을 규명하였다.

2) 『북여요선』의 북방 강역 인식

김노규는 경원 일대에 남겨진 목조(穆祖)부터 태조까지의 사적을 정리한 『용당지(龍堂誌)』를 편찬하였고, 두만강 너머 알동(斡東)에 있는 목조의 유적에 주목하여 알동과 해관(奚關)을 왕조의 발상지로 보았다.[140] 김노규의 두만강 유역에 대한 역사 인식은 풍수지리적 인식으로 이어져서, 백두산이 용세(龍勢)의 본류이고, 흑룡강이 좌익, 압록강이 우익이 되며, 가운데에 두만강을 품고 있다고 보았다.[141] 이처럼 백두산을 중시하고 두만강 유역을 백두산 지역의 중심으로 파악하는 김노규의 인식은 『북여요선』에서 '토문강 경계론'으로 나타난다. 그는 『북여요선』의 책머리에서 백두산과 토문강을 조선과 청의 경계로 보았다.

그 시초에 근본을 두고 논하면 선춘령 남쪽이 다 우리 강토에 속하나

요컨대 백두산을 넘지 않는다. 아아, 중국의 태산이 남쪽은 노(魯)나라요, 북쪽은 제(齊)나라였는데 이제 백두산의 좌우는 한청의 분계로 한국이 먼저 두만강 북쪽에서 왕업(王業)을 시작했고 청국 역시 송화강 북쪽에서 일어났으니, 오직 토문강 한 줄기가 그 가운데를 흘러 어느 쪽에도 치우치지 않아 망사(望祀)하기에 이르렀으니 거의 노·제 두 나라에서의 태산의 경우와 같다.[142]

그는 백두산을 경계로 하여 백두산의 왼쪽은 청의 영역이고 백두산의 오른쪽은 조선의 영역으로 파악하였다. 그리고 조선의 발상지는 두만강 이북에 있고 청의 발상지는 송화강 이북에 있으므로 두만강과 송화강 사이에 있는 토문강이 양국의 경계가 된다고 보았다.

김노규는 백두산정계비 건립으로 '토문강 경계'가 생겨나기 이전에 '선춘령 경계'가 있었다고 보았다. 그는 「백두비기고」의 안설에서 "백두산 위에 옛적엔 정계비가 없었고, 단지 산록(山麓), 강파(江派)로써 경계를 삼았다. 고려 때에 정계비를 선춘령에 세웠으니, 곧 백산(白山)의 북서쪽 한 줄기가 비스듬히 동쪽으로 뻗어가며 송화강 북쪽 끝에 펼쳐진 산록이다. 우리 조선의 강토와 인민은 곧 지난날 고려의 소유였으므로 매양 선춘령으로써 북쪽 국경의 표지로 해 왔다. … 대저 양국의 천연으로 이루어진 계한(界限)은 산록으로서는 선춘령을 넘지 않고, 강파로서는 대택(大澤: 천지)에서 북쪽으로 흐르는 물줄기만한 것이 없다"[143]라고 고려 때 선춘령에 정계비가 세워지면서 천지에서 발원하는 송화강과 선춘령을 양국의 경계로 삼았다고 서술하였다. 이후 백두산정계비 건립으로 토문강이 경계가 됨으로써 선춘령에 이르는 영역을 잃어버렸고, 이제는 토문강이 두만강이라고 우기면서 토문강에 이르는 영역을 잃어버릴 위기에 처하였다고 주장하였다.

『북여요선』의 상권이 '선춘령 경계'가 '토문강 경계'로 축소된 경위에 대한 역사지리적 고찰이라면, 하권은 토문강이 두만강이라고 주장하는 청의 주장에 맞서 백두산 분수령에서 발원한 토문강이 송화강으로 흘러들어간다는 사실을 규명하는 과정이라고 할 수 있다. 김노규는 「사계공문고」의 마지막 안설에서 "한국, 청국, 러시아 삼국이 회동하여 비를 조사하고 토문강의 근원에서부터 강류를 따라 물이 바다로 들어가는 곳에 이르기까지 자세히 답사하여 공정한 관점으로 지도를 그리고 피차가 각국 통행의 법례를 가져다 비추어 공평하게 타결한다면 계한은 저절로 분명해진다"고 한 박일원의 보고를 『북여요선』의 결론으로 제시하고 있다.

『북여요선』에는 토문강의 흐름을 그린 지도가 첨부되어 있다.[144] 첨부 지도에는 천지 남쪽의 분수령상에 정계비가 있고, 분수령 왼편의 습포(濕浦)에서는 압록강이 발원하고 분수령 오른편의 습포에서는 토문강이 발원한다. 정계비에서 토문강원(土門江源)까지는 석퇴, 토퇴, 목책으로 연결되어 있고, 토문강은 하반령(下畔嶺) 북쪽을 지나 송화강에 합류하고 다시 흑룡강과 합류하여 바다로 들어간다. 바다로 들어가는 길목에는 '선춘령'이

『북여요선』첨부 지도
서울대학교 규장각
한국학연구원 소장

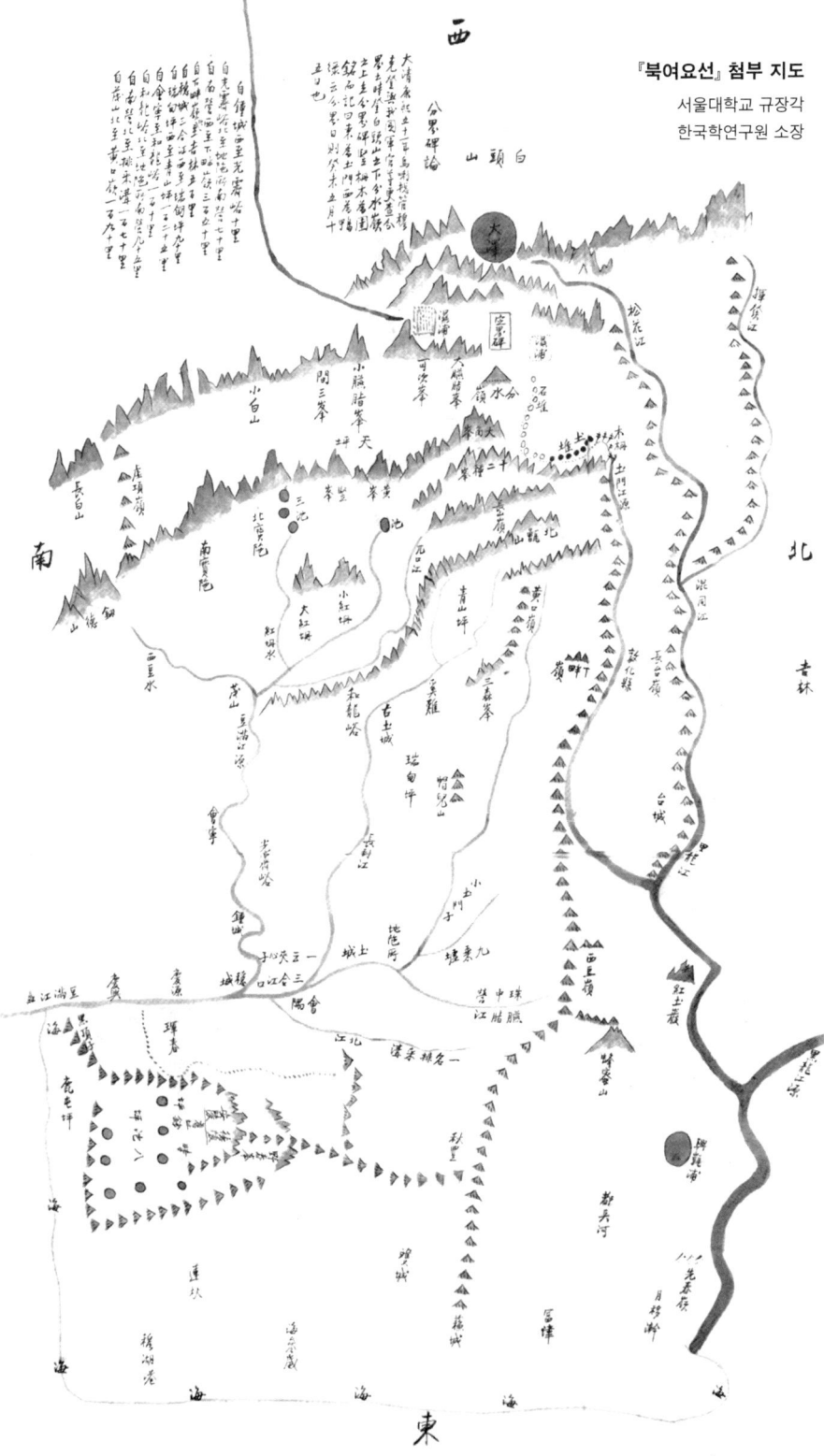

표기되어 있다. 지도의 왼쪽 상단 여백에 '분계비론(分界碑論)'을 두어 백두산정계비 건립 사정을 기록하였고, '이정표'를 두어 지역 사이의 거리를 표시하였다. 이 지도는 천지에서 발원하는 송화강, 분수령에서 발원하는 압록강과 토문강, 삼지(三池)에서 발원하는 두만강, 하반령과 황구령(黃口嶺)에서 발원하는 분계강의 흐름을 명확하게 구분하고, 분수령에서 발원한 토문강이 송화강과 합류하고 다시 흑룡강과 합류한다는 사실을 보여줌으로써 '토문강 경계'와 토문강 이남의 조선 강역을 제시하였다.

2 『대한강역고』의 북방 강역 및 간도 문제 인식

『북여요선』의 출간과 더불어 한말의 북방 강역 인식을 보여주는 대표적인 저술인 『대한강역고』가 간행되었다. 『대한강역고』를 집필한 장지연[145]은 『황성신문』 창간 때부터 기자로 활동하였으며, 『시사총보(時事叢報)』와 『황성신문』의 주필로 활동하면서 화폐, 의관(衣冠), 황정(荒政), 농업개량 등 다양한 문물·제도의 역사에 대한 논설을 다수 작성하여 조선후기 실학자들의 경세치용적 학문을 독자들에게 널리 알리는 한편, 대한제국이 당면한 제도 개혁이라는 현실 문제에 천착하였다. 특히 "대한의 경제선생"[146]이라고 칭한 정약용의 학술을 중시하여 『황성신문』에 그의 경세론과 저술들을 소개하였고, 정약용의 현손 정규영(丁奎英)으로부터 받은 『아방강역고』와 『아언각비(雅言覺非)』를 『황성신문』에 요약해서 연재하기도 하였다.

장지연은 국경지역의 정세와 영토문제에 깊은 관심을 가지고 여러 차례 영토문제에 관한 논설을 게재하였다.[147] 일본인의 울릉도 침범에 대해서 "울릉도(鬱島)는 우리 대한 판도 중의 강토(疆土)"이므로 "우리들이 깊이 우려하는 것은 외국인이 우리 강토를 점령하는 것이 울릉도가 시초가 될까 두려우니 우리 정부와 우리 백성들이 마땅히 경계하고 분발"해야 한다고 경계하였고,[148] 간도 관리사 파견에 즈음해서는 신임 관리사와 간도 동포들에게 보내는 논설을 작성하여 간도 문제에 대한 관심을 촉구하였다. 러시아군이 용암포에 진주하자 "(압록강과 두만강에 연한 서북 지역이-필자) 만주 대륙과 교통의 문호(門戶)이오 우리 대한 서북 관액(關阨: 관문과 요새)의 인후(咽喉)"에 해당하기 때문에 "그 뜻이 남점(南漸)의 기세를 신속하게 함에 있고 병력으로써 우리 관액의 인후를 장악하려고 하는 것"[149]이라고 변경의 위기를 우려하였다.

1) 「아한강역고」에서 『대한강역고』로

장지연은 1903년 1월부터 6월에 걸쳐 『황성신문』에 서북 강역의 연혁에 대한 기사를 연재하는 한편, 정약용의 『아방강역고(我邦疆域考)』를 「아한강역고(我韓疆域考)」로 전제하면서 대한의 강역에 대한 견해를 피력하였다.[150] 그리고 영토문제에 대한 이들 연재물을 엮어 『대한강역고(大韓疆域考)』라는 제목으로 간행하였다. 책 제목에서 '아방(我邦)' 대신 '대한(大韓)'을 내세우고, 신문 광고에서 "기자조선으로부터 사군(四郡)과 삼한(三韓)

과 신라, 고구려, 백제 삼국과 고려 이래로 서북로(西北路) 연혁과 부여, 옥저, 예맥, 말갈, 발해 등 여러 나라의 강토 연혁과 우리 대한의 백두산정계비 전말을 널리 살피고 빛나는 것을 모아서 편집하고 정론(訂論)한 책"[151]이라고 소개한 것처럼, 『대한강역고』는 기자조선에서 백두산 정계에 이르는 대한제국의 역사적 강역을 제시하는 데 중점을 두었다.

『대한강역고』는 전형적인 역사지리서와는 달리 정약용의 『아방강역고』를 증보하는 형식을 취하고 있다. 그렇지만 『황성신문』에 연재된 장지연의 강역에 대한 논설과 기사를 보면 그의 의도가 단지 정약용의 『아방강역고』를 소개하는 것에 그치지 않았음을 알 수 있다. 그는 정약용의 『아방강역고』를 연재하기에 앞서 「북변개척시말(北邊開拓始末)」, 「서변정복시말(西邊征服始末)」을 연재하여 조선 초기 4군6진 개척과 그 이후의 북방 정벌 연혁을 소개하였다.[152] 그리고 『아방강역고』의 내용을 요약하여 「아한강역고」와 「아한강역서북강역고(我韓疆域西北疆域攷)」 두 부분으로 나누어 게재하였다. 이어서 「백산보(白山譜)」의 내용을 중심으로 「강역총론(疆域總論)」이라는 제목으로 연재하였다. 나아가 「강역총론」에서는 백두산을 중심으로 남북의 산세를 서술하면서 "요해(遼海: 요하 일대) 이동(以東)과 오라(烏喇: 오늘날 길림) 이남(以南)으로 무릇 우리 대한의 강역과 산천의 대략"[153]을 삼고자 하였다. 이러한 강역에 대한 논고의 편재는 옛 강역에 대한 역사적 규명만큼이나 서북 변경의 중요성을 강조하고 있음을 알 수 있다. 『아방강역고』가 기자조선 이래 한반도가 우리의 강역임을 역사적으로 입증하고자 한 것이라면,[154] 장지연의 강역에 대한 논설은 압록강과 두만강을 넘어 남만주 일대로 관심을 확장하고자 하였다.

장지연은 『아방강역고』를 증보함으로써 조선후기의 경세론적 전통을 계승하여 대한제국의 강역을 규명하는 한편, 일본과 러시아의 각축 속에서 대한제국의 영토 보전이 위기에 처한 상황에서 서북 변경의 중요성을 일깨우고자 하였다. 그는 「서아한강역고후설(敍我韓疆域攷後說)」에서 "기자·고구려의 옛 강역"을 상실하고 "성조(聖祖)의 발상지"를 이역(異域)에 방치하고 있음을 한탄하지만, "지금 국력으로는 기자·고구려의 옛 강역과 조종(祖宗)의 옛 거처의 회복을 논할 수 없"[155]다고 우려하였다. 또한 대륙으로 이어진 서북 강역의 변동과 현재 일촉즉발의 상황에 놓여 있는 만주의 정세를 거론하면서, "간도 한 항목은 오히려 소사(小事)이거니와 크게 우려할 것은 지금 서북에 연한 강역이 만주, 요동과 밀접하여 양국 사이에 다사(多事)라고 할 만한 즉 가장 주목하고 조심할 것"[156]이라고 서북 변경의 위기가 대한제국의 운명에 직결되어 있음을 역설하였다.

「북변개척시말」에서 「아한강역고」를 거쳐 「강역총론」으로 이어지는 장지연의 작업은 대한제국의 강역에 대한 새로운 역사지리 저술을 예비하였지만, 서북 변경의 위기에 직면하여 장지연은 서둘러 『대한강역고』 간행에 나섰다. 그는 정약용의 『아방강역고』에 대해서 "그 사고와 근거가 정밀하고 넓으며 수집과 선택이 잘 이루어졌으며, 내외의 역사를 상호 참조하고 여러 대가의 학설을 절충하여 상하 수천 년간의 의심스럽고 혼란스러우며 어긋나고 뒤섞인 견해가 선생에 이르러 크게 바로잡아졌으니 실로 지지(地志)의 집성이고 어그러진 역사[闕史]의 보유(補遺)"[157]라고 높게 평가하였다. 그렇지만 정약용 사후에 황초령비 등 강역에 대한 새로운 자료가 나오고 백두산 정계에 대한 교섭이 이루어진 점을 들면서, "근래의 일 가운데 증거로 삼을 수 있는 것을 채록하고 원고(原考)를 증보하며, 또한 사이에 어리석은 견해를 개꼬리처럼 덧붙이고, 따로 「임나고」와 「백두산정계비고」 두 편을 별도로 만들어서 그 뒤에 보충하였으며, 당시의 연혁지도 몇 편을 베껴서 책 머리에 실었다"[158]고 편찬 과정을 서술하였다. 장지연이 서술한 원고는 권중현(權重顯), 김교홍(金敎鴻)의 교정을 거쳐 완성되었으며, 평리원 주사 김교익(金敎翼)의 자금 지원에 힘입어 1903년 8월 황성신문사에서 1질 2책으로 간행되었다. 이후 1905년 1월에 박문사(博文社)에서 다시 간행되었고, 1928년에는 장지연이 『대한강역고』를 한글로 번역한 『조선강역지(朝鮮疆域誌)』를 간행하였다.[159]

2) 『대한강역고』의 서술체계

『대한강역고』는 『아방강역고』의 강목체 서술과 편제를 따르면서 증보하는 방식을 취하였다. 『아방강역고』의 내용을 가져오되, 최신 자료와 청, 일본의 사서를 활용하여 정약용의 역사지리

고증을 보완하고 자신의 견해를 '연안(淵案)'으로 덧붙였다. 그리고 「임나고」와 「백두산정계비고」 2편을 새롭게 추가하여 전체적인 편제를 조정하였다. 다음 표는 『아방강역고』와 『대한강역고』의 서술체계를 비교한 것인데, 이를 통하여 『대한강역고』의 구성과 특징을 살펴보기로 하자.[160]

『대한강역고』의 체계를 『아방강역고』와 비교해 보면, 첫째, 『대한강역고』에서는 「졸본고」, 「국내고」, 「환도고」, 「위례고」, 「한성고」를 「옥저고」, 「예맥고」, 「말갈고」, 「발해고」 앞에 배치하였다. 이러한 배치의 조정에 대해서 책머리의 범례에서 "내외의 구별을 명확하게 한다"라는 설명으로 보아 옥저, 예맥, 말갈, 발해를 우리 강역의 외부로 간주하고 삼국의 도읍을 서술하는 졸본, 국내, 환도, 위례, 한성의 뒤쪽으로 배치한 것으로 보인다. 또한 「마한고」에서 마한왕이 기준(箕準)의 후예임을 인정한 것에서 미루어 볼 때, 기자조선에서 삼한을 거쳐 삼국으로 이어지는 역사적 계승을 부각시킨 것이라고 볼 수 있다.

둘째, 「팔도연혁총서(상)」과 「팔도연혁총서(하)」가 삭제되었다. 이에 대해서 범례에는 "팔도연혁총서는 이미 원고(原考)에 있은즉, 중복해서 첨가할 필요가 없기 때문에 특별히 싣지 않았다"고 하였다. 이는 「팔도연혁총서」의 내용이 앞에서 서술한 부분을 다시 도별로 재배치한 것이라는 점에서 일리가 있지만, 『아방강역고』에서 「팔도연혁총서」가 차지하는 위상을 고려하지 않았다는 점에서 장지연의 의도를 되짚어 볼 필요가 있다.

정약용은 『아방강역고』 서술을 통하여 기자조선 이래 한반도,

『아방강역고』와 『대한강역고』의 서술체계

『我邦疆域考』

권	세목
卷一	朝鮮考
	四郡總考 樂浪考 玄菟考
卷二	臨屯考 眞番考
	樂浪別考 帶方考
卷三	三韓總考
	馬韓考 辰韓考 弁辰考
卷四	弁辰別考(迦羅)
	沃沮考
卷五	薉貊考 薉貊別考
	靺鞨考
卷六	渤海考
卷七	女眞考 契丹考 蒙古考 (缺)
卷八	卒本考
	國內考
	丸都考(安市)
	慰禮考
卷九	漢城考
	八道沿革總叙(上)
卷十	八道沿革總叙(下)
	浿水辯
	白山譜
	渤海續考
卷十一	北路沿革續
卷十二	西北路沿革續(附 九連城考)

『大韓疆域考』

권	세목
卷一	朝鮮考
	四郡總考
	樂浪考 玄菟考
	臨屯考 眞番考
	樂浪別考 帶方考
	三韓總考
	馬韓考
卷二	辰韓考
	弁辰考 弁辰別考
	任那考
	卒本考
	國內考
卷三	丸都考
	慰禮考
	漢城考
	沃沮考
卷四	薉貊考 薉貊別考
	靺鞨考
卷五	渤海考
	渤海續考
卷六	北路沿革考
卷七	西北路沿革考(附 九連城考)
卷八	浿水辯
	白山譜
卷九	白頭山定界碑考

★ 『아방강역고』는 1883년에 저술한 증보본의 서술체계

즉 조선 8도가 우리의 강역임을 역사적으로 입증하고자 하였다. 그는 우리 역사의 계통을 열수(洌水: 오늘날 한강)를 기준으로 하여 열수 이북의 '조선'과 열수 이남의 '삼한'으로 구성되는 이원적인 체계로 파악하였고, '아방(我邦)'이란 열수 이북의 '기자조선의 땅'과 열수 이남의 '삼한의 땅'을 합친 것이었다.¹⁶¹ 따라서 '기자조선의 땅'인 경기 한강 이북, 황해, 평안, 함경, 강원을 총괄하는「팔도연혁총서(상)」과 '삼한의 땅'인 경기 한강 이남, 충청, 전라, 경상을 총괄하고 있는「팔도연혁총서(하)」는 역사의 계통과 강역의 범위를 총괄하는『아방강역고』의 결론부라고 할 수 있다. 뒤에 증보된「북로연혁(속)」과「서북로연혁(속)」은「팔도연혁총서」에서 누락된 평안도와 함경도의 당말 이래 연혁을 보충한 것에 불과하다.「팔도연혁총서」가 가지는 이러한 위상 때문에 장지연은「팔도연혁총서」를 삭제하고「북로연혁고」와「서북로연혁고」를 배치함으로써 조선의 강역을 8도에 한정하는 정약용의 강역 인식을 넘어서고자 하였다.

  셋째,「북로연혁(속)」,「서북로연혁(속)」을「북로연혁고」,「서북로연혁고」로 승격시켰다.『아방강역고』에서「북로연혁(속)」과「서북로연혁(속)」은「팔도연혁총서」에서 누락된 평안도와 함경도의 연혁을 보충한 것에 불과하지만,『대한강역고』에서는 이를「북로연혁고」,「서북로연혁고」로 편제하여 각기 독립된 하나의 장으로 서술하였다. 그리고「북로연혁고」에서는 청의『길림통지(吉林通志)』를 들어 오국두성(五國頭城)이 회령이 아니라 송화강 이북에 있었다고 비정하고,[162]「서북로연혁고」에서는 폐사군(廢四郡)이 정조 대 이래 복구되었음을 추가하여 북방 개척이 확장되고 있음을 밝혔다.[163] 이는 「북로연혁고」와 「서북로연혁고」를 북방 강역의 역사를 제시하는 출발점으로 자리매김함으로써 조선의 강역이 압록강과 두만강에 한정되지 않았음을 말해주는 것이다.

 이러한 강역에 대한 확장된 인식은 「백산보」에서 백두산을 북방 강역의 중심으로 가져오는 것으로 이어진다. 『아방강역고』에서는 백두산을 "동북쪽 모든 산의 시조"[164]라고 보았지만 강역 밖에 위치한 것으로 간주하였기에 「백산보」는 조선 강역의 부록에 불과하였다. 반면 『대한강역고』에서는 "광무 7년에 비로소 오악(五嶽)을 정하였는데, 백두산을 북악(北嶽)으로 삼아 중사(中祀)로써 제사를 지냈다"[165]는 사실을 명기함으로써 백두산은 북방 강역의 중심이 되었다. 이로써 「백산보」는 북방 강역에 속하게 되었고 「백산보」를 매개로 하여 「북로연혁고」와 「서북로연혁고」가 「백두산정계비고」와 연결될 수 있었다.

 넷째, 「임나고」와 「백두산정계비고」를 추가하였다. 「임나고」를 추가한 것에 대해서는 "지금 『통전(通典)』과 『일본사(日本史)』에 의거하여 별도로 임나고를 지어서 우리 역사의 빠진 부분을 보충한다"[166]고 하였고, 「백두산정계비고」를 추가한 것에 대해서는 범례에서 "금일 한청 양국의 교섭이 타결되지 않았기 때문에 그 전말을 실어서 별도로 백두산정계비고를 짓는다"고 설명하였다. 「임나고」가 대가야(大伽耶)에 대한 역사지리 고증 및 일본과의 관계를 서술하였다면, 「백두산정계비고」는 백두산

정계비 건립 이후 청과의 경계문제를 서술한 것이다. 이 두 편을 추가한 것은 자료상의 보완이기도 하지만 강역의 성쇠를 국력의 성쇠, 남방의 해양세력, 북방의 대륙세력과의 상호연관 속에서 파악한다는 점에서 강역 인식의 확장을 보여준다.

　장지연의 강역 인식이 집약된 곳이「백두산정계비고」인데, 조청 경계문제를 서술한「백두산정계비고」를『대한강역고』의 마지막에 배치함으로써 영토문제를 부각시켰다.「백두산정계비고」는 모두 11개의 강목으로 이루어져 있는데, 백두산정계비 건립부터 이범윤의 간도 파견에 이르는 조청 경계문제의 역사(8개 강목)를 중심으로 간도의 영역(1개 강목), 왕조 발상지의 내력(2개 강목) 등으로 구성되어 있다. 조청 경계문제의 역사와 왕조 발상지의 내력은 대부분『북여요선』을 참조하였고, 이범윤의 간도 파견과 간도의 영역 부문은『황성신문』주필로 활동하면서 접할 수 있었던 정부 문서를 기반으로 하여 서술하였다.

　이상의 서술체계에 대한 검토에서 미루어 볼 때『대한강역고』는「조선고」에서「발해고」까지의 전반부와「북로연혁고」에서「백두산정계비고」까지의 후반부로 구성되어 있다. 전반부에 해당하는 고대 강역에 대한 서술은『아방강역고』의 서술체계와 역사지리 고증을 계승하면서 역사지리 고증의 문제점을 보완하였다면, 후반부에 해당하는 북방 강역의 역사에 대한 서술은 백두산을 강역의 중심으로 끌어들이고 간도 문제를 북방 강역의 결론으로 제시함으로써 대한제국의 역사적 강역을 제시하고자 하였다.

3) 『대한강역고』의 북방 강역과 간도 문제 인식

『대한강역고』에서 장지연의 북방 강역에 대한 인식을 잘 보여주는 것은 「북로연혁고」에서 시작하여 「백두산정계비고」로 마무리되는 후반부이다. 『대한강역고』에서 북방 강역에 대한 서술은 고려에서 조선 초기까지 북방 강역의 역사를 다루는 「북로연혁고」와 「서북로연혁고」에서 출발하여 「백산보」에서 북방 강역의 중심에 백두산을 자리매김하고, 「백두산정계비고」에서 백두산정계비 건립 이래 조청 경계문제의 형세를 다루는 것으로 귀결된다. 북방 강역을 중심으로 하는 이러한 편성은 『아방강역고』를 보완하고 결론부로서 「백두산정계비고」를 추가하는 방식이기 때문에 「백두산정계비고」는 북방 강역의 역사에서 핵심적인 부분이라고 할 수 있다.

「백두산정계비고」는 백두산정계비 건립으로 시작하는데, 백두산 정계를 영토문제의 기원으로 삼는 바로 이 부분이 정약용의 강역 인식에서 비약하는 곳이다. 정약용은 백두산을 강역 밖에 위치한 것으로 간주하였기 때문에 백두산정계비에 대해서는 「백산보」에서 백두산의 남종(南宗: 남쪽 지맥)을 설명하면서 잠깐 언급할 뿐이고,[167] 「북로연혁(속)」에서 『대청일통지(大淸一統志)』를 인용하면서 토문강은 곧 두만강이라고 비정하였다.[168] 반면 장지연은 정약용이 토문강은 곧 두만강이라고 언급한 부분을 삭제하고 백두산정계비 건립을 경계문제의 출발점으로 놓았다. 정계비 건립 사정은 『북여요선』을 인용하여 서술하면서,

"이전에 접반사와 관찰사가 모두 늙고 겁내어 스스로 주저앉고 단지 두세 명의 군관이 달려가서 그대로 따랐"다고 비판하였다. 이어서 1880년대의 조청 경계문제의 제기와 국경회담, 대한제국기 간도 문제 제기와 백두산 조사, 이범윤의 시찰 및 관리 파견을 서술하면서 "이 땅은 경계가 분명하고 구역이 소상(昭詳)하니 마땅히 한번 담판을 벌여 관원을 보내어 사정(査定)해야 할 것"[169]이라고 주장하였다.

조청 경계문제에 대한 「백두산정계비고」의 서술은 상당 부분이 『북여요선』의 내용을 요약, 전제한 것이기 때문에 두 저술의 강역 인식이 유사하다고 생각될 수 있다. 그러나 『북여요선』과 『대한강역고』의 북방 강역과 경계 인식은 상당한 차이가 있다. 『북여요선』은 백두산 일대가 조선의 옛 강역이고 백두산에서 발원하는 두만강 일대가 왕조의 발상지라는 백두산 중심의 강역 인식을 기반으로 하고 있으며, 백두산정계비 건립으로 선춘령 경계를 잃어버리고 토문강을 경계로 삼았다고 보았다. 반면 『대한강역고』에서는 윤관의 9성이 함경도 길주를 넘지 않았다는 정약용의 고증을 수용하고 있기 때문에 선춘령 경계론을 부정하며, 정계비가 건립되면서 백두산이 비로소 북방 강역의 중심으로 들어오게 되었다고 파악한다. 또한 『북여요선』에서는 1883년부터 1898년에 이르는 백두산 조사 보고를 통하여 토문강 경계를 입증하는 데 주력하지만, 「백두산정계비고」에서는 토문 경계에 대한 비정은 놓아둔 채 토문 경계와 시찰사 파견을 둘러싼 한청 양국의 형세에 주목한다.

이러한 차이를 고려할 때 『대한강역고』에서 주목되는 부분은 간도 문제 인식이다. 「백두산정계비고」는 간도의 영역에 대해서 "그 구역은 두만으로부터 북으로 잇닿아 토문 동남쪽에 이르기까지 경계가 명확하고 강역이 소상(昭詳)하다"라고 제시하였고, 그 전거로 『북여요선』의 첨부 지도에 나오는 이정표(里程標), 고토 분지로(小藤文次郎)의 간도에 대한 기록, 『청의보(淸議報)』의 청한 경계에 대한 기록을 들고 있다. 이어서 "분수령에서 동쪽으로 토문강을 따라서 아래로 흘러서 송화강에 들어가기까지 장령(長嶺), 북증산(北甑山), 하반령 등 산봉우리와 산등성이가 줄지어 서 있어 구역이 분명"[170]하다고 자신의 견해를 피력하고 있다.

여기에서 장지연은 정계비의 분수령에서 발원하는 토문강이 송화강에 합류한다는 사실은 명백한 것으로 전제하지만, 그렇다고 토문강 경계를 주장하지는 않는다. 대신 분수령에서 하반령에 이르는 산줄기와 하반령에서 발원하는 분계강에 주목하여 분계강과 두만강 사이의 땅을 간도라고 파악한다. 이러한 간도 인식은 일본 지리학자인 고토 분지로(小藤文次郎)의 간도 인식에서 나온 것인데, 그는 해란하(海蘭河)를 분계강이라고 파악하고 해란하와 두만강 사이를 간도라고 지칭하였다. 고토는 간도를 답사하고 『동아동문회보(東亞同文會報)』에 간도 답사기를 실었고, 장지연은 간도 답사기의 개요를 『황성신문』에 소개하였다.[171] 장지연은 『황성신문』의 강역 논설(자료 ㉠)에서는 백두산 정계시의 경계가 해란하라고 주장하였고, 「백두산정계비고」에서는 고토의 글을 간도 영역의 전거(자료 ㉡)로 삼았다.

㉠ 지난 숙종 임진년에 청국 오라총관 목극등이 우리와 더불어 강계를 획정할 때에 해란하로써 경계를 삼고 분수령 위에 정계비를 세우니 지금 해란하(海蘭河)를 분계강으로 칭하는 것은 대개 이 때문이라. 목씨(穆氏)가 정계할 때에 청국은 토문강으로써 경계를 삼고 우리 대한은 분계강으로써 경계를 삼아 분계강 남북에 그 땅을 비워 거주민이 끊어졌으니 근대에 우리 백성 중 유랑자(流寓者)가 점차 강을 건너 그 땅에 입거한 자가 무려 수만여 호이니 소위 북간도(北間島)가 이곳이라.172

㉡ 일본의 고토 분지로(小藤文次郎)의 기록에는 온성에서 서북쪽으로부터 두 개의 큰 지류가 있는데, 두만강으로 흘러들어가는 것을 해란하(海蘭河) 또한 하란강(荷蘭江)이라고 하는데 황구령에서 근원하여 남쪽으로 지타소(地陀所)의 아관(俄官)에 이르러 동남쪽에서 분계강(分界江)과 합류하여 협심자(夾心子)를 거쳐 두만강으로 흘러들어간다라고 칭하고 두만강과 해란강 양강 사이에 생겨난 하나의 큰 구역이 곧 간도이다. 면적이 무릇 사백오십 방리(方里)이므로 육진(六鎭)과 비교하면 다소 크다.173

장지연은 고토를 따라 해란하를 분계강이라고 파악하고 나아가 백두산 정계 시의 경계도 해란하라고 주장하였다. 이러한 장지연의 간도 인식을 확인할 수 있는 것이 『대한강역고』의 책머리에 나오는 「북간도도(北間島圖)」이다. 「북간도도」는 『북여요선』에 첨부된 지도를 모사한 것인데, 분수령에서 발원하여 송화강으로 들어가는 물줄기에 '토문강원(土門江源)'이라고 표기하고, 분수령 남쪽의 황구령과 하반령에서 발원하여 두만강으로

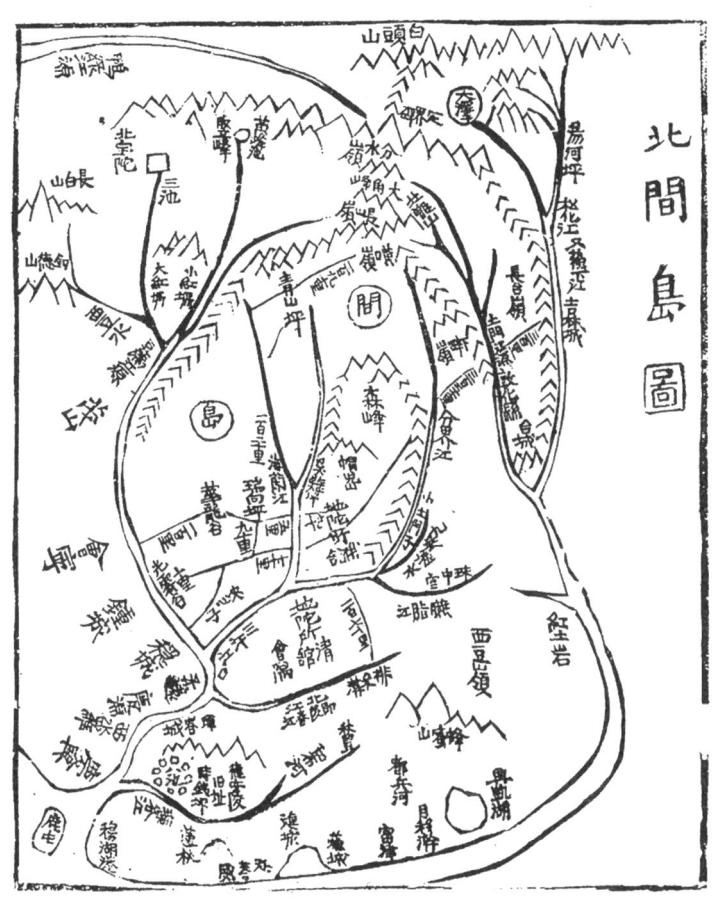

『대한강역고』의 「북간도도」

張志淵, 『大韓疆域考』, 皇城新聞社, 1903

들어가는 물줄기에 '분계강'이라고 표기하였다. 분계강은 지타소(地陀所)에서 해란강과 합류하여 두만강으로 흘러 들어가며, 분계강과 두만강 사이에 '간도'라고 크게 표시되어 있다. 고토는 해란하와 포이합통하(布爾哈通河 또는 布爾哈圖河)를 구별하지 않고 모두 해란강의 지류로 간주하는 반면,「북간도도」에서는 두만강으로 흘러 들어가는 두 개의 지류 중 남쪽의 지류는 해란강, 북쪽의 지류는 분계강이라고 표기하였다.

이처럼 장지연의 간도 인식에서 분계강은 핵심적인 개념이지만 「백두산정계비고」에서 분계강은 부각되지 않는다. 그렇다고 『북여요선』 같이 '토문강 경계론'을 주장하지도 않는데, 조청 국경회담의 내용을 익히 알고 있고 또 국경지역의 정세에 밝은 그로서는 '토문강 경계론'이 현실적으로 실현불가능하다는 것을 잘 알고 있었기 때문이다. 그가 찾은 간도 문제에 대한 현실적인 방안은 '토문강-분계강 경계론'이다.

분수령에서 동쪽으로 토문강을 따라서 하류가 송화강에 들어가기까지 경계에는 장령(長嶺), 북증산, 하반령 등 산봉우리와 산등성이가 줄지어 서 있어 구역이 분명하지만, 단지 토문강이 송화강으로 들어가서 흑룡강과 합류하는 그 동남쪽 천여 리의 땅이 지금 모두 러시아의 영토가 되어 옛 강역을 모두 회복한다는 것을 거론할 수 없으므로 분계강 남쪽의 간도 땅으로서 경계를 삼아 판도에 편입하는 것은 실로 버려둘 수 없는 일[174]

그는 분수령에서 하반령까지는 토문강의 흐름과 산줄기를 경계로 하고 하반령부터 두만강에 합류하는 지점까지는 분계강을 경계로 하여, "분계강 남쪽의 간도"를 "한번 담판을 벌여 관원을 보내어 사정(査定)"한 후 대한제국의 판도로 편입해야 한다고 주장하였다. 이것이 대한제국 강역의 역사를 서술한『대한강역고』의 결론이자 간도 문제의 해결책이었다.

장지연이『대한강역고』의 결론으로 제시하는「백두산정계비고」는 청의 두만강 경계 주장을 대한제국의 간도 관할권을 침범하는 것이라고 보고, 대한제국의 역사적 강역을 간도 문제로 귀결시킴으로써 영토문제가 곧 주권의 문제임을 부각시켰다.『대한강역고』를 펴면 먼저「삼한전도(三韓全圖)」,「사군전도(四郡全圖)」,「신라도」,「백제도」,「고구려도」,「발해도」,「북간도도(北間島圖)」등의 연혁지도가 나오는데, 이들 지도는 대한제국의 역사적 강역을 시각적으로 상징하는 역할을 한다. 특히 마지막에「북간도도」를 배치함으로써 간도를 대한제국 영토의 상징으로, 조속히 되찾아야 할 현실의 영토로 만들었다.

제3장

러일전쟁 이후
일제의 간도 정책과
간도 담론

1 러일전쟁 직후 일제의 간도 정책

1) 러일전쟁 직후 간도 문제의 부각

루스벨트(Theodore Roosevelt) 미국 대통령의 중재로 포츠머스 조약이 체결되어 러일전쟁은 종결되었지만 한반도와 만주를 둘러싼 러일 간의 긴장상태는 완화되지 않았다. 포츠머스 강화회담에서 협상 타결을 지체시킨 것은 배상금문제와 사할린 할양문제에 대한 양국의 이견이었지만, 일본이 가장 중요시하고 타결과정에서 논란이 되었던 것은 한국 문제였다. 일본 정부가 강화회담 전권위원에게 내린 훈령안에는 협상에서 반드시 관철해야 할 '절대적 필요조건'으로서 "① 한국에 대해 전적으로 자유롭게 처분할 수 있게 러시아가 약속하고 승낙함, ② 일정한 기간 내에 러시아가 만주에서 철퇴함, ③ 요동반도 조차권과 하얼빈-여순 간 철도를 일본에게 양여함"을 들고 있다.[175] 러시아 정부는 러시아 영토의 할양, 전쟁배상금 지불, 블라디보스토크 무장해제를 결코 받아들일 수 없는 강화 조건으로 삼고, 한국 문제와 관련하여 한국의 완전한 독립을 인정하고 한국에서의 철병을 조약에 명시한다는 협상 지침을 정하였다.[176]

강화회담은 1905년 8월 12일 일본이 제시한 협상안 제1조의 한국 관련 조항에 대한 논의에서 시작하였으며, 일본이 점령한 한국의 독립을 보장할 것인가 아니면 일본의 점령과 보호를 승인할 것인가를 둘러싸고 논란을 벌였다. 결국 9월 5일에 체결된 포츠머스조약의 첫 부분에 놓인 한국 관련 조항은 다음과 같다.

러시아 정부는 한국에 대한 일본의 정치, 경제, 군사적인 탁월한 지위를 인정하며, 일본 정부가 한국에서 필수적으로 취해야 할 조치로서 지도, 보호, 감리에 대해 방해하거나 간섭하지 않을 것을 약속한다. 한국에서 러시아 신민은 여타 열강의 신민과 동등하게 대우할 것이며, 이는 최혜국 신민과 같은 지위에 있는 것으로 이해한다. 체약 양국은 오해를 방지하기 위해 한러 국경에서 러시아 또는 한국 영토의 안전을 침해할 수 있는 하등의 군사상 조치를 하지 않는다.

그리고 "일본은 향후 한국의 주권을 침해할 수 있는 조치를 할 경우 한국 정부의 동의에 따라 실행해야 한다"는 단서 조항이 추가되었다. 러시아군과 일본군의 만주 철병이 조약에 명시되었지만 러시아가 주장한 일본군의 한국 철병문제는 일본의 강경한 입장에 밀려 만주를 철수한 일본군 병력의 행선지나 한국 주둔 병력의 규모에 대해서는 간섭하지 않기로 합의하였다.[177]

포츠머스조약 체결로 일본군의 한국 주둔이 묵인되고 일본의 한국 보호국화가 승인됨으로써 전쟁은 끝났지만 러일 간의 긴장상태는 여전히 지속되었다. 러시아의 강경파는 일본과의 복수전을 준비해야 한다고 주장하였으며, 일본 군부도 러시아의 복수전(제2의 러일전쟁)에 대비해야 한다고 선동하였다. 한러 접경지역까지 일본군이 주둔하고 있다는 사실이 오소리강(烏蘇里江) 남부에 주둔하고 있는 러시아군에게 매우 위협적인 것으로 받아들여졌기에 이러한 대치상태가 지속되는 한 한반도와 만주에서의 긴장상태는 완화될 수 없었다.

이러한 상황에서 일본 정부와 군부는 러일전쟁을 통하여 확보한 한반도와 요동반도에 대한 지배를 강화하는 한편, 제2의 러일전쟁에 대비하기 위한 교두보로서 간도 문제에 주목하였다. 러시아로부터 넘겨받은 여순과 대련의 조차지에 '관동총독부(關東總督府, 1906년 8월 관동도독부로 개편)'를 설치하고 관동주와 남만주철도를 수비하기 위한 경비대(1919년 관동군으로 독립)를 창설하였으며, 한반도에서는 통감부를 설치하고 한국주차군(韓國駐箚軍) 2개 사단을 주둔시켜 함경도와 평안도 국경지역과 안봉(安奉)철도를 지키게 하였다.

이러한 조치와 더불어 대러시아 군사작전에서 간도 문제가 부각되었다. 간도 문제에 대한 일본의 개입은 러일전쟁 초기 한청 양국의 감계 협상을 중단시킨 것에서 비롯되었으며, 러일전쟁 이후 러시아를 '제1의 적'으로 상정하고 러시아의 극동에 대해서 공세를 취함에 따라 간도의 중요성이 부각되었다. 1906년

2월에 재가를 받은 '1906년도 대러육군작전계획'에서는 대러시아전의 주(主)작전지역을 북만주로, 지(支)작전지역을 함경도에서 길림성 동북부와 남부 연해주에 걸치는 오소리 방면으로 설정하고, 길림에서 간도를 거쳐 나진 또는 웅기에 이르는 철도 부설의 전략적, 군사적 가치와 간도 문제의 중요성을 강조하였다.[178] 간도의 전략적 중요성은 1907년에 수립된 『제국국방방침(帝國國防方針)』에서도 잘 나타난다. 『제국국방방침』에서 "제국의 국방은 공세를 본령"으로 하고, "육군은 만주, 오소리 및 한국을 작전지로 하고 본(本)작전을 만주로, 지(支)작전을 오소리 방면으로 유도한다. 이를 위하여 가능한 한 신속하게 육군의 대부분을 남만주의 한 지방에, 일부분을 한국 함경도의 북부에 집결시킨 후 적을 찾아 이를 공격"하는 것으로 설정하고 있다. 또한 러시아의 극동 군사력에 대항하는 일본 육군의 군사력을 보완하기 위하여 "해상 교통 및 만주에 현재 존재하는 교통망을 발달시킴은 물론 만한(滿韓)에 새로운 교통선을 시설, 경영하고 또 한국 북관지방에 방어진지를 구성할 필요가 있"[179]다고 설명한다. 일본 육군의 대러시아 작전에서 남만주와 오소리가 작전지역이 되고 함경도가 방어진지로 설정됨에 따라 이들 지역을 연결하는 교두보로서 간도의 중요성이 부각되었고, 이를 위하여 길림과 나진 또는 웅기를 연결하는 철도 부설이 현안으로 대두하였다.

2) 한국주차군사령부, 통감부, 외무성의 간도 조사

한국주차군사령부의 간도 조사

러일전쟁 직후 한국주차군사령부[180]는 평안도와 함경도의 국경수비를 담당하였고, 간도를 만주 진출의 교두보이자 러시아의 공격에 대비할 수 있는 전략적 거점으로 중요시하였다. 한국주차군사령부가 간도 문제에 관심을 가진 것은 일진회의 영향도 있었는데, 1905년 10월 하세가와 요시미치(長谷川好道) 사령관이 후비제2사단 해산위로회에 참석하기 위하여 회령에 들렸을 때, 일진회 북간도지부장 윤세병(尹甲炳)이 간도 영유권 회복을 요청하는 진정서를 제출한 적이 있었다.[181] 1905년 11월 한국주차군사령부는 육군 참모본부에 「간도 경계 조사 재료」라는 제목의 간략한 보고서를 제출하였다. 이 보고서는 1712년 백두산정계 이래 조청 경계문제의 경과를 간략하게 정리하고 있는데, 보고서의 내용과 보고서에 첨부된 지도로 볼 때 『북여요선』의 내용을 요약하여 간도에 대한 조선의 인식을 소개한 것으로 보인다.[182]

1906년 3월 한국주차군사령부는 간도에 들어가서 현지조사를 실시하고, 그 결과를 「간도에 관한 조사 개요」라는 제목으로 보고하였다.[183] 이 보고서는 주로 조선 기록에 근거하여 간도의 유래와 경계문제를 다루고 있는데, 간도의 유래는 이중하의 국경회담 보고를 인용하였고, 해란하와 두만강 사이를 간도라고 파악하였다. 보고서는 토문강과 두만강이 다른 강이라는 조선

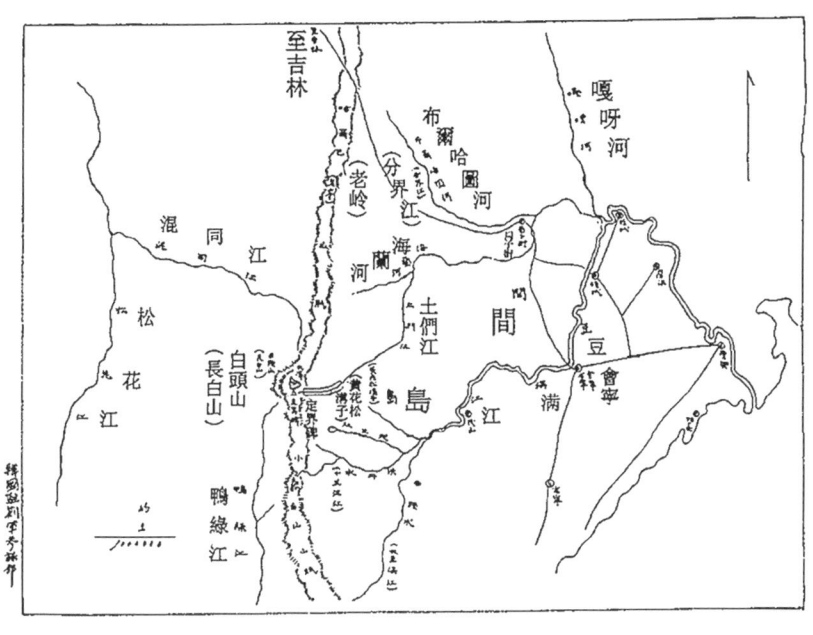

『간도에 관한 조사개요』 첨부 지도

「間島ニ關スル調査槪要」, 1906.4, 0453(B03041192800)

의 주장과 토문강과 두만강이 같은 강이라는 청의 주장을 모두 소개하고서, 토문강이 송화강으로 흘러들어간다는 조선의 주장을 부정하고 청의 주장도 견강부회한 곳이 있다고 비판하였다. 보고서에는 백두산정계비 초본(抄本)과 간도 지도가 첨부되어 있다. 첨부 지도에 따르면 백두산정계비에서 발원하는 토문강이 해란하로 이어지고 두만강에 합류하며, 해란하와 합류하는 포이합도하(布爾哈圖河)에는 분계강이라는 설명을 덧붙였다. 그리고 토문강-해란하와 두만강 사이에 간도라고 표기되어 있다.

이 보고서에서 주목한 곳은 간도의 군사상 가치를 강조한 부분이다. 보고서에 따르면 간도는 길림에서 함북으로 통하는 요충지로서, "만약 우리가 공세를 취하여 함북 방향에서 길림 지방으로 진출하려고 한다면 먼저 간도를 점령하지 않으면 용이하게 그 목적을 달성할 수 없을 것이다. 간도의 군사상 가치는 이와 같다. 이 지역이 한청 어느 나라의 영토에 속할 것인가는 한국의 국토방위상 등한히 할 수 없는 문제"[184]라고 간도 점령의 필요성을 제기하고 있다.

나카이 기타로의 간도 조사

당시 아시아주의를 주창하면서 일본의 대륙 팽창을 도모하였던 동아동문회, 국민동맹회(國民同盟會), 조선협회에 참가하였던 나카이 기타로(中井喜太郎)[185]와 구니토모 시게아키(國友重章)[186]는 대륙 진출을 위한 교두보로서 간도에 주목하고 간도 조사에 나섰다. 1906년 경성거류민장(京城居留民長)을 사직하고 통감부

촉탁으로 근무하게 된 나카이는 간도 조사에 앞서 도쿄에서 하야시 주한공사, 야마자 엔지로(山座圓次郞) 외무성 정무국장을 만나 허가를 얻었으며, 한성에서 하세가와 주차군사령관과 이토 통감을 만났다. 그는 간도 조사의 목적으로 "첫째 간도의 지식을 얻는 것, 둘째 간도의 영속문제를 연구하는 것, 셋째 액목색(額木塞: 오늘날 돈화) 도로를 찾는 것"을 들었다.[187]

나카이 기타로는 1906년 두 차례에 걸쳐 간도를 답사하고 간도 문제에 대한 상세한 보고서를 제출하였다. 그는 1906년 5월 회령수비대를 따라 두만강을 건너 간도로 들어갔으며, 사흘 동안 연길 등지를 돌아 회령, 웅기, 원산을 거쳐 한성으로 돌아왔다. 귀경 직후 이토 통감을 방문하여 "간도는 결코 조선의 영지(領地)에 속하지 않는다"고 한국의 간도 귀속 주장을 부정하였지만, 일본이 먼저 영유권문제를 제기하고 중국이 승인하지 않는다면 길림에서 청진까지의 철도부설권을 취해야 한다고 제언하였다. 하세가와 주차군사령관을 방문하여 간도에서 액목색에 이르는 도로를 설명하고 한국주차군의 주력을 웅기가도(雄基街道)와 회령가도(會寧街道)의 교차점인 수성(輸城)에 두어 러시아에 대비해야 한다고 제언하였다.[188]

나카이는 1906년 9월 하세가와 사령관이 북부의 한국주차군을 검열하러 가는 편에 재차 간도 조사에 나섰다. 이번에는 회령에서 간도로 들어가 무산간도를 돌아보고 무산으로 나오는 일정이었다. 간도 조사를 마친 후 한국의 백두산 정계와 국경회담 자료, 이범윤 관련 자료를 정리하여 1907년 9월 『간도 문제의 연혁』이라는 제목의 보고서를 통감부에 제출하였다. 『간도 문제의 연혁』은 고구려에서 러일전쟁 직후에 이르는 간도 문제의 역사를 정리하고 있는데, 정계사(定界使), 감계사(勘界使), 시찰사(視察使)라고 이름 붙인 3개의 장으로 구성되어 있다.[189]

제1장 「정계사」에서는 백두산정계비 건립 당시 조선과 청 모두 토문강을 두만강으로 인식하였다고 주장하였다. 제2장 「감계사」에서는 1885년과 1887년의 조청 국경회담이 중심인데, 이중하의 「추후별단」을 언급하며 토문과 두만이 같은 강이라는 청의 견해를 부각시키거나 청의 위협으로 토문강이 두만강임을 인정함으로써 조선에서 간도는 청의 영토임을 승인하였다고 서술하였다. 제3장 「시찰사」에서는 이범윤의 소환문제와 러일전쟁 시 이범윤의 사사로운 권력욕을 부각시킴으로써 러일전쟁 이후 간도 한인을 보호하기 위한 일본의 개입을 정당화하고 있다. 결론에서 1887년의 국경회담에서 이중하가 두만강과 홍토수로 양국의 경계로 삼았다는 점, 한청통상조약 제12조의 규정에서 간도를 청의 영토로 승낙하였다는 점을 들어 간도가 청의 영토임을 피력하였다.

나이토 코난의 간도 조사
일본의 대표적 동양사학자인 나이토 코난[190]은 『오사카아사히신문(大阪朝日新聞)』의 논설위원으로 재직 당시 외무성 촉탁으로 간도 문제를 조사하였다. 나이토는 1905년 6월부터 1906년 1월까지 약 8개월 동안 만주의 군사점령지역에 대한 행정조사를 수행하기 위하여 만주, 북경 등지를 시찰하였으며, 도쿄로 복귀한 직후인 1906년 2월 제1차 『간도문제조사서』를 외무성과 육군 참모본부에 제출하였다. 나이토는 첫 만주 조사의 미비함을 보완하기 위하여 한성에 들러 통감부, 내부, 외부, 일진회, 한국주차사령부 등의 관계자를 만나 자료를 수집한 후, 1906년 7월부터 11월까지 한성, 평양, 신의주를 거쳐 안동, 봉천, 요양, 대련을 돌아보았다.[191] 만주 시찰을 마친 나이토는 이듬해 10월 외무성에 제2차 『간도문제조사서』를 제출하였다.[192]

나이토가 외무성에 제출한 제1차 『간도문제조사서』는 고려 때 윤관의 9성 축조에서 러일전쟁 직전 이범윤의 소환문제에 이르는 간도 문제의 역사를 서술하고 있다. 백두산정계비 건립에 대해서 "양국 견사(遣使)가 두만강의 강원으로 인정한 백두산에서 발원하는 물은 오히려 송화강의 한 지류이었기 때문에 후년의 분운(紛紜)을 배태"했다고 보았으며, 1880년대 국경회담과 관련하여 토문강과 두만강이 별개의 강임을 주장하는 조선의 견해를 지지하였다. 특히 두만강과 압록강 대안을 '중립지(中立地)'로 파악하여 조선의 주장을 뒷받침하였다. 결론에서는 "한국이 정계비로써 경계 논쟁을 결정할 유일한 준거로 삼는 것은 정당하고 유력하다"고 파악하고, "정계비가 존재하는 분수령으로부터 포이합도하 즉 분계강의 발원지인 합이파령(哈爾巴嶺) 즉 하반령에 걸치는 산맥 이남과 포이합도하가 두만강에서 합류하는 곳으로부터 서남의 지역을 한국의 영토로 하는 것은 당연한 일로서 속히 지방관을 설치하고 수비병을 파견함은 목하 긴요한 처치(處置)"[193]라고 주장하였다.

나이토가 1907년 10월에 외무성에 제출한 제2차 『간도문제 조사서』는 「황여전람도」 제작 당시의 청 자료와 뒤 알드(Jean-Baptiste Du Halde)의 『중국 서술(Description de la Chine)』[194] 등을 검토하여 청조 발흥기에 두만강 이북의 간황지(間荒地)가 '중립지대'로서 형성되었다고 보았다.[195] 그리고 백두산 정계와 관련해서 청은 원래부터 백두산을 그 판도에 포괄할 목적으로 정계비를 백두산 남쪽 분수령에 세웠으며, "청국인은 물론 조선인도 모두 두만강, 압록강 2개 강의 본류를 양국의 국경선이라고 인정"하였다고 파악하였다. 조청 국경회담 관련해서 이중하의 「추후별단」을 중요하게 거론하면서 1885년의 국경회담에서 조선이 토문강이 곧 두만강임을 인정했다고 간주하였다. 간도의 범위에 대해서는 "포이합도하 이서, 장백산으로부터 합이파령에 이르는 연산(連山)"에서 두만강에 이르는 지역이라고 보았다.[196]

이상에서 살펴본 한국주차군, 통감부, 외무성의 간도 조사 보고서는 일본 정부와 군부의 간도에 대한 전략적 관심을 반영하고 있다. 그렇지만 이들 보고서에 나타난 간도 인식은 하나로 통일된 것이 아니었다. 한국주차군사령부, 나카이 기타로, 나이토 코난의 보고서와 뒤에서 검토할 간도파출소의 보고서는 토문에 대한 해석, 간도의 범위, 간도의 소속 등 주요한 쟁점에 대하여 상이한 견해를 제시하였다. 간도의 소속에 대해서 한국주차군사령부는 판단을 유보한 채 간도의 군사적 가치를 강조하였고, 나카이는 간도가 중국의 영토라고 판단하였다면, 나이토는 처음에는 간도가 한국의 영토라고 간주했지만 점차 간도가 청의 영토도 한국의 영토도 아닌 '중립지대'라는 쪽으로 기울었다.

이처럼 러일전쟁 직후에 생산된 간도 조사 보고서에는 상이한 간도 인식이 혼재해 있었고 외무성과 통감부, 군부 등 요로에 제출되어 간도 정책에 영향력을 행사하고자 하였다. 이들 보고서 중에서 일본의 간도 정책에 반영된 것은 나이토의 보고서이다. 나이토가 외무성에 제2차『간도문제조사서』를 제출한 직후인 1907년 12월에 하야시 외무대신은 주청일본공사에게 보낸 전보에서 간도에 대한 한국 정부의 주장은 논거가 박약하다고 언급하였다.[197] 그리고 나이토의 보고서를 비롯한 간도 문제 관련 자료들 ―「간도 소속문제에 관한 연혁상 한국 측의 논거에 도움이 될 만한 점들의 요령」, 레지(Jean-Baptiste Regis)의 비망록 일부, 비망록 첨부 지도 1매, 나이토의『간도문제조사서』― 을 각 대신과 참모총장, 부통감, 관련국 공사 및 총영사에게 보냈다.[198] 또한 1908년 9월 고무라 외무대신은 각의 결정을 위하여 간도 관련 자료로 나이토의『간도문제조사서』, 나카이의『간도 문제의 연혁』,『간도문제요령(間島問題要領)』,『천보산사건전말서』를 준비하였으며, 내각에서는 "한국의 주장은 그 근거가 아주 박약하며 … 두만강이 양국의 국경을 이루고 있음은 의심할 의지가 없다"라고 결정하였다.[199] 나이토는 1909년 2월 외무성에「간도문제사견(間島問題私見)」을 제출하였는데, 여기에서 청의 간도 영유권을 승인하고 대신에 간도에서 한국인의 토지소유권, 일본인의 기득권, 부지조차권, 무세통상권, 자유교역권, 이사관 주찰권(駐紮權), 한국인과 일본인에 대한 재판권, 철도부설권 등을 교환조건으로 내세웠다.²⁰⁰ 이처럼 나이토의 간도 보고서는 일본의 간도 정책 수립에 활용되었고 일본의 간도 정책 전환과 간도협약 체결에 커다란 영향을 미쳤다.

3) 통감부의 간도 문제 개입과 간도파출소 설치

러일전쟁 이후 간도 문제가 다시 제기된 것은 1906년 하반기 들어서이다. 이토 통감은 통감으로 부임하기 이전인 1905년 10월에 하세가와 사령관으로부터 간도의 현황과 일진회의 간도 개척에 대한 의견을 청취하였으며, 1906년 5월에 간도 조사를 마치고 한성으로 돌아온 나카이로부터 간도 문제에 대한 보고를 받았다. 1906년 6월 청국특명전권공사로 임명된 하야시 주한공사도 출국 전에 이토 통감을 만나 간도 조선인 보호의 필요성을 언급하였다.²⁰¹ 러일전쟁으로 미루어 두었던 간도 문제가 군부에 의하여 전략적 중요성이 부각된 상황에서 통감부로서도 이에 대한 대책을 논의하지 않을 수 없었다.

통감부는 11월에 열린 제12회 '한국시정개선에 대한 협의회'에서 간도 문제를 공론화하였다. 협의회에서 이토 통감은 법무대신으로부터 간도 문제에 대해서 보고받았음을 언급하면서 "내 의견으로는 한국 측에도 충분한 확증이 없기 때문에 지금 경계론을 주장하는 것은 유리하지 않다. 간도에 거주하는 한인들이 청국 관헌으로부터 학대를 당하고 있으니 청국의 영토로 보고 이들 한인을 보호할 방책을 취할 수밖에 없다. 그 관계는 일본 영사가 상해에 거주하는 한인을 보호하는 것과 같다. 단 간도에는 개항장이 없기 때문에 영사관을 설치하는 것은 타당치 않으므로 이사관(理事官) 혹은 다른 적당한 명칭을 붙여서 일본 관리를 주재시키고 이에 경찰 기타 인민보호에 필요한 기관을 부속시킬 것"[202]이라고 간도 문제에 대한 의견을 개진하면서 박제순 참정대신에게 간도 한인의 보호를 요청하는 공문을 보내줄 것을 요청하였다. 법리에 밝은 이토는 당시까지 확보한 근거로는 간도의 영유권을 주장하기 어렵고 영사관 설치도 곤란할 것으로 판단하고 한인을 보호한다는 명목으로 일본 관리를 파견하는 방법을 강구하였다.

이토 통감의 요구를 받은 한국 정부는 간도 한인의 보호를 위하여 일본 관리의 파견과 청과의 교섭을 의뢰하는 요청서를 보냈으며, 이토 통감은 12월에 하야시 외무대신에게 일본 관리와 헌병을 파견, 주재시킬 것에 대한 각의 결정을 요청하는 공문을 보냈다.[203] 이 문서에는 간도독무청(間島督務廳) 편제와 간도 헌병대 편제가 첨부되어 있는데, 이토는 통감부가 관할하는 별도의 기구를 간도에 설치하려고 한 것으로 보인다. 이와 더불어 통감부는 대한제국 정부로부터 청과 간도 문제로 교섭하던 문서 일체를 이관 받아 외무성으로 송부하였다. 같은 시기에 일본 정부는 청 정부에게 간도 문제 교섭을 시도하였다. 일본 외무대신은 주청일본공사를 통하여 일본 정부가 한국을 대표하여 간도 문제에 대한 교섭을 시작하기 원한다는 공문을 청 외무부에 보냈는데, 청 외무부에서는 자국 판도에 있는 간도의 소속에 대하여 타국의 교섭을 받을 이유가 없기 때문에 교섭에 응하기 어렵다고 회답하였다.[204]

1907년 2월 간도로의 관리 파견에 관한 일본 정부의 각의 결정이 이루어졌지만, 이토 통감의 '간도독무청' 구상은 수용되지 않았다. 이는 청은 물론이고 러일협약 체결을 위한 협상이 진행 중인 상황에서 러시아를 자극하지 않도록 하기 위해서였다. 각의 결정에서는 "한국 정부로부터 특히 그들의 보호를 제국 정부에 의뢰해옴에 따라 제국 정부는 당분간 해당 지방의 관할 문제를 제기하는 것을 피하고, 종래 한국 정부가 실행한 예를 따라 단지 재류 한민 보호를 위해 상당한 관헌을 그 지역에 출장보내어 가능하면 두드러지지 않는 방법으로 점차 우리의 지반을 확립"[205]한다고 관헌 파견을 확정하였다.

일본 정부는 남만주를 세력권으로 확보하기 위하여 러시아와 러일협약을 추진하는 한편, 남만주 장악을 위한 교두보를 확보하기 위하여 간도파출소 설치를 추진하였다. 러시아와 일본이 포츠머스조약을 체결했음에도 러일협약 체결에 나섰던 것은 만주를 둘러싼 긴장상태를 해소하기 위한 관계 개선이 필요하였기 때문이다.[206] 러시아는 패전 직후부터 복수전을 준비하였고, 일본도 이에 대비하여 제2의 러일전쟁을 준비하고 있었다. 그렇지만 차르 정부는 재정 파탄의 위기에 직면해 있었기 때문에, 대외

정책의 무게중심을 극동에서 유럽으로 전환하면서 일본과의 협력관계가 요청되었다. 일본 역시 과도한 전쟁 비용으로 인하여 심각한 재정 적자에 직면했으며, 러일전쟁으로 확보한 한반도와 요동반도에 대한 권익을 강화해 나가는 것이 우선시되었다. 이에 양국은 1907년 7월 제1차 러일협약을 체결하여 일본은 조선을, 러시아는 몽골을 특수이익으로 삼고, 일본은 남만주를, 러시아는 북만주를 세력권으로 확보하였다.

이렇게 남만주를 세력권으로 확보한 일본은 곧장 간도파출소 설치에 나섰다. 1906년 말에 이토 통감은 하세가와 사령관의 협조를 얻어 주차군사령부의 중국통인 사이토 스에지로(齋藤季治郎) 중좌를 소장으로 하는 간도파출소 선발대를 편성하였다. 선발대 일부는 1907년 3월 한성에 들어갔고, 러시아군의 철수 직후에 간도로 들어갈 예정이었지만 러일 간의 교섭이 진행 중이었기 때문에 협약 타결을 기다려야 했다. 그 사이에 사이토 소장과 국제법 전문가로 선발대에 합류한 시노다 지사쿠는 간도로 들어가서 간도파출소 설치를 위한 사전조사를 수행하였다. 사이토 소장 일행은 4월 18일 회령에서 두만강을 건너 간도로 들어가서 국자가(局子街), 천보산(天寶山), 두도구(頭道溝), 육도구(六道溝) 등지를 조사하고 29일에 종성으로 돌아왔다. 간도 조사를 마친 사이토 소장은 5월 외무성에 『간도시찰보고서』를 제출하였고, 시찰 결과를 토대로 간도의 중심에 위치한 용정촌에 간도파출소를 세울 것을 건의하였다. 러일협약 체결 직후인 1907년 8월, 회령을 출발한 사이토 소장을 위시한 60여 명의 간도파출소 일행은 두만강을 건너 간도로 들어갔으며, 용정촌에 '통감부 임시간도파출소(統監府臨時間島派出所, 이하 간도파출소)'를 세우고 업무를 개시하였다.[207]

2   일청 간도 교섭과 간도협약

1) 일청 간도 교섭 1: 간도 영유권문제

간도파출소가 설립되던 날, 사이토 소장은 고시문을 간도 각지에 게시하여 "본직(本職)이 이 땅에 온 것은 실로 대한국 황제폐하의 성의(聖意)를 받들고 통감각하의 명을 받아 오로지 그대들 한국 인민의 생명과 재산을 보호하고 그 복리를 증진시킴에 있으므로, 그대들은 마땅히 본직을 신뢰하고 복종"[208] 해야 한다고 간도 한인(韓人)의 생명과 재산을 보호할 간도파출소가 세워졌음을 널리 알렸다. 또한 주청임시대리공사 아베 모리타로(阿部守太郎)는 청 외무부에 조회문을 보내어 "간도가 청한 어느 쪽의 영토에 속하는가의 문제는 종래 양국 간의 현안으로서, 아직 해결되지 않았습니다. 그런데 그곳에 거주하는 한국 신민은 금일 그 수가 대체로 십여 만에 달하고 때때로 마적과 기타 무뢰배의 능욕과 학대를 받아 생명과 재산의 안전을 보장받을 수 없어서

… 일본 정부는 한국 정부의 간청을 접하고 이를 묵과할 수 없었습니다. 이에 통감부로 하여금 그 관원을 급히 간도에 파견할 것을 결정하고 결국 그 목적이 오로지 거주 한민의 보호에 있으므로 청국 정부는 충분히 위에서 말한 사정을 양해"[209]하기 바란다고 통감부의 관원 파견을 통보함과 더불어 간도 귀속문제를 제기하였다.

통감부에 의한 간도파출소 설립은 표면상으로는 "한국 인민의 생명과 재산을 보호"함에 있다고 하였지만, 통감부에 의한 한국 지배를 간도로 확장하는 것이었고, 청에 대해서 공세적으로 간도 문제를 제기하는 것이었다. 주청일본공사의 조회문에 대해서 청 외무부는 청한 국경은 두만강이고 '간도'라 불리는 지역은 청의 영토임을 강조하고 통감부의 관원 파견에 항의하며 철회를 요구하였다. 또한 일본 측에 간도파출소 철퇴 후 경계 획정을 제안하기도 하였다. 이에 일본 정부는 청의 항의를 무시하고 간도파출소의 활동을 통하여 간도에 대한 관할을 기정사실화해나갔다.[210] 간도파출소 설립에 대응하여 동삼성총독 서세창은 1907년 10월 국자가에 군경을 파견하여 '길림변무공서(吉林邊務公署)'를 세움으로써 양국의 대치가 시작되었다.

12월 북경에서 하야시(林權助) 주청일본공사와 나동(那桐)·원세개 청 외무부 상서 사이에 간도 교섭이 개시되었다. 양국의 간도 교섭은 간도 영유권과 한인(韓人) 재판권을 둘러싸고 전개되었는데, 간도가 소속 미정이라는 점에 기반하여 청의 한인 재판권을 부인하는 일본 측과 간도는 청의 영토이고 한인 재판권은 청에 속한다는 청 측의 주장이 맞서면서 답보상태가 이어졌다.[211] 1908년 5월에 주청일본공사는 토문강이 두만강과 별개라는 한국의 주장을 근거로 정계비에 대한 공동조사를 제기하는 조회문을 보냈으며, 7월에 청 측은 일본 측의 주장을 반박하고 공동조사를 바란다는 장문의 회답을 보냈다.[212]

청이 일본의 간도파출소 설치와 간도 영유권 주장에 맞설 수 있었던 것은 국내의 민족주의 분위기를 기반으로 적극 대응한 동삼성총독과 봉천순무 당소의(唐紹儀)의 역할도 컸지만, 미국의 견제도 중요하였다. 미국은 문호개방과 기회균등의 원칙을 내세우며 러일전쟁으로 획득한 일본의 만주 권익을 견제했으며, 당시 봉천주재 미국총영사이던 스트레이트(Willard Straight)는 만주에 미국 자본을 도입하려는 계획을 추진하고 있었다.[213]

2) 일청 간도 교섭 2: 간도 문제와 만주5안건

간도파출소 설치와 간도 영유권 제기를 통하여 간도를 확보하려던 일본의 방침이 바뀐 것은 1908년 하반기 들어서였다. 일본 정부는 1908년 9월 간도 문제에 대한 각의 결정에서 "간도 문제는 한청 양국의 오랜 현안으로 본건에 관한 한국의 주장은 그 근거가 매우 박약하며, 강희 정계 이래 한청 교섭의 역사와 청이 한국에 앞서 해당 지역에 행정을 편 사실에 비추어 보아도 두만강이 양국의 국경을 이루는 것은 의심의 여지가 없다"고 결론을 내리고, 간도 문제와 '만주5안건' — 법고문(法庫門) 철도, 대석교(大石橋) 지선, 경봉(京奉)철도 연장, 무순(撫順)·연대(煙台) 탄광, 안봉철도 연선의 광산 — 을 포함한 6개 안건을 일괄하여 청 정부와 협상하기로 방침을 정하였다.[214] 이에 따라 12월에 주청일본공사가 청 측에 '만주6안건'을 통보하면서 간도 교섭이 새롭게 재개되었다.[215] 일본 측은 간도 영유권을 포기하는 대신 간도 한인에 대한 재판관할권과 길회철도 부설권을 확보하여 간도를 자신의 영향력 아래 두고자 한 반면, 청 측은 재판관할권 없는 영토권은 유명무실하다며 재판관할권 요구를 거부하였다.

간도 교섭에서 간도 영유권을 주장해오던 일본 정부가 갑자기 기존의 주장을 철회하고 간도 문제와 '만주5안건'을 결합하여 일괄 타결에 나서게 된 것은 무엇 때문일까? 각의 결정문의 「세목(細目)」에서는 간도 영유권을 포기한 이유로 나이토의 『간도문제조사서』와 나카이의 『간도 문제의 연혁』을 제시하고 있다. 그렇지만 이토 통감을 비롯하여 일본 정부에서도 간도 관련 보고서의 내용을 이미 알고 있었고, 토문강이 송화강이라는 한국의 주장이 근거가 빈약하다는 점은 간도파출소 설치 이전부터 고려하고 있었기에 나이토와 나카이의 간도 조사 보고서가 정책 전환의 근거가 되었다고 보기는 어렵다. 기존의 연구에서는 일본 국내에서의 비판과 제2차 가쓰라 내각의 성립,[216] 청의 강한 저항과 열강들의 개입 가능성,[217] 일본의 증거 박약에 대한 인식과 청의 강한 반대[218] 등을 들고 있는데, 간도협약에 이르는 과정이 러일전쟁의 전후처리 산물이고 일본의 만주 정책을 규정한 것은 만주와 한반도를 둘러싼 제국주의 열강의 각축이라는 점을 고려하면서 당시의 정세를 살펴볼 필요가 있다.

청일전쟁 직후 삼국간섭으로 요동반도를 청에게 반환한 경험이 있는 일본으로서는 영일동맹(1905.8)을 비롯하여 불일협약(1907.6), 러일협약(1907.7)을 체결하여 협조체제를 구축한 다음에 간도파출소를 설치하였다. 그러나 협조체제에서 배제된 독일이 1907년 7월에 '반일(反日)'이라는 공통의 이해관계를 가진 미국, 청국, 러시아 등을 묶어 협상안을 청 외무부에 제기하였고, 9월에는 독일, 미국, 청국 3국 동맹 구상안을 미국 정부에 타진하였다. 청도 러시아를 제외한 독일, 미국과의 협상에 착수하였으며, 1908년 가을에는 3국 동맹 교섭을 위하여 당소의를 미국에 파견하였다.

반일 동맹의 성사 가능성을 감지한 일본은 미국과의 협상을 추진하였고, 이를 위해서는 미국이 내세우는 청의 문호 개방과 영토 보전 방침을 수용하지 않을 수 없었다. 일본은 1907년 10월 주미일본대사를 통하여 미국 정부에게 미일협정 초안을 제출하였고, 당소의의 미국 방문 소식에 협상을 서둘러서 1908년 11월 루트(Elihu Root) 미국무장관과 다카히라(高平小五郞) 주미 일본대사 간에 "중국의 독립과 영토 보전"을 규정한 루트-다카히라 협정을 체결하였다.[219] 대미 협상 타결로 더 이상 간도 영유권을 주장할 수 없게 된 일본은 간도 영유권을 포기하는 대신 간도 문제를 만주5안건과 일괄 타결하는 방향으로 전환하게 되었다.[220]

1908년 12월에 재개된 간도 교섭은 다음해 2월까지 7차례의

회담이 진행되었다. 일본 측은 간도 영유권을 포기하는 대신 한인 영사재판권과 길회철도 부설권을 확보하여 간도를 자신의 영향력 아래 두고자 하였으며, 만주5안건에 대해서도 양보를 받고자 하였다. 반면 청 측은 재판관할권이 없는 영토권은 유명무실하다고 영사재판권 요구를 거부하였고, 길회철도와 만주5안건에 대해서는 타협의 여지를 남겨두었다. 한인 영사재판권을 둘러싸고 대립한 가운데 청 측은 3월에 재차 두만강이 청한 국경임을 천명하며 간도 문제와 만주5안건 전부를 헤이그 중재재판에 회부하겠다고 통보하였다.[221]

당시 미국이 청에 차관을 제공하여 만주철도 중립화를 모색하고 있었고, 러시아도 청과의 관계 회복에 나서고 있었으며, 영국도 자국의 폴링사(Pauling & Co.)가 맺은 금제(錦齊)철도 부설권 문제로 고심하던 상황이어서 청은 일본의 요구에 강경하게 대처할 수 있었다. 오히려 열강의 만주 문제 개입을 우려한 것은 한국의 강제병합을 앞두고 있는 일본이었다. 중단되었던 간도 교섭이 재개되는 계기는 안봉철도개축문제였다. 1909년 8월 일본은 청 측에 안봉철도 개축공사를 강행하겠다는 최후통첩을 전달하고 간도 문제에 대해서는 한인 영사재판권 주장을 철회하고 재판 입회권을 보장받는 선으로 물러섰다.[222] 이에 따라 일청 양국이 「안봉철도에 관한 각서」에 서명함으로써 안봉철도 개축공사와 압록강철교 교량공사가 시작되었고, 간도 교섭이 다시 재개되어 9월에 '간도에 관한 일청협약'과 '만주5안건에 관한 일청협약'이 체결되었다.

3) 간도협약과 '한인잡거구역'의 탄생

통상 '간도협약'이라고 부르는 '간도에 관한 일청협약'은 통상적인 국경조약과 다르다. 간도와 관련된 국경 획정에 관한 조약이지만 내부 조항에 간도 명칭이 나오지 않는다. 조약의 일본 측 명칭은 '간도에 관한 일청협약'이지만, 청국 측 명칭은 '중한 도문강 경계 조약(中韓圖們江界務條款)'이다. 양국의 조약 명칭이 상이한 것은 청에서는 간도 명칭이 일본이 연길 지역을 침탈하려고 조작한 것이라고 보기 때문에 간도 명칭을 사용하지 않았기 때문이다. 일본 측에서 본다면 일본과 청 간의 '간도'에 관한 조약이지만 청 측에서 본다면 청과 대한제국 사이의 '두만강 경계'에 관한 조약이다. 따라서 조항에서도 간도라는 명칭은 없고 대신 '두만강 이북의 잡거구역(雜居區域)'이라는 생소한 용어가 등장한다.

　간도협약은 국경 획정에 관한 조약이지만 국경에 관한 부분도 통상적인 국경조약에 크게 미달한다. 국경 획정을 목적으로 하는 국경조약이라면 응당 국경 전반에 대한 규정과 더불어 국경을 구성하는 각 구간에 대한 설명, 각 구간의 좌표와 더불어 상세한 국경 지도가 첨부된다. 그리고 강을 경계로 하는 경우에는 강의 경계선과 강 위에 있는 도서 및 사주의 귀속이 포함되어야 한다. 그렇지만 간도협약에서는 "청일 양국 정부는 도문강(圖們江)을 청일 양국의 국경으로 하고 강원(江源) 지방은 정계비를 기점으로 하여 석을수(石乙水)로써 양국의 경계로 할 것을 성명한다"(제1조)라고 경계의 개략을 밝히는 조항 하나 뿐이고, 나머지는 상부지와 영사관(제2조), 잡거구역과 한인의 법적 지위(제3조, 제4조, 제5조), 길회철도(제6조), 간도파출소 철퇴(제7조)에 대한 조항이다. 그리고 경계를 규정하는 제1조에서도 정계비를 기점으로 석을수를 경계로 한다고만 규정할 뿐, 두만강 국경 전반에 대한 규정은 물론이고, 정계비에서 석을수에 이르는 구간, 석을수에서 두만강에 이르는 구간, 두만강이 러시아 국경과 만나는 지점 등에 대한 상세한 규정이 없으며, 두만강에 대한 경계선 획정과 두만강상의 도서와 사주에 대한 규정도 없다.

이처럼 간도협약이 근대적 국경조약에 미달하게 된 것은 국경 획정보다는 간도 한인의 법적 지위와 길회철도 그리고 만주 이전 문제가 교섭의 중심이 되었기 때문이다. 앞에서 살펴본 것처럼 루트-다카히라협정을 계기로 일본의 간도 영유권 주장이 철회되면서 간도 교섭의 초점은 한인 재판관할권과 길회철도문제로 옮겨갔고, 여기에 만주5안건이 부가되어 교섭의 대상이 확대되면서 국경 문제는 한청 국경이 두만강임을 명기하는 정도로 마무리되었다.[223] 따라서 간도협약에는 한인의 법적 지위와 관할을 규정하는 조항이 중심이 되었고, 간도 한인을 관할하기 위한 영사관 설치(제2조), 한인이 거주하는 잡거구역의 범위(제3조), 잡거구역 한인의 재판관할권과 일본 영사의 입회권, 복심청구권(제4조), 잡거구역 한인의 가옥소유권과 자유왕래권(제5조)이 규정되었다.

간도협약 제3조에 등장하는 '한인잡거구역(韓人雜居區域)'은 교섭과정에서 일본 측이 재판관할권을 행사할 수 있는 범위로서 제시하였다. 1909년 2월의 제7차 회담에서 주청일본공사는 청 대표에게 한인잡거구역과 통상지로 개방할 지점인 영사관 및 분관 설치 지점을 전달하였다. 당시 제시된 한인잡거구역은 "현재 한인이 밀집한 지역에 한정하고, 해당 지역을 동쪽은 애아하(艾呀河: 간도협약 잡거구역도의 嘎呀河)를 경계로 하고, 북쪽은 노야령에 접하고, 서는 노령(老嶺)에 접하여 정계비에 이르는 사이의 지역에 한정하는 것으로 하고, 노령 이서(以西)의 서부 간도 전부 및 애아하 이동(以東)의 지역을 한인잡거구역에서 제거"[224]하는 것으로 설정되었다. 이와 더불어 용정촌에 영사관을 설치하고 국자가, 두도구, 백초평, 하천평, 동불사(銅佛寺) 5개소에 분관을 설치할 것과 각지에 경찰서와 경찰관주재소를 설치할 것을 요청하였다. 이러한 제안에 대하여 청 측은 경찰서 설치는 재판관할권 이상으로 청에게 불리한 것이라고 반대하고, "지도를 검열하니 동간도(東間島) 명칭이 있다. 우리들 종래 연길청의 경계와는 큰 차이가 있다. 이 일은 논하면 논할수록 더욱더 차이가 벌어지니 실로 상담의 방법이 없다"[225]고 한인잡거구역에 대해서도 논의의 여지를 두지 않았다.

청 측에서 간도 문제와 만주5안건을 헤이그 중재재판에 넘길 것을 제기하여 중단되었던 간도 교섭은 8월에 안봉철도 개축 문제가 타결됨에 따라 재개되었다. 일본 측은 간도 문제와 만주5안건에 대한 일본의 교섭안을 담은 각서를 청 측에게 제출하였는데, 간도 문제와 관련하여 "청국이 고려하는 사정을 참작하고 타협을 용이하게 하기 위하여 한인의 잡거구역을 현재 비교적 밀집한 지역만으로 축소"[226]한다고 하면서 지난 2월에 제시한 것과 동일한 한인잡거구역 및 6개소의 통상지를 제출하였다. 이에 대하여 청 측은 무산 위쪽의 두만강 경계를 석을수(石乙水)로 할 것을 요구하면서 "청조 발상지인 장백산에 한 걸음이라도 가깝게 타국의 경계를 미치게 하는 것은 제실(帝室) 및 국민의 감정이 용서하지 않을 것"[227]이라고 주장하였다. 결국 길회철도를 조약의 조문으로 넣는 대신 두만강 상류는 석을수 경계로 정해졌으며, 일본 측이 제시한 잡거구역은 청국의 이견 없이 수용되고, 통상지는 하천평과 동불사를 제외한 4개소로 확정되었다.[228]

이러한 과정을 거쳐 간도는 "도문강(圖們江) 북쪽 지방의 잡거구역"(제4조)이라는 이름으로 간도협약에 남게 되었다. 조약에 첨부된 「간도협약에 따른 한인잡거구역도」에 따르면 '한인잡거구역'은 백두산정계비-북증산-천보산-합이파령 이남과 백두산정계비-석을수-두만강 이북을 포괄하는 영역이다. 이 구역은 간도파출소에서 상정한 간도 영역이자 간도파출소의 관할구역(연길, 용정, 화룡, 왕청)과 비슷한 규모이다. 간도파출소가 제시한 간도의 가정 경계와 한인잡거구역의 범위를 비교하면 동간도 서부 전부와 노야령 지맥에서 알아하(嘎呀河)에 이르는 영역이 제외되었다. 그리고 두만강 상류도 석을수로 정해짐으로써 1887년 국경회담에서 청이 주장한 '석을수 경계론'이 관철되었다. 간도 교섭에서 일본이 동간도 서부를 포기한 것은 지형이

험하고 한인 이주자가 적어서 간도파출소가 관할하지 못했던 점도 있지만, 한청 양국의 경계가 석을수로 확정됨에 따라 송화강의 상류 지류인 토문강 동쪽의 영역을 주장할 수 없었기 때문이었다. 그리고 노야령 지맥에서 알아하에 이르는 영역이 제외된 것은 혼춘과 인접한 곳이기에 알아하 유역의 백초구를 통상지로 확보한 이상 청에게 양보할 수 있다고 판단한 것으로 보인다.

일본 정부에서 간도 영유권을 포기하기로 결정한 이상 간도파출소의 존재는 유명무실하게 되었다. 1908년 10월 헌병분견소의 증축을 둘러싸고 양국의 군경이 충돌한 '우적동(禹跡洞)사건' 이후 간도파출소와 길림변무공서의 대결이 격화되었지만 일본 정부는 간도 교섭을 위하여 간도에서의 충돌을 자제시켰다. 청에서는 이미 일본 정부가 간도 영유권을 포기한 사실을 알고서 강경한 태도를 취했고, 간도파출소는 수세적으로 대응할 수밖에 없었다.[229] 간도파출소는 간도 교섭에서 배제되었고, 심지어 간도협약 체결 사실도 사전에 통보받지 못하였다. 간도협약 체결 직전인 1909년 8월 용정촌에서 교번소(交番所) 설치를 둘러싸고 대립한 가운데, 사이토 소장이 길림변무공서에 "본관도 또한 단연코 이 지방을 한국 영토로 간주해 제반 시설을 행할 것"[230] 이라고 통고하고, 통감부에 간도 출병을 요구하기 위하여 시노다를 한성에 파견하였다. 한성에서 소네 통감을 만나 간도 출병에 대한 동의를 얻은 시노다는 바로 도쿄로 건너갔는데, 도쿄에 도착하자마자 신문에서 간도협약 체결 기사를 보았고, 고무라 외무대신을 만나 간도협약 체결의 경과를 들을 수 있었다.[231]

간도협약에 따른 한인잡거구역도

『間島ノ版圖ニ關シ淸韓兩國紛議一件』
第十七券, 0045-0046(B03041210700)

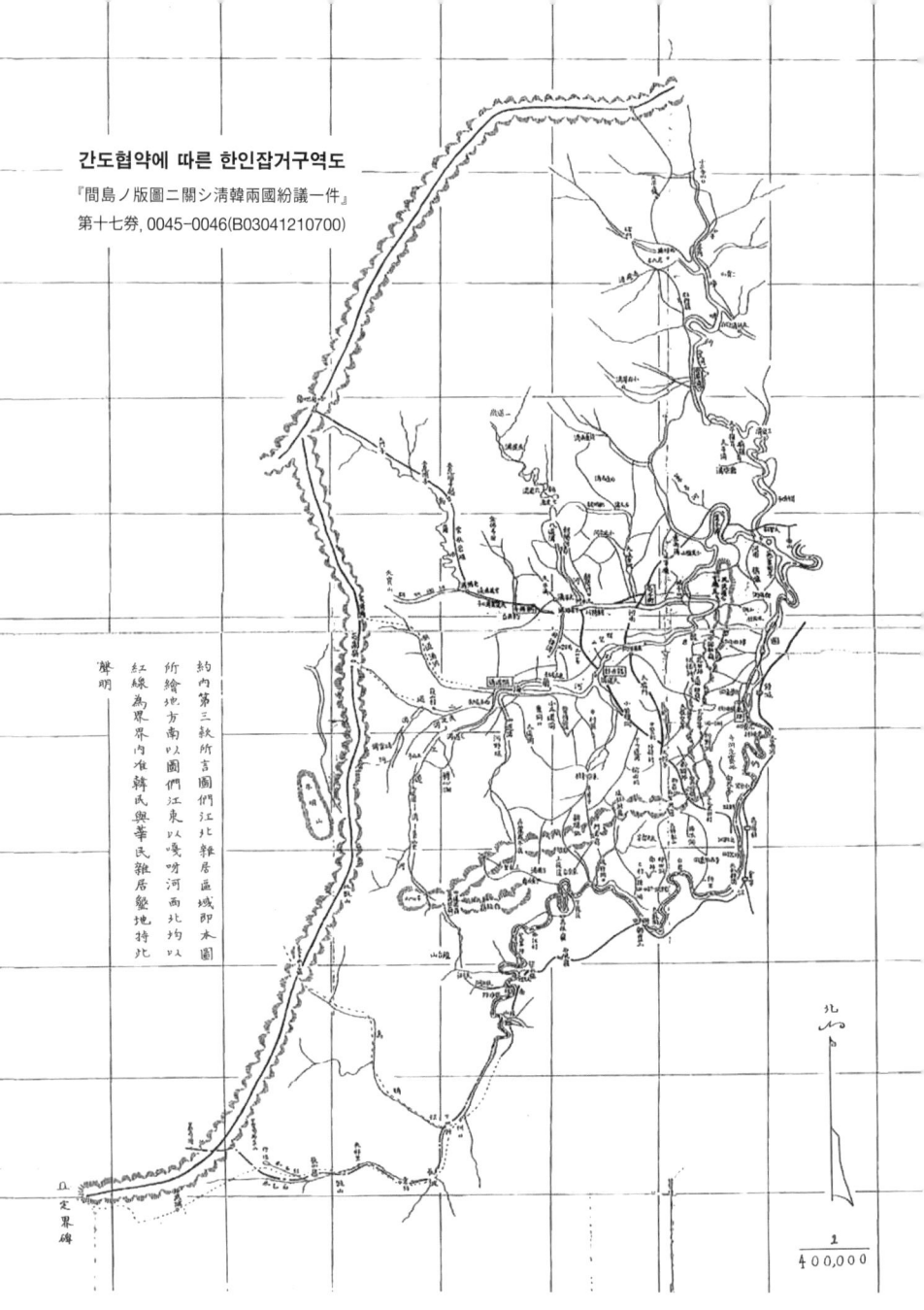

간도파출소는 11월 1일에 파출소를 폐쇄하고 모든 파출소원과 헌병은 두만강을 넘어 회령으로 철수하였으며, 다음날 간도파출소 자리였던 용정촌에 일본 총영사관이 들어섰다.

3 간도 담론의 분열: 간도 개척과 간도 방기

1) 일진회의 간도 개척

러일전쟁 직후 '간도 개척'을 내세우며 정부와 통감부의 간도 정책에 개입한 것은 일진회였다. 1904년 8월 창립 이래 '문명화론'에 입각하여 민권 신장에 힘쓰고 인민의 생명·재산을 보호하는 활동을 펼쳤던 일진회는 1905년 11월 '을사늑약' 체결 때 이를 찬성하는 선언서를 발표한 이후 위기에 처하였다. 언론에서 일진회를 규탄하는 논조가 커지는 가운데, 일진회는 통감부로부터 외면당해 정치활동이 쇠퇴하였고 지역사회에서도 일진회의 '작폐'가 문제시되면서 호응을 얻지 못하였다.[232] 이러한 상황에서 1906년 3월 일진회는 "부원(富源)의 개발과 인문(人文)의 발달"[233]이라는 새로운 강령으로 변경하고 실업 진흥과 문명진보를 위한 교육 진흥에 나서는 한편, '간도 개척'을 통하여 통감부의 지원과 더불어 지역사회의 지지를 얻고자 하였다.

일진회는 러일전쟁 직후인 1905년 9월에 북간도 지부를 설치하고 서간도에도 지회를 설치하여 북간도와 서간도 지역으로 세력을 확장하였다. 일진회는 자신이 지휘, 감독하는 '민장(民長)'을 북간도와 서간도에 파견할 것을 정부에 청원하였으며, 1906년 3월에는 정부 대신회의에 안건을 제출하여 "서·북간도 개척을 인가하여 본회로 하여금 불일(不日)내로 실시케 할 것"을 요청하였다.[234] 일진회는 간도 지역의 전략적 중요성을 간파하고 간도 개척 청원을 통하여 이토 통감의 지원을 끌어내는 한편, 간도 지역으로 세력을 확장하기 위하여 일진회원의 간도 이주와 일진회 소속의 민장 파견을 추진하였다.

1907년 들어 간도로의 일본 관리 파견 소식이 전해지자 일진회는 북간도의 일진회 회원을 동원하여 관헌 파견을 정부에 청원하였다. 북간도의 일진회원은 2월부터 7월에 걸쳐 여러 차례 내부, 의정부, 중추원에 "북간도가 우리 대한의 강토(疆土)이니 … 청과 교섭하여 계한(界限)을 감정하고 우리 관헌을 설치하여 우리 민족을 보호"[235]할 것을 청원하였다. 특히 4월에는 북간도민 최양준(崔亮濬) 등 120명이 간도의 여러 폐단을 나열하며 "6개 군 중에 본도(本島)에 가장 가까운 명리(明吏)로 민장(民長)으로 특정하고 청국 관리와 함께 상호 교섭하여 결세, 호역을 민장이 거두어 청국 관청에 내게 하면 근거 없는 무거운 세금[無名勒稅]은 금하지 않아도 저절로 금해지며, 폐막에 대한 소송은 민장에게 귀결되니 이것이 소위 우리 백성은 우리가 보호하는 것[我保我民]"이라고 민장을 두어 간도 거주민을 보호할 것을 청원

하였다.²³⁶

일진회의 청원서에서 주목할 부분은 옛 강역의 범위와 현재 간도의 범위를 구분하고 있다는 점이다. 4월에 김현묵(金賢黙), 주범중(朱範中) 등이 의정부에 올린 청원서에서 옛 강역의 범위는 백두산정계비의 토문강을 기준으로 하여 토문강의 상류에서 송화강, 흑룡강을 거쳐 바다에 들어가는 곳까지의 동쪽을 옛 강역으로 간주하였다. 반면 현재 간도의 범위는 분계강을 기준으로 삼았다. 즉 포이합통하를 분계강으로 비정하고, 하반령에서 발원한 분계강이 온성에서 두만강으로 들어가므로 분계강 이남과 두만강 이북을 간도의 범위라고 보았다.²³⁷ 그리고 『공법회통』의 제283조를 근거로 "강계가 이미 정해져서 토문강과 분수령 경계가 있지만 중간으로 획정한다고 하여도 남쪽은 회령과 두만강 연안으로부터 북쪽은 돈화현 부근 토문강변까지 직경(直經)이 오륙백 리가 되므로 가운데를 경계로 하더라도 하반령 이남은 획취(劃取)할 수 있을 것"이라고 주장하였다.

일진회의 관헌 파견 요청은 통감부의 간도파출소 설치로 구체화되었고, 논의를 주도하였던 일진회는 간도파출소 직원이나 경찰로 임용되어 간도 개척에 참여하였다. 간도에 관리를 파견한다는 방침은 1907년 4월에 열린 제14차 시정개선협의회에서 거론되었으며, 이토 통감은 관리 파견이 결정되었고 관리를 파견할 때에는 한국 관리도 동행할 것이라고 하였다.²³⁸ 1907년 7월의 제20차 시정개선협의회에서 이토 통감은 간도파출소에 파견할 인원 60명 중에서 한국 측에서 사무관 3명, 서기 7명, 순검(巡檢) 10명 등 20명을 파견할 것을 제안하였다. 그리고 일주일 뒤에 열린 제21차 시정개선협의회에서 "함경도를 일진회의 근거지로 간주한다면 간도 개척은 일진회에게 일사존망이 걸린 대사"라는 일진회 회장 이용구의 주장을 소개하면서 일진회원을 중심으로 간도파출소의 한국 관리를 구성하도록 요청하였다.[239] 이에 내각회의에서는 북간도 개척을 일진회에게 위임하였고,[240] 7월 말에 내부의 서기관 2명, 서기랑 7명, 경시청의 경부 1명, 권임 1명, 순사 8명 등 모두 19명의 일진회 회원들이 간도파출소 직원으로 파견되었다.[241] 또한 12월에 북간도 지부 회장인 윤갑병이 함경도관찰사에 임명되어 일진회의 간도 개척을 지원하였다.

일진회의 간도 개척에는 대륙낭인 우치다 료헤이(內田良平)가 개입되어 있었다. 일진회는 이토 통감의 참모로 한국에 온 우치다를 통하여 군부와 통감부의 지원을 얻고자 하였으며, 우치다는 10만이 넘는 회원과 전국적인 기반을 가진 일진회를 병합을 추진하는 데 이용하고자 하였다. 우치다는 통감부와 군부로부터 일진회가 재정 지원을 받도록 주선하는 한편, 일진회를 식산흥업을 위한 단체로 변화시키고 일진회원 전부를 간도로 이주시키는 계획을 추진하였다.[242] 이토 통감이 간도 문제에 개입할 방법을 고려하던 차에 일진회의 간도 관헌 파견 요청은 통감부가 간도에 기반을 구축하는 데 유용한 수단을 제공해 주었다. 우치다의 간도 이주 계획은 일진회의 조직적 기반과 세력을 간도 개척에 동원하면서, 간도 문제가 일본에 의해서 해결될 수 있

음을 보여줌으로써 '한일합방'에 일진회의 기반을 활용하고자
한 것이었다.

2) 『대한매일신보』의 간도 문제 비판

일진회의 간도 개척을 비판하고 나선 것은 『대한매일신보』였다.
을사늑약을 계기로 일본의 문명화론과 동양평화론을 거부한
『대한매일신보』는 일진회의 간도 개척이 일본의 사주에 의한 것
이라고 비판하였다.

> 전쟁 이후에는 이 문제(간도 문제-필자)가 일시 침묵되어 전혀 제기되
> 지 않더니 오륙삭(五六朔) 이전에 일본 정부의 창귀된 소위 일진회가
> 그의 상전의 명령을 몰래 받아 해당 지방에 독자적인 정치체제[獨治政
> 體]를 조직하여 식민지를 창설하자고 한국 정부에 강청함으로 해당 문
> 제에 대한 주목을 재차 야기하였는데 일본이 일진회를 사주한 주지(主
> 旨)는 이 문제에 대하여 사단을 일으켜서 이곳의 비옥한 땅을 반드시
> 취하여 한국이나 청, 러시아가 착수하기 전에 주인이 되고자 하는 계
> 책인가 보더라.243

일진회의 간도 개척에 대한 비판은 간도파출소에 대한 비판
으로 이어졌다. 『대한매일신보』는 통감부의 간도파출소 설치에
대하여 "대개 재등(齋藤) 씨가 그 땅에 출장한 것은 간도 인민의

청원이라 칭탁하나 그 실상은 간도 인민의 청원이 아니오 회령에 있는 일진회원 모모 씨가 간도에 있는 한인 1명을 꾀어서 간도 전체 한인의 청원을 위장하고 정부에 보호를 청"[244]한 것이며, "몇해 전부터 일본이 그 땅에 욕심을 내여 기회를 타서 발을 붙이려 하더니 한국 일진회원들이 통감부에 주선하여 일본보호병을 청득하여 그 땅에 주둔함으로써 청국도 병정을 많이 두고 러시아도 혼춘을 점령하였으니 간도사건이 필경 세 나라 사람의 큰 문제가 일어날지라"[245]라고 간도파출소의 설치가 일본과 일진회의 사주에 의한 것이라고 보았다. 그리고 간도파출소 설치가 군대 주둔과 마찬가지의 파장을 불러와서 간도를 둘러싼 삼국의 군사적 대치를 야기하였다고 파악하였다.

간도파출소 설치와 이후의 간도 교섭에 대해서 『황성신문』이 외보(外報)란에서 간략한 상황만을 전달하는데 그친 데 비하여, 『대한매일신보』는 논설을 비롯한 각종 기사를 통하여 간도 교섭 상황을 상세하게 알리는 한편 일본의 간도 정책을 비판하였다. 간도파출소 설치는 청과 러시아와의 군사적 대치를 가져왔을 뿐만 아니라 "한국인을 보호하여 준다 하고 병정을 파송하였으니 실상은 그 땅에 있는 한국 백성이 결단코 일인의 보호는 바라지 아니"[246]한다고 주장하였다. 나아가 "현재 일청 양국 간에 쟁힐(爭詰)하는 간도의 경계문제는 일대(一大) 관계라. 대개 이 쟁힐은 일본이 만든 바이니 일본이 이 간도를 취득코저 하여 이같이 힘쓰기를 그만두지 않는 것"[247]이라고 일본이 간도 영유권 문제를 제기한 것이 간도 확보에 있음을 간파하였다.

일본의 간도 정책에 대한 『대한매일신보』의 비판적 시각은 간도 문제를 보는 관점에 변화를 가져왔다. 간도가 한국의 영토라는 주장이 일본에 의해서 강압적인 방식으로 제기된 상황에서 일본의 주장이 관철되어 간도가 일본으로 귀속되는 것도, 청의 주장이 관철되어 대한의 영토인 간도가 청으로 귀속되는 것도 지지할 수 없게 된 것이다. 이미 일진회의 간도 개척을 일본의 사주에 의한 것이라고 비판한 것처럼 일본이 대리하는 간도 영유권 주장도 일본의 간도 확보를 위한 것이기에 동조할 수 없는 것이었다.

이러한 상황에서 『대한매일신보』는 간도가 청 영토임을 인정하는 쪽으로 논조를 변화시켜 나갔다. 간도파출소 설치 직전에는 "해당 토지(간도-필자)는 원래 한국 영토가 되었음이 의심할 바 없으나 자고 이래로 청국에 부속하였던 증거는 전혀 없으니 지금까지라도 한국의 소유라 함이 정당"[248]하다고 주장하였지만, 일청 간도 교섭이 시작된 이후에는 "이 땅을 공변된 이치로 말하면 한국 강토가 되는 것이 당연하나 한국은 힘이 없어서 자유 권리로 그 땅을 찾지 못할 것"[249]이라고 한국의 간도 영유가 불가능하다고 인식하였다. 이렇게 간도 영유권을 주장하는 주체가 일본임을 자각하자 기존의 한청 간의 영토 분쟁에 대하여 "그 한계가 심히 확실하지 않은 바, 이백여 리 서로 떨어져 있는 단지 같은 이름의 양지(兩地)의 폭(幅)이 남북에 나뉘어 있는지라. 한인(韓人)은 이와 같은 양지의 북쪽 선을 한국의 경계로 청구하거늘 지나인(支那人)은 남쪽 선을 양국 간 분계(分界)로 고집하나니 이것이 분쟁의 요항(要項)이라"[250]고 양측의 주장을 대등하게 소개하였다.

『대한매일신보』는 간도영유권을 둘러싼 일본과 청 사이의 경쟁이라는 입장에서 일청 교섭 과정을 주시하면서 "일본은 실지정계(實地定界)를 요청하는 동시에 청국은 두만강이 정계로 확실하게 기록된 한국의 예전 국서(國書)를 제출하였으니 그 결과를 예언키 어려우나 청국과의 교섭에 곤란한 형세가 있을 것"[251]이라고 1887년 감계 직후에 고종이 청 예부에 보낸 자문을 근거로 청이 유리하다고 보았다.[252] 또한 "과거 수백 년 이래로 이 문제에 대하여 한청 양국이 각기 분수령, 정계비로 의견을 고집하여 서로 양보하지 않고 누차 경쟁한 바라 … 간도가 실로 청국 영토인 사실에 대하여 빙문(憑文)상의 증거가 많이 있"[253]다고 한 반면, "일본에서 제출한 증거에 모호한 것이 적지 아니하여 담판의 결과가 일본에 불리할 모양"이라고 파악하였다.[254]

일청 양국의 간도 영유권 교섭에서 청국의 증거가 유력함을 파악한 『대한매일신보』는 간도에 대한 청의 영유권을 승인하기에 이른다. 1908년 1월 간도 교섭에서 일본이 곤란에 처해 있는 상황에서 "평화적 정책으로는 그 땅에 청국의 주권을 승인하는 외에는 별도의 다른 계책이 없"[255]다고 간도가 청의 영토임을 인정하였다. 또한 1909년 초에는 서간도에 대해서도 "서간도는 한국 서북편으로 접경한 압록강 북변 언덕에 있는 청국령이오, 평안북도 강계, 위원, 벽동, 초산 등지의 건너 언덕"[256]이라고 서간도에 대한 청의 영유권을 인정하였다. 『대한매일신보』의 청국 영유권 승인은 1908년 하반기에 일본이 간도 영유권을 포기하기 이전에 이루어졌으며, 10월 말에는 '간도 문제 결정'이라는 제목으로 일청 양국 사이에 간도에 대한 청 영토권을 승인하는 조약 내용이 결정되었음을 보도하였다.[257] 그러나 정작 간도협약이 체결되고 나서는 『대한매일신보』와 『황성신문』 모두 별도의 논평 없이 간도협약 내용을 간략하게 게재하였을 뿐이다.

간도 문제에 대하여 청의 영유권을 승인하는 『대한매일신보』의 결론은 '간도는 대한의 영토'라는 처음 주장과 배치되는 것처럼 보인다. 그렇지만 대한제국이 일본의 보호국으로 전락함에 따라 '간도는 대한의 영토'라는 발화의 주체가 대한제국에서 일본으로 바뀌었으며, 일본이 간도파출소를 세우고 간도 확보에 나섰을 때 '간도는 대한의 영토'라는 말은 영유권을 주장하는 담론에서 간도를 침략하는 담론으로 전환되었다. 이러한 상황에서 계속 간도 영유권을 주장하는 것은 곧 일본의 간도 침략에 동조하는 행위가 된다. 일진회의 간도 영유권 주장과 『대한매일신보』의 간도 영유권 방기는 이러한 점에서 일본의 간도 침략에 동조하는가 아니면 반대하는가라는 실천적 의미를 가지는 것이다.

제4장

간도파출소의
간도 문제 인식과
간도 문제의 식민화

1 간도파출소의 간도 조사

간도파출소는 설립 이전에 간도 지역에 대한 사전 조사를 실시하고, 한국 정부가 소장하고 있던 한청 국경문제에 관한 문헌을 조사하였다. 1907년 3월 한성에 들어온 사이토 소장 일행은 "간도 일반의 상태 및 장래 설치해야 할 통감부파출소의 위치 등에 관한 개괄적인 관찰"[258]을 위하여 간도로 들어가서 약 열흘간 간도 상황을 조사하였으며, 그동안 스즈키 신타로(鈴木信太郞)는 한성에서 간도 문제에 관련된 문헌조사를 실시하였다. 간도 조사를 마친 사이토는 5월 외무성에 『간도시찰보고서』를 제출하였고, 시찰 결과를 토대로 간도의 중심에 위치한 남강(南崗) 서부 마안산(馬鞍山) 남쪽 평지에 간도파출소를 세울 것을 건의하였다.[259] 보고서에서는 간도의 가정(假定) 경계, 지세, 청한 주민의 비율, 교통, 청 정부의 통치, 주민의 상태, 물산과 산업 등에 대한 조사 결과를 수록하고, 통감부파출소의 위치와 권한, 간도의 관헌, 개발 등에 대한 의견 등을 제시하였다.

보고서에서 주목되는 부분은 간도의 범위인데, 간도파출소는 간도 한인을 관할하기 위해서, 그리고 청 정부와의 교섭을 앞두고 간도의 범위를 구체적으로 설정할 필요가 있었다. 보고서에서는 간도의 '가정 경계', 즉 임시적인 간도의 범위를 북쪽으로는 노야령(老爺嶺)산맥, 남쪽으로는 백두산정계비에서 온성에 이르는 두만강, 동쪽으로는 애아하(艾硪河)와 혼춘하(琿春河)의 분수령을 이루는 노야령산맥의 지맥, 서쪽으로는 토문강과 송화강 상류[백두산정계비-협피구(夾皮溝)]로 설정하였으며, 합이파령(哈爾巴嶺)에서 노야령산맥의 지맥을 따라 백두산정계비에 이르는 선을 기준으로 하여 동쪽을 동간도, 서쪽을 서간도로 나누었다.[260]

간도파출소에서 이렇게 간도의 범위를 설정한 것은 이미 러시아가 청국으로부터 연해주를 할양받았고, 1905년 12월에 체결한 '만주에 관한 일청조약'에서 길림(吉林), 영고탑(寧古塔), 혼춘을 상부지로 개방하였다는 현실적인 조건 때문이었다.[261] 한국 정부의 주장대로라면 '토문강-송화강-흑룡강' 동쪽이 간도의 영역이 되어야 하지만, 이미 국가 간의 조약을 통하여 경계가 결정된 지역을 제외하고 토문강을 포함하면서도 한인이 많이 거주하는 구역을 중심으로 간도의 범위를 설정한 것이다. 그리고 동간도와 서간도를 나눈 것은 통감부파출소에서 직접 관리하는 지역과 그렇지 못한 지역을 구분하기 위함이었다. 간도파출소 설치와 더불어 동간도는 북도소, 종성간도, 회령간도, 무산간도의 4구역으로 나누어 도사장(都社長) 제도를 실시하였고, 주요 지

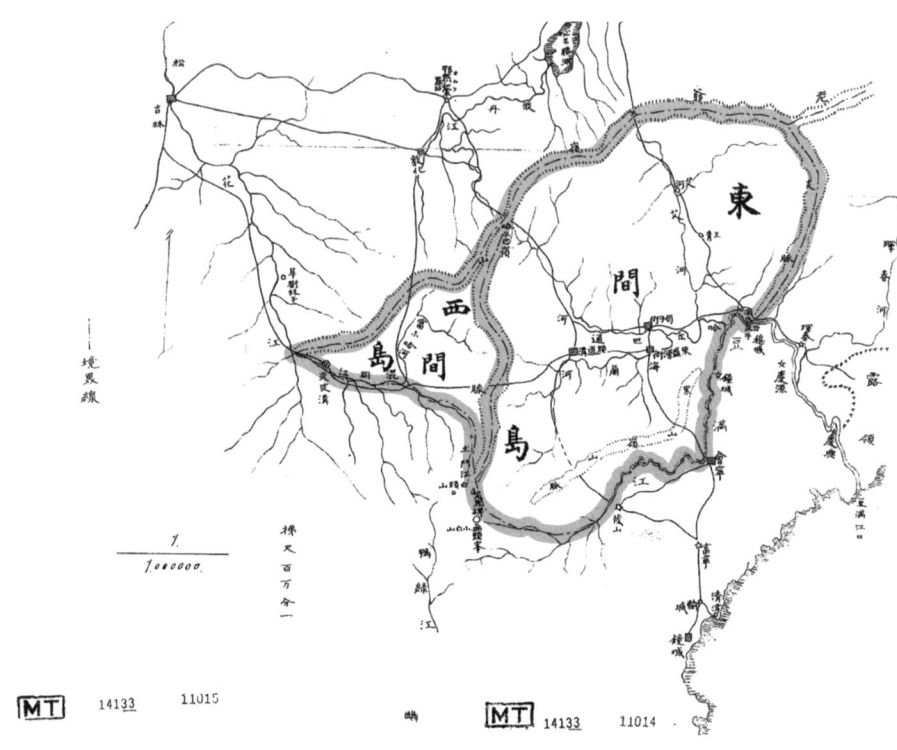

간도의 가정 경계
「間島視察報告書」, 1907.5(B03041215700)

점에는 분견소(分遣所)를 두어 헌병을 배치하였다.

　문헌조사는 1907년 3월에서 7월에 걸쳐 스즈키 촉탁이 중심이 되어 백두산정계비 관련 기록, 1880년대 국경회담 관련 기록, 시찰사 이범윤 관련 기록을 중심으로 의정부가 소장하고 있던 옛 서적이나 문서를 수집, 정리하였다. 조사 결과는 7월에 『청한국경문제연혁』이라는 제목의 보고서로 통감에게 제출되었다. 이 보고서는 간도파출소에서 처음으로 간도 문제의 역사를 정리한 것으로, 고려 윤관의 여진 정벌에서 대한제국기 이범윤의 간도 파견에 이르는 역사를 정리하면서 '토문·두만 동일강론(土門豆滿同一江論)'을 취한 청 주장을 비판하는 데 주력하였다.[262]

　간도파출소 설치 직후에 총무과 스즈키 사무관을 중심으로 백두산과 두만강 상류 현지조사에 착수하였다. 제1차 현지조사는 백두산정계비가 있는 분수령에서 발원하는 토문강의 흐름을 조사하기 위하여 1907년 9월 5일부터 약 한 달가량 실시되었다. 조사단 일행은 백두산에 올라 정계비 일대를 조사하고, 토문강의 흔적을 따라 송화강 상류에 있는 소사하구자(小沙河口子)까지 내려왔다.[263] 조사 결과 백두산 정상에 정계비가 현존한다는 점, 정계비에서 이어지는 석퇴가 끝나는 지점에서 발원하는 토문강이 송화강으로 흘러 들어간다는 점 등을 확인하였다. 제2차 현지조사는 청에서 두만강 상류를 따라서 세웠다고 주장하는 10개의 국경비를 확인하기 위하여 11월에 실시되었다. 조사단은 『길림통사(吉林通史)』의 부속지도를 따라 두만강 상류지역을 답사하였고, 그 지역의 주민에 대한 탐문조사도 병행하였다. 그 결과 국경비가 세워진 흔적이 없음을 확인하였으며, 1887년 국경회담 당시 국경비를 세울 목적으로 청에서 운반해 온 15개의 석비가 무산 인근의 홍단수(洪丹水) 하류에 쌓여져 있는 것을 발견하였다.[264]

또한 1908년 2월 간도파출소는 1887년 국경회담 당시의 사정을 조사, 확인하기 위하여 감계사 이중하의 수행원이었던 전 무산군수 지창한(池昌翰)을 불러 탐문하였다. 지창한을 통하여 이중하의 「추후별단」에 있는 목책의 흔적에 관한 사정, 국경회담에서 이중하가 홍토수를 제기한 전후 사정 등을 조사하였다. 조사 결과 이중하가 목책의 흔적에 대하여 말한 것은 사실이 아니라 "정부 및 국민에 대하여 변명의 여지를 만든 것"이며, 이중하가 홍토수설을 주장한 것은 청국 측을 백두산정계비 쪽으로 유도하기 위한 방편에 불과한 것이었고, "토문강설이 도저히 그들에 의하여 승인되지 않을 것임을 자각하고서 이때에 이르러 비로소 독단으로 홍토수로 양보하였다"고 정리하였다.[265] 간도파출소에서는 조사 내용과 더불어 나이토 코난의 보고서에 대한 비판적 견해를 덧붙여 4월에 『간도 문제의 전말과 의견서』라는 제목의 보고서를 통감에게 제출하였다.

간도파출소는 간도 지역의 성터, 고분, 유물 등 유적에 대한 조사도 실시하였다. 해란하 양안의 고분군을 비롯하여 두도구의 동고성자(東古城子)·서고성자(西古城子), 국자가의 성터, 회령 대안의 토성치(土城峙) 등을 조사하였다. 특히 회령 대안의 토성치는 임진왜란 때 가토 기요마사(加藤淸正)가 두만강을 건너 오랑캐를 정벌했을 때 공략한 성일 것이라고 추정하였다. 또한 조사단은 국자가 서쪽에 있는 포이합통하 수중에서 한 비석을 발견하였는데, 이 비석이 고려 윤관이 세운 선춘령비이고 고려 때의 선춘령이 국자가 부근일 것이라고 추정하였다.[266]

간도파출소 설치 이전의 현지조사가 동간도 동부지역에 한정되었기 때문에 1908년 4월에는 동간도 서부지역에 대한 현지조사를 실시하였다.[267] 1908년 5월 간도파출소의 스즈키 사무관 일행은 동간도 서부를 답사하고 보고서를 제출하였다. 보고서에는 동간도 서부의 지세, 교통, 한인 거주지, 한인·청인 이주의 역사, 청의 행정 실태, 호구 및 토지소유, 농업 실태, 사금광과 산림 개황 등을 수록하고 있다. 동간도 서부는 간도파출소에서 멀리 떨어져 있고 한인의 숫자가 적어서 간도파출소에서 관할하지 못했지만, 조사 결과 '한변외(韓邊外)'[268]의 근거지였던 곳이고 한인의 비율도 16%에 불과하기에 분견소를 두지 않기로 하였다.

그 밖에도 간도 지역의 관습, 호구, 산업에 대한 조사를 실시하여 한인 관할을 위한 자료로 활용하였다. 관습조사는 1908년 1월에 감찰과 김해룡(金海龍) 서기관이 한인·청인의 간도 이주 연혁을 비롯하여 간도 한인의 친족제도, 가옥제도[大屋·小屋], 토지제도, 차금(借金)제도, 행정제도, 경찰·재판제도 등을 조사하고 보고서를 제출하였다. 조사 결과는 종교, 선사인(鮮事人),[269] 청러 교전, 학교에 대한 조사기와 더불어 1917년에 『간도 거주 한인의 친족, 관습 및 기타』라는 제목을 붙여 '간도문제 조사자료'의 일부로 편찬되었다.[270] 호구조사는 1907년 9월~11월까지, 1909년 1월~4월까지 2회에 걸쳐서 각 헌병 분견소에서 시행하였으며, 조사 결과를 토대로 호적부(戶籍簿)를 편성하였다.[271] 산업조사는 농업, 지질·광물, 상업에 대한 조사를 시행하였다. 농업조사는 각 지역을 시찰하면서 이주·개간의 연혁을 비롯하여 토성(土性), 경지 면적, 작물의 종류, 수확량, 농산제조업, 농민생활 상태 등을 조사하였고, 간도파출소 뒤편에 모범 농원을 설치하여 농업 개량에 필요한 각종 시험을 실시하였다. 지질·광물 조사는 지세와 지질에 대한 조사를 통하여 광상(鑛床)을 확인하고, 각지의 사금지 및 금광, 은광, 동광, 석탄광 등을 조사하였다. 상업조사는 생산물, 통화, 무역, 상업 관습, 도량형, 교통, 부력(富力) 등을 조사하였으며, 인근의 돈화, 길림, 혼춘에 대한 상업조사도 실시하였다.[272]

2 간도파출소의 간도 문제 인식

1) 『청한국경문제연혁』의 간도 문제 인식

간도 문제의 기원과 역사에 대한 간도파출소의 견해가 처음 정리된 것은 간도파출소 설치 직전인 1907년 7월 통감에게 제출한 『청한국경문제연혁』이다. 이 보고서는 시노다의 현지조사와 스즈키의 문헌조사가 종합된 것으로, 고려부터 18세기까지의 국경 문제, 1880년대 국경회담, 이범윤의 간도 파견 활동 등 크게 3부분으로 나누어 관련 자료와 더불어 간도 문제의 역사를 정리하고 있다.

고려부터 18세기까지 국경문제에서 주목되는 곳은 고려 때 윤관이 여진을 정벌하여 함경도 영흥 이북을 회복함으로써 여진과의 경계가 두만강에 이르렀다고 파악한다는 점, 백두산에서 발흥한 청이 수도를 북경으로 옮겨감에 따라 "동 지대(백두산 지역-필자)는 이를 조선 측에서 보아도 이를 청국 측에서 보아도 하등 정치상의 가치를 가지지 않는 화외지(化外地)에 불과"[273]하게 되었다고 파악한다는 점, 백두산정계비 건립으로 조선과 청 사이에 토문강 이동과 두만강 이북의 영역이 논란거리가 되었다고 파악하는 점이다.

1880년대 국경회담에 대해서는 조선 측 감계사와 청국 측 감계사의 주장을 정리하고 백두산 일대를 답사한 함경북도관찰사 조존우와 경원군수 박일헌의 보고서를 수록함으로써 청의 '토문·두만 동일강론'을 논박하였다. 이범윤의 간도 파견에 대해서는 이범윤이 제기한 한청통상조약 제12조의 "양국 변민의 생명, 재산은 응당 양국 관리에 의해서 각자 보호"한다는 해석이 "실로 정정당당한 명설(名說)로서 국제상 참으로 정확한 해석"[274]이라고 이범윤의 간도 파견과 간도에서의 활동이 정당하다고 주장하였다. 또한 결론에서 토문강과 두만강이 별개의 강이라는 주장을 뒷받침하기 위하여 프랑스의 중국학자 뒤 알드의 『중국 서술』을 인용하여 "두만강은 한국 영토 안에 있고 양국의 국경선은 훨씬 그 북방에 있"다고 주장하였다.[275]

『청한국경문제연혁』은 중국의 두만강 경계론을 비판하면서도 백두산 지역을 '화외지'로 파악하고 있다. '화외지' 개념은 모리타 토시토(守田利遠)가 1906년에 편찬한 『만주지지(滿洲地誌)』에서 유래한 것으로써, 모리타는 화외구역을 "문명의 바깥에 있는 지역"으로 규정하고, '화외구역(化外區域)'이라는 별도의 장을 두어 '한변외(韓邊外)'와 '간도' 두 지역을 다루고 있다.[276] 간도파출소는 두만강 이북의 간도에 교두보를 구축해야 하는 입장이기에 중국의 두만강 경계론을 논박하는 것이 우선적 과제였고, 영토 주장의 근거가 확실하지 않다고 생각하는 간도는 청과 조선 양국과 무관하거나 적어도 논쟁의 여지가 있는 곳이 되어야 했다. 이러한 의도에서 간도파출소는 17세기 백두산 지역을 '화외지'로 파악하였고, 백두산정계비 건립은 두만강 이북의 영역이 논란거리가 되는 계기로 간주하였다.

2) 『간도 문제의 전말과 의견서』의 간도 문제 인식

『청한국경문제연혁』에서 출발하는 간도 문제의 역사에 대한 서술은 1908년 4월 통감에게 제출한 『간도 문제의 전말과 의견서』에서 더욱 체계적이고 정돈된 형태로 나타난다. 이 보고서는 간도파출소의 현지조사와 그간의 간도 교섭에서 제기된 양측의 주장에 기반해 있으며, 1907년 10월 외무성에 제출된 나이토 코난의 『간도문제조사서』에 대한 간도파출소의 견해를 담고 있다. 『간도 문제의 전말과 의견서』는 18세기 이전 한청 국경의 역사, 백두산정계비 건립, 1885년과 1887년 국경회담, 간도 문제와 변계선후장정 등 5개 부분을 중심으로 간도 문제의 역사를 서술하고 있다.[277]

18세기 이전 한청 국경의 역사에서 주목할 부분은 선춘령을 노야령산맥 중의 한 봉우리로 추정하여 고려의 영역이 동북으로 수분하(綏芬河), 서북으로 노야령산맥에 이르렀다고 본 점, 그리고 후금과 조선이 정묘화약(1627)을 맺고 "강역을 엄수하고 사적인 월경을 금단"함으로써 양국 사이에 '간광지대(間曠地帶)'가 출현하였다고 파악한 점이다.[278] 조선과 청 사이에 비어 있는 영역을 설정하고 그 영역의 성격을 '중립지대'로 파악하는 것은 나이토 코난의 간도 문제 보고서에서 유래한 것인데,[279] 이에 대한 근거로서 뒤 알드의 저서 『중국 서술』에 나오는 예수회 선교사 레지(Jean-Baptiste Regis)의 비망록 일부를 인용하고 있다. 즉 "봉황성의 동쪽에는 조선국의 서쪽 국경이 있고 … 장책(長柵)과 조선과의 국경 간에 무인지대를 두기로 의정하고 이 국경을 지도상에 점선으로 표시한 것"[280]이라는 레지의 설명을 통하여 두만강을 청한 양국의 천연의 국경이라고 주장하는 청의 견해를 비판하고 있다. 선춘령 위치가 명확하지 않고 토문에 대한 해석도 논란의 여지가 많았기 때문에, 레지의 무인지대에 대한 언급과 압록강과 두만강 이북에 국경이 있었다는 설명은 간도 문제를 풀어갈 단서로 주목되었고, '간광지대' 개념을 중심으로 간도 문제의 역사를 새롭게 구성하는 기반이 되었다.

  간광지대 개념이 등장하면서 백두산정계비는 청의 주장을 반박할 "유일한 증거물"[281]로 부각될 뿐 백두산정계비 건립의 과정이나 의미는 중요하게 다루어지지 않았다. 반면 백두산정계비 수립 이후 청에서 두만강 건너편에 촌락을 형성하거나 병력을 주둔시키는 사안에 대해서 조선의 항의로 이를 중단시킨 점, 월경한 범인을 양국에서 엄중하게 처벌하는 점, 간도에는 청의 지명을 붙이지 않은 점 등은 간광지대가 존재한다는 것과 백두산

정계비가 두만강을 경계로 하지 않았음을 입증하는 것이라고 보았다.

1880년대에 이루어진 두 차례의 국경회담과 국경회담 이후의 간도 문제에 대한 서술에서는 청의 두만강 경계론을 반박하는 한편, 국경회담을 거치면서도 경계문제가 해결되지 않았다는 점에 초점이 맞추어져 있다. 1887년 국경회담에서 이중하가 토문강을 버리고 홍토수를 주장한 것은 이중하 개인의 독단에서 나온 것이라고 보았으며, 홍토수와 석을수가 합류하는 곳 이하는 경계가 결정되었지만 그 이상은 결정되지 못한 상태에서 조선 국왕의 조회에 대한 청의 공윤(公允)이 이루어지지 않았기 때문에 국경회담은 "미결부조(未決不調)"로 끝났다고 파악하였다. 따라서 "광서 13년의 감계담판은 불성립(不成立)으로 마쳤기 때문에 청국은 홍단수가 두만강으로 합류하는 지점까지 운반해 온 비석을 세우지 못하고 중단하였고 또 해당 담판은 철두철미 청국의 위협과 협박 아래에서 진행"되었다고 결론지었다.[282] 이후 이범윤의 간도 파견에 대해서 청이 이범윤의 철퇴를 요구하는 동시에 관원을 파견하여 감계할 것을 요청한 것은 1887년의 감계가 성립되지 않았음을 입증하는 것이라고 보았고, 양국의 지방관이 체결한 변계선후장정의 중요성을 강조하면서 "청국은 종래 주장하여 왔던 도문강으로써 천연의 경계로 삼는다는 주장을 전부 방기하고 이전에 한국이 주장한 백두산정계비를 기초로 하여 경계를 정할 것"[283]을 성명하였다고 주장하였다.

보고서의 결론에서는 1887년 국경회담과 관련해서 조선 국왕이 부동의(不同意)를 통고하였고 청도 스스로 미결이라고 인정하였기 때문에 한청 간의 경계는 미정이며, 변계선후장정에서 정계비를 기초로 하여 다시 경계를 협정할 것을 약속하고 러일전쟁 이후로 경계 교섭이 연기된 상황을 한청 경계 교섭의 결말이라고 간주하였다. 마지막의 「의견」에서는 간도 문제 해결을 위해 취해야 할 조치로서 "① 우리 정부는 종래대로 의연히 백두산정계비를 기초로 하여 간도가 경계 미정지임을 주장할 것, ② 교섭 중 간도파출소로서 위엄을 손상치 않고 그 체면을 유지하며 간도에서의 한민 보호의 구역을 더욱 확장할 것"[284]을 제안하고 있다.

『간도 문제의 전말과 의견서』는 나이토의 『간도문제조사서』에 대한 비판을 담고 있는데, 나이토의 보고서가 외무성의 간도 교섭을 뒷받침하였다는 점에서 간도파출소가 제기하는 논점과 비판의 유효성을 검토할 필요가 있다. 나이토의 보고서에 대한 간도파출소의 비판은 ① 백두산정계비의 토문을 두만강이라고 단정한 점, ② 간도 지역 카룬(卡倫)의 위치, ③ 1882년 고종이 월간 유민의 쇄환을 요청한 자문 등에 대한 것이다.[285] 나이토는 백두산정계 시 무산에서의 월강 벌목에 대하여 김지남이 목극등에게 변소(辨疏)한 사실, 1880년대 국경회담 시 이중하의 「추후별단」 등을 근거로 백두산정계비의 토문을 두만강이라고 인정하는데, 이에 대하여 김지남의 변소가 두만강 밖의 간광지대로 월경한 한인으로 인한 것이기 때문에 토문을 두만강이라고 하는 것은 타당하지 않으며, 이중하의 「추후별단」에 나오는 목책의 흔적은 이중하의 수행원이던 지창한과의 면담을 통하여 의심스러운 것임이 확인되었다고 반박하였다. 나이토가 간도 지역 내에 카룬이 존재한다고 한 것에 대해서 지리상 험준한 지형 때문에 카룬은 노야령 밖 영고탑, 액목색, 혼춘의 평지에 설치되었을 것이라고 추정하였다. 또한 나이토가 고종이 월간 유민의 쇄환을 요청한 것과 그 후 토문강 이남과 두만강 이북을 한국의 영토라고 주장한 것이 모순된다고 한 것에 대해서는 약소한 조선으로서 완강한 청을 대하는 부득이한 방식이었기 때문에 양해해야 한다고 주장하였다. 간도파출소는 토문강을 두만강과 동일한 강으로 보는 청의 주장을 일관되게 비판하였기에 토문강을 두만강이라고 인정하는 나이토의 견해를 반박하였지만, 김지남의 변소에 대한 해석, 이중하의 「추후별단」에 대한 상황 설명, 카룬의 위치에 대한 추정 같은 부분은 자료의 단편적인 해석이나 자의적인 추론에 불과한 것이었다.

3) 『통감부임시간도파출소기요』의 간도 문제 인식

간도파출소에서 그간의 활동과 더불어 간도 문제의 역사에 대한 정리가 이루어지는 것은 간도협약 체결로 간도파출소가 철수한 직후이다. 1909년 11월 간도파출소에서는 『간도사진첩』을 간행하여 간도파출소의 활동을 소개한 데 이어, 1910년 3월 간도파출소 잔무정리소에서는 『통감부임시간도파출소기요』와 『간도 산업조사서』를 간행하여 그간의 활동을 정리하였다. 시노다가 편찬한『통감부임시간도파출소기요』에는 간도 문제의 내력(來歷), 간도 답사와 간도 경계문제에 대한 연구, 간도파출소의 개설에서 철수에 이르는 과정, 간도파출소의 주요 활동과 사업 등이 정리되어 있는데, 「간도 문제의 내력」에서는 발해에서 시작하여 일청 간도 교섭에 이르는 간도 문제의 역사를 압축적으로 서술하고 있다.

「간도 문제의 내력」에서는 '간광지대' 개념을 중심으로 간도 문제의 역사를 재구성하였다. 간추려 보자면, 통상 고려의 북방 경계로 삼는 윤관의 선춘령비는 공험진과 더불어 그 위치가 논란이 되기 때문에, 백두산정계비 건립 이전의 역사에서 가장 중요한 것은 간광지대의 출현이다. 1627년 정묘화약으로 압록강과 두만강 이북지역에 간광지대가 성립되었고, 이를 명기한 레지의 기록이 입증한다. 백두산정계비는 두만강이 한청 양국의 경계가 아니라는 점을 보여주는 것이며, 백두산정계비 건립 이후 19세기 전반까지 양국은 간광지대로의 월경을 금지하면서 간광지대를 유지하였다.

19세기 중반부터 청이 간광지대를 개방하고 개간에 나섬에 따라 양국 사이에 경계문제가 제기되었다. 1880년대에 열린 두 차례의 국경회담은 양국의 경계를 결정하기 위한 것이었지만 조선은 토문강 경계, 청은 두만강 경계를 주장함으로써 미결로 끝났다. 1887년 국경회담에서의 홍토수 경계는 청의 위협 속에서 이중하 개인의 독단에서 나온 것이지 정부의 견해가 아니었다.

이후 청에서 이범윤의 철퇴를 조건으로 재감계를 요청한 것, 변계선후장정으로 백두산정계비를 기초로 경계를 정할 것에 양국이 합의한 것 등은 국경회담이 미결된 것임을 입증하였으며, 간도파출소 설치를 계기로 러일전쟁으로 중단된 경계 교섭이 재개되었다.[286]

간광지대 개념을 중심으로 정리한 간도 문제의 역사는 1908년 4월에 제출한 『간도 문제의 전말과 의견서』와 많은 부분이 겹친다. 「간도 문제의 내력」이 이전에 제출한 보고서의 내용을 전제하거나 축약하는 방식으로 서술하였기 때문에 공험진과 선춘령에 대한 부분, 백두산정계비 건립을 서술하는 부분을 제외하고는 내용이 거의 동일하다. 차이가 나는 부분을 보자면, 『간도 문제의 전말과 의견서』는 선춘령의 위치를 노야령산맥 중의 한 봉우리로 비정하고 이에 따라 고려의 영역이 동북으로 수분하, 서북으로 노야령산맥에 이르렀다고 보았지만 「간도 문제의 내력」에서는 "선춘령과 공험령의 위치는 오늘날에 이르기까지 아직 명확하지 않다"[287]고 간략하게 서술하였다. 그리고 『간도 문제의 전말과 의견서』에서는 백두산정계비가 청의 주장을 반증하는 "유일한 증거물"이라는 점과 더불어 토문강이 두만강과 동일한 강이라고 말하는 여러 기록과 주장을 반박하였지만, 「간도 문제의 내력」에서는 이 부분을 생략하고 간도파출소의 현지 조사에서 확인한 정계비의 위치, 정계비 주변 지형, 토문강-송화강의 흐름을 서술하였다.[288]

이상에서 살펴본 것처럼 간도파출소는 간도 문제의 기원이

17세기 초에 출현한 간광지대에서 유래한다고 보았으며, 간도 교섭에서 백두산정계비의 토문이 두만강이 아니라는 점을 입증함으로써 간도에 대한 지배를 인정받고자 하였다. 그렇지만 간도 문제의 역사에서 간광지대가 중심이 됨으로써 백두산정계비는 '정계비'로서의 위상을 가지지 못하고 국경에 대한 논란을 야기한 부수적인 존재로 축소되고 말았다.

3 중립지대에 의한 간도 문제의 전유

1) '간황지대'에서 '간광지대'로

간도파출소의 보고서에 나오는 간광지대 개념은 나이토 코난의 간도 문제 보고서에서 인용, 가공한 것이기에, 간광지대의 기원을 탐색하기 위하여 나이토 코난의 보고서를 검토해 보기로 하자. 나이토는 1907년 10월 외무성에 제출한 제2차 『간도문제조사서』에서 청조의 발흥기를 육진(六鎭)시대에서 백두산 정계에 이르는 과도기로 파악하고 이 시기에 간황지(間荒地)가 '중립지대'로서 형성되었다고 보았다. 즉 "천총(天聰)·숭덕(崇德) 연간은 실로 육진시대로부터 강희 정계에 이르는 과도기로서 … 간황 즉 중립지대의 형성은 모두 청국이 그 지방 인민을 몰아내고 수용한 결과로서, 그 지방을 방임한 것은 청국의 영토라고 칭할 수 없"[289]다고 하여, 청 초기에 백두산과 두만강 일대의 여진 부락을 정복하고 부락민을 팔기(八旗)와 각지의 수비병으로 보낸 결과 두만강 일대가 간황지가 되었다고 보았다. 그리고 간황지를 '중립지대'로 개념화하여 청의 통치가 미치지 못했기 때문에 청의 영토에 속하지 않는다고 주장하였다. 백두산 정계 이후의 상황에 대해서 "강희 정계 이후에 명의상의 경계는 두만강에 두었지만 실제로 간황지(間荒地)에는 청국인의 거주, 개간이 허락되지 않고 이 때문에 조선으로부터 항의하여 훼철하는 예도 있음으로 간도 지방은 청국의 통치가 전혀 미치지 않"[290]았다고 보아 백두산정계비 건립 이후에도 두만강 이북의 간황지, 즉 중립지대가 존속한 것으로 파악하였다.

이렇게 청조 발흥기에 중립지대로서 간황지가 형성되었음을 서술한 나이토는 간황지의 존재를 입증하는 근거로서 뒤 알드의 책에 수록된 지도를 들고 있다. 그는 병자호란에 패배한 조선이 청에 항복하고 책봉을 받은 사실을 서술하고 나서, 뒤 알드의 『중국 서술』에 수록된 레지의 지도와 설명을 소개하였다.

이때 반드시 있어야 할 감계획정의 문제에 관해서는 청조의 서류에 하나의 증거도 없다. 그러나 프랑스인 뒤 알드의『중국 서술(Description de la Chine)』중에는 두만강 바깥에 녹둔도를 포괄하고 흑산산맥에서부터 보포산(寶髱山)에 이르고, 압록강 상류로 들어가는 두도구로부터 십이도구에 이르는 여러 물줄기와 송화강의 서쪽 큰 수원의 여러 물줄기와의 분수령인 장백산의 지맥으로부터 동가강(佟家江) 본류의 약간 서쪽을 거쳐 크고 작은 고하(鼓河)의 수원으로부터 압록강과 봉황성의 중간에 이르는 선을 지도상에 긋고 이에 관한 설명으로, "봉황성의 동쪽에는 조선국의 서쪽의 분계표(分界標)가 있다. 대개 만주는 지나(支那)를 공격하기에 앞서 조선과 싸워 이를 정복하였는데, 그때 장책(長柵)과 조선의 국경과의 사이에 무인의 지대를 둘 것을 의정(議定)하였다. 이 국경은 지도상에 점선으로 표시되어 있다"고 하였다.

이 기술은 강희 48년(1709)에 청 성조(聖祖)의 명을 받들어 청한의 국경 실측에 종사했던 서양인 레지의 비망록으로부터 인용한 것으로, 결코 근거 없는 것이 아니다. 즉 조선의 북계로서 양국에 인정된 것은 모두 지금의 두만강·압록강 바깥의 땅에 있고 간황지대(間荒地帶)는 또 그 바깥에 존재했음을 알 수 있다.[291]

뒤 알드가 1735년 파리에서 편찬한 『중국 서술』은 18세기 유럽의 중국학을 대표하는 저서로서, 27명의 예수회 선교사들이 보낸 원고들을 바탕으로 편찬된 것이다.[292] 이 책의 제4권에는 당시 '타타르(tartarie)'로 불리던 만주, 몽골, 조선, 시베리아, 티베트의 지리와 역사에 대한 글들이 수록되어 있는데, 레지의 조선에 대한 보고서 2편 —「조선 왕조의 지리적 고찰」,「조선의 간추린 역사」— 과 더불어「조선왕국도(Royaume de Coree)」가 수록되어 있다.

나이토가 묘사하고 있는 지도는 『중국 서술』 제4권에서 레지의 조선에 대한 보고서 앞 부분에 수록되어 있는「조선왕국도」인데, 이 지도는 레지가 만든 조선 지도를 바탕으로 프랑스 지리학자이자 지도제작자인 당빌(Jean-Baptiste Bourguignon d'Anville)이 제작한 것이다. 레지의 조선 지도는 『황여전람도』

제작 과정의 부산물로서, 1709~1710년에 예수회 선교사 자르투(Pierre Jartoux), 프리델리(Erhernberg Xavier Fridelli) 등과 함께 했던 만주 및 조청 국경지역 측량을 기반으로 하고, 목극등을 수행했던 수학자 하국주(何國柱)의 봉황성-한성 경로 측량, 목극등이 조선 정부로부터 받은 조선 지도 등을 참조하여 제작한 것이다.293 「조선왕국도」에서 나이토가 설명하는 것은 유조변과 압록강 사이에 표시된 점선인데, 압록강 하구 왼편에서 시작하여 백두산 인근을 거쳐 두만강 하구에 이르는 점선의 궤적이 압록강과 두만강의 위쪽을 지난다는 점에 주목하고 있다.

「조선왕국도」에 대한 설명에 이어 나이토가 인용하고 있는 레지의 '비망록'은 『중국 서술』 제4권에 나오는 레지의 보고서인 「조선 왕조의 지리적 고찰」을 말한다. 나이토는 「조선 왕조의 지리적 고찰」에서 일부를 발췌하여 인용하였는데, 나이토가 발췌한 대목은 다음과 같다.

우리는 직접적인 관찰에 의해서 이곳(조청 국경-필자)은 북위 40도 30분 20초이고 동경 7도 42분이라는 것을 알아냈다. <u>이곳의 동쪽은 현재 왕조가 지배하는 한국의 서쪽 국경이다. 만주족은 한국인들과 전쟁을 벌여 그들이 중국을 공격하기 전에 그들을 복속시켰고, 목책과 한국의 국경 사이에 사람이 거주하지 않는 공간을 남겨두는데 동의하였다. 그 국경은 지도에 점선으로 표기되어 있다.</u>(밑줄 부분은 나이토가 레지 보고서에서 인용한 부분)294

나이토가 레지의 서술에서 주목한 부분은 조선의 국경선으로 표시된 점선이 압록강과 두만강의 위쪽에 있고 조선의 국경과 유조변 사이에 "사람이 거주하지 않는 공간"을 두었다는 점이다. 그는 레지의 보고서에 나오는 "사람이 거주하지 않는 공간"을 "무인지대"로 번역하고, 이 영역을 '간황지대(間荒地帶)' 또는 '공광지대(空曠地帶)'로 지칭하였다. 나이토가 더 나아간 지점은 "사람이 거주하지 않는 공간"이라는 설명을 '중립지대'로 개념화한 것이다. 그는 두만강 이북의 빈 공간을 청이 방임하였고 청인의 거주, 개간을 금했기 때문에 청의 영토라고 할 수 없다고 주장하고, 이 공간을 청의 지배도 조선의 지배도 미치지 않는 '중립지대'로 간주하였다.

간도파출소의 간도 문제 인식의 중심에는 '간광지대' 개념이 있다. 간도 문제의 기원이 되는 것은 17세기 초에 출현하여 200여 년 동안 유지된 간광지대이고, 19세기 중반 청이 간광지대를 개방하면서 한청 간의 경계문제가 대두하였다는 것이다. 이러한 논리는 간도 문제의 기원을 설명하는 것이면서 동시에 간도 문제에 개입하고 있는 일본의 입장을 정당화하는 것이기도 하다.

간도파출소가 제기하는 '간광지대'는 나이토의 '간황지대' 또는 '공광지대'에서 가져온 것이고, 레지의 「조선왕국도」에 대한 설명을 근거로 간광지대를 '중립지대'로 간주하는 것도 마찬가지이다. 『간도 문제의 전말과 의견서』와 『통감부임시간도파출소기요』에서는 중립지대의 출현에 대한 나이토의 서술을 축약

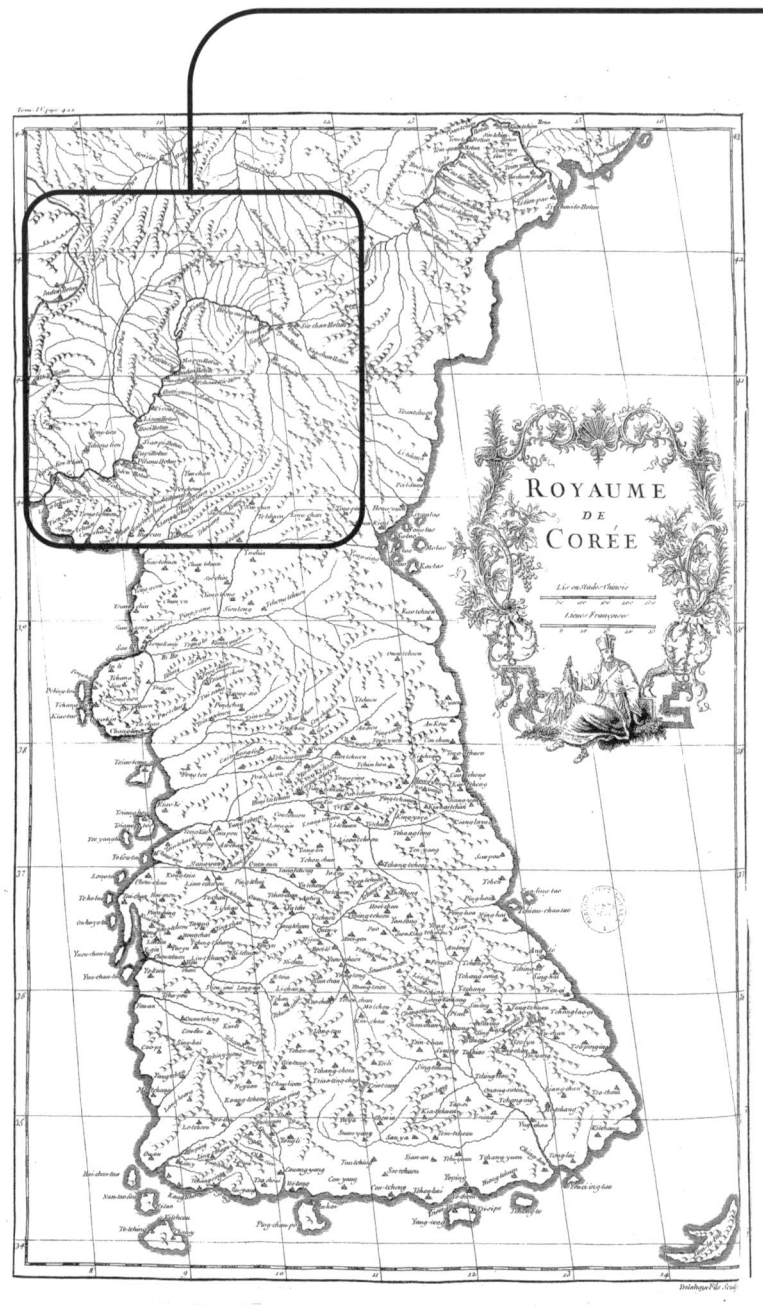

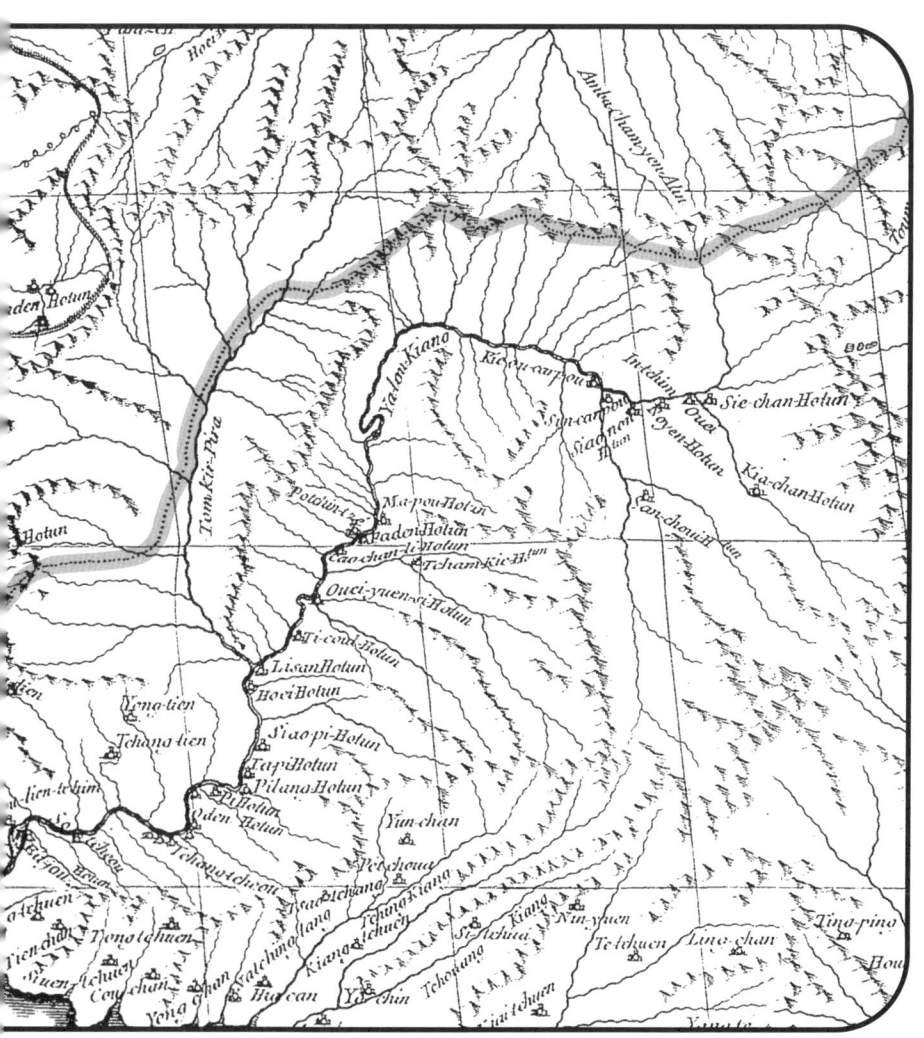

당빌, 「조선왕국도」

Du Halde, Jean-Baptiste, *Description geographique, historique, chronologique, politique et phisique de l'Empire de la Chine et de la Tartarie Chinoise*, volume 4, 1735
(gallica.bnf.fr/ark:/12148/bpt6k56995399/f474.item)

나이토 코난의 『중국 서술』 발췌 부분

「佛文淸韓境界圖附說」, 0215(B03041213000)

하고 「조선왕국도」의 조선 국경에 대한 설명을 그대로 옮기면서 '간황지대'를 '간광지대'로 용어만 바꾸어 놓았을 뿐이다. 간도파출소 보고서가 나이토의 보고서와 달라지는 곳은 간광지대의 출현을 정묘화약에서 찾았다는 점이다. 『간도 문제의 전말과 의견서』에서는 조선 국왕의 조서와 레지의 기록을 들어 정묘화약으로 간광지대에 대한 협정을 맺었다고 주장하였다.

그 화약 중에는 양국이 각기 봉강(封疆)을 지킨다는 말은 있었던 것 같지만 인민의 사사로운 월경을 금한다는 명약(明約)이 있는지 아닌지 상세하지 않다. 그러나 천총(天聰) 2년(1628) 5월 조선 국왕의 조서에 "강역을 엄수하고 사사로운 월경을 금단한다는 등의 말에 이르러서는 내의(來意)는 지극히 옳다. 마땅히 충분히 신명(申明)하여 밀리는 일이 없도록 한다"하였다.
또한 프랑스인 레지의 기록 중에 태조가 서남 원정을 기도할 때에 조선과 화약하고 간광지대를 협정하였다고 명기하였음을 본다면 그 지역이 명료하지는 않아도 당시 간광지대가 존재하는 것은 의심할 여지가 없다.[295]

나이토는 청 태종 때 두만강 이북에 간황지가 형성되는 상황을 서술하는 데 중점을 두었지만, 간도파출소의 보고서는 정묘화약 시 체결한 협정으로 간광지대, 즉 중립지대가 성립하였다고 단정하고 있다.

2) '간광지대'에서 '무주지'로

당시 간도파출소의 총무과장으로 역사적, 국제법적 측면에서 간도 문제의 해결책을 고심하고 있었던 시노다 지사쿠는 나이토의 중립지대 개념에서 간도 문제에 개입할 근거를 찾았다. 그는 17세기 이래 간도 지역이 청의 영토도 아니고 조선의 영토도 아닌 중립지대였다는 나이토의 주장에서 '무주지(無主地)'라는 국제법의 용어를 떠올렸고, 간도 문제의 역사를 중립지대 개념을 중심에 놓고 바라보았다.

통상 무주지로 번역되는 'terra nullius'는 누구에게도 속하지 않는 땅이라는 의미로, 국제법에서 어떤 국가의 주권도 미치지 않는 땅을 말한다. 19세기 국제법에 따르면 한 국가가 영토를 추가로 획득할 수 있는 법적 근거로는 선점, 정복, 할양 등이 있는데, 당시 국제법상 유효한 선점의 요건으로 무주지, 영유의 의사, 실효적 지배를 들고 있다. 이때 무주지는 사람의 거주 여부와 무관하게 "문명국 또는 반문명국에 의하여 전유되지 않은 토지"여야 한다고 보았다.[296] 이러한 무주지 선점 논리는 유럽의 식민 세력이 원주민의 토지를 차지하는데 널리 활용되었다. 일본도 메이지유신 이후 홋카이도와 대만을 식민화하는 과정에서 아이누족과 대만 원주민을 축출하기 위하여 홋카이도와 대만을 무주지로 규정한 적이 있었다.[297] 이처럼 유럽과 일본의 제국주의 팽창을 정당화하는데 활용되었던 무주지 선점 논리는 시노다에 의해서 간도 지역에 적용되었다.

시노다는 간도파출소의 보고서에서 정묘화약으로 간광지대가 성립했다고 단정함으로써 중립지대 성립의 법적 근거를 명확히 했을 뿐만 아니라 중립지대가 '무주지'라고 간주하였다. 간도파출소 당시의 글은 아니지만 1930년에 간도파출소 시절을 회고하는 글에서 시노다는 중립지대의 성립을 무주지의 성립의 기반으로 간주하고 있다.

병자, 정묘의 양 전쟁을 일으켜 조선을 굴복시키고 조선과의 사이에 간광지대를 설치하였다. 즉 천총의 화약 시 조선의 서문(誓文) 중에 '각전봉강(各全封疆)'이라는 말이 있다. 그 봉강이라는 말이 아주 막연하지만 두만강과 압록강을 넘어 조선으로부터 진출하지 않겠다는 것을 맹세한 것이 분명하고, 만주 측도 이 양강의 북방 일대를 무인의 땅으로 하여 포기하고 자국에서도 또한 인민의 거주를 금하였다. 이렇게 하여 이 지방이 무주·무인(無主無人)의 중립지대로 되었던 것이다. … 광서 초년에 이르러 청국도 이 간광지대의 개간에 착수하고 한국은 이미 그 수년 전부터 지방관이 지권(地券)을 발급하여 공공연하게 개간을 허락하였기 때문에 그때로부터 중립의 성질을 잃어버렸다. 즉 양국 모두 이백 년 이래 존중하여 왔던 중립지대를 이루는 의사를 포기한 것이다. 이로써 종래 무주·무인의 중립지대인 간도가 중립의 성질과 무인의 상태를 잃어버리고 단지 무주의 토지로 남았던 것이다 … 통감부파출소 개설 당시 간도의 성질은 이미 중립성을 잃고 무인의 상태를 잃고 단지 양국의 어디에도 속하지 않는 토지로서 존재하였던 것이다.[298]

그는 1880년대 이래 간도 지역의 개간이 시작되면서 중립지 대로서의 성질을 잃었지만 여전히 무주지로 존재하였다고 주장 함으로써 간도파출소의 간도 지배를 영유권 확보를 위한 법적 근거로 만들고자 하였다.

나이토에서 시노다로 이어지는 '중립지대' 인식은 일본에서 러일전쟁 이전부터 만주에 관해 생산되던 다양한 정보와 지식 으로부터 생겨난 것이었다. 1901년에 결성된 흑룡회는 러시아 의 남진에 대비하여 "시베리아 및 만주, 조선에서 제반 사물을 탐구, 해석"할 목적에서 만주와 시베리아에 대한 현지조사를 수 행하고 조사보고서 및 기관지 『흑룡(黑龍)』을 발간하였다.[299] 지 질학자 고토 분지로는 1904년 일본역사지리학회에서 발간하는 『역사지리』에 게재한 글에서 간도 지역과 백두산 서쪽의 압록강 유역을 '중립지역'으로 지칭하였다.[300] 그는 분계강인 해란하(海 蘭河)와 두만강 사이의 영역을 '간도'라고 지칭하고 간도 명칭이 양국이 침략하지 못하는 구역이라는 의미에서 유래한 것이라고 주장하였다.[301] 이처럼 '중립지대' 개념은 모리타의 '화외구역' 개 념과 더불어 러일전쟁을 전후하여 일본에서 생산되던 만주에 대 한 식민주의 담론에서 유래하였다.

제5장

조선총독부의
압록강-두만강 지역 조사와
경계 인식

1 조선총독부의 압록강-두만강 지역 조사

강점과 더불어 식민지 조선을 관할하는 통치기구로 수립된 조선총독부는 압록강과 두만강을 경계로 중국, 러시아와 국경을 접하게 되었고, 압록강-두만강 국경지역을 관리하는 담당자가 되었다. 그렇지만 근대적인 국경조약을 통한 국경 획정이 이루어지지 않았기에 압록강과 두만강은 '국경선 없는 국경'으로 남아 있었다. 두만강은 1909년 간도협약을 체결함으로써 한국과 청 사이의 국경이 되었지만 대략적인 경계만 명시되었을 뿐 국경선은 획정되지 않았다. 두만강 하구는 1860년 북경조약으로 국경선이 획정되고 조선과 러시아가 국경을 접하게 되었지만 실질적으로 국경을 접하고 있는 조선과 러시아 간에는 국경조약이 체결되지 않았다. 압록강도 조선과 청 사이의 국경이라고 인정되어 왔지만 근대적인 국경조약이 체결되지 않았기에 두만강과 마찬가지로 '국경선 없는 국경'에 불과하였다.

강점 직후 두만강을 건너 간도로 이주하는 조선인이 이어졌기 때문에 국경 관리를 담당한 조선총독부는 두만강 국경에 대한 단속이 필요하게 되었다. 또한 1911년에 압록강 철교가 완공되어 경의철도와 안봉철도가 연계됨에 따라 국경을 통제하기 위한 압록강 국경의 획정이 요청되었고, 같은 시기에 러시아에서 두만강 하구의 어업권에 대한 협정 체결을 제안함에 따라 두만강 하류의 국경 획정이 현안으로 대두되었다. 이처럼 강점 직후부터 '국경선 없는 국경'으로 존재하고 있었던 압록강-두만강의 국경문제가 식민당국의 현안으로 부상하였고, 이러한 상황에 직면한 총독부는 압록강-두만강 지역에 대한 현지조사에 착수하였다.

1) 도서·사주 조사

1911년 3월 조선총독부 외사국(外事局)에서는 압록강 하구의 수로와 사주에 대한 조사에 착수하였다. 압록강 하구는 조수간만의 차이, 주기적인 결빙과 해빙, 홍수로 인한 강안의 침식과 퇴적으로 인하여 수로와 사주의 변동이 잦기 때문에 선박 항행의 안전을 위해서 수로의 변화에 유의할 필요가 있었다. 항로표식관리소 용암포감시소에서는 해빙에 따른 압록강 수로의 변화, 선박 통행 가능 시기, 수로의 탐측표식 설치 등에 대해서 외사국장에게 보고하였다.[302] 특히 유초평(有草坪), 황초평(黃草坪), 신택평(新澤坪) 등 압록강 하구의 사주에서 압록강 본류의 흐름이 어떻게 변화하는지 보고하였는데, 황초평과 관련하여 "1892년 경까지는 황초평의 대안 조선 측에 경동(鯨洞)이라고 부르는 부락이 있어서 중주(中洲)와 접근하여 강의 본류는 중주의 서쪽에 있었지만 경동의 땅이 본류 때문에 궤패침식(潰敗侵蝕)됨과 동시에 수도(水道)는 중주의 동쪽으로 옮겨져서 지금과 같"303은 상태가 되었다고 파악하였다. 이처럼 압록강 하구의 사주를 지나는 압록강 수로의 변화에 주목하는 것은 통감부시기 이래 논란이 되어 온 사주의 귀속문제가 가로놓여 있기 때문이었다.

압록강 하구의 수로와 사주에 대한 조사는 압록강, 두만강에 존재하는 도서와 사주 전반에 대한 조사로 확대되었다. 1911년 4월 외사국에서는 압록강과 두만강에 있는 도서와 사주와 관련하여 "이들 도서와 사주의 소속에 관해서는 고래 법령 또는 조약 중에 하등의 명기도 없고 오직 관행상 한국의 영역이라고 인정되는 것에 불과"304하기 때문에 통감부 이래의 문헌조사와 현지 시찰을 거쳐 국경지역의 도서와 사주에 대한 조사보고서를 제출하였다.305 외사국의 조사보고서인『국경부근 도서사주에 관한 조사』에서는 ① 청 국경 압록강 하류의 도서 및 사주, ② 청 국경 두만강 하구의 사주, ③ 러시아 국경 두만강 중의 사주로 나누어 압록강 하류에 있는 "인민이 거주하거나 이용할 수 있는" 4개의 도서 및 사주[신도열도(薪島列島), 신택평, 황초평, 유초평], 청 국경 두만강에 있는 "인민이 거주하고 소속문제가 제기될 수 있는" 고이도(古珥島) 및 유다도(有多島) 부근의 사주, 러시아 국경인 두만강 하구에 있는 사주에 대하여 지리적 조건, 현황, 거주

및 경작의 연혁을 서술하였다.[306]

압록강 하류의 도서와 사주는 귀속문제가 논란이 되고 있는 신택평과 황초평의 연혁이 상세하게 서술되었다. 신택평은 약 40년 전 이신척(李信倜)이 군수로부터 어장 경영을 허가받은 것부터 1910년 귀속문제를 둘러싼 안동도대(安東道臺)와 재안동 일본영사관의 논란에 이르기까지의 경과를 서술하고 있으며, 황초평은 논란이 되고 있는 대황초평을 중심으로 1896년 청인 합자자(合資者)가 동변도대로부터 갈대 농사를 허가받은 것부터 1908년 청인 합자자가 평안북도관찰사로부터 10년간의 갈대 채취 허가를 받고 납세하기까지의 경과를 서술하고 있다. 고이도와 유다도의 사주는 아직 귀속문제가 제기되지 않은 상태였고, 두만강 하구의 사주에서는 1910년에 러시아 관헌이 와서 일본인과 조선인의 어선과 어구를 압수하고 러시아 영토에서 어업을 금지한다고 명령함으로써 귀속문제가 제기되는 경과를 서술하였다.

외사국에서는 이듬해 압록강에 존재하는 도서와 사주 전체에 대한 파악에 나섰다. 1912년 3월 의주헌병대에서는 압록강에 있는 도서를 조사한 '압록강상 도서 조사표'를 외사국에 보고하였는데, 이 조사표에는 압록강 중류의 중강진 인근의 박제도(朴濟島)에서 압록강 하구의 대황초평·소황초평에 이르는 34개의 도서와 사주의 현황이 정리되어 있다.[307] 조사표에는 34개 도서 및 사주의 위치, 거주민, 영토권, 면적 및 경작면적, 경작물, 일년 수확량, 도서의 성립 등의 사항에 대한 조사 결과가 수록되어

압록강 유역 내 도서 약도

「鴨綠江流域內島嶼略圖」, 1922.1~7,
0046-0052(B03041227800)

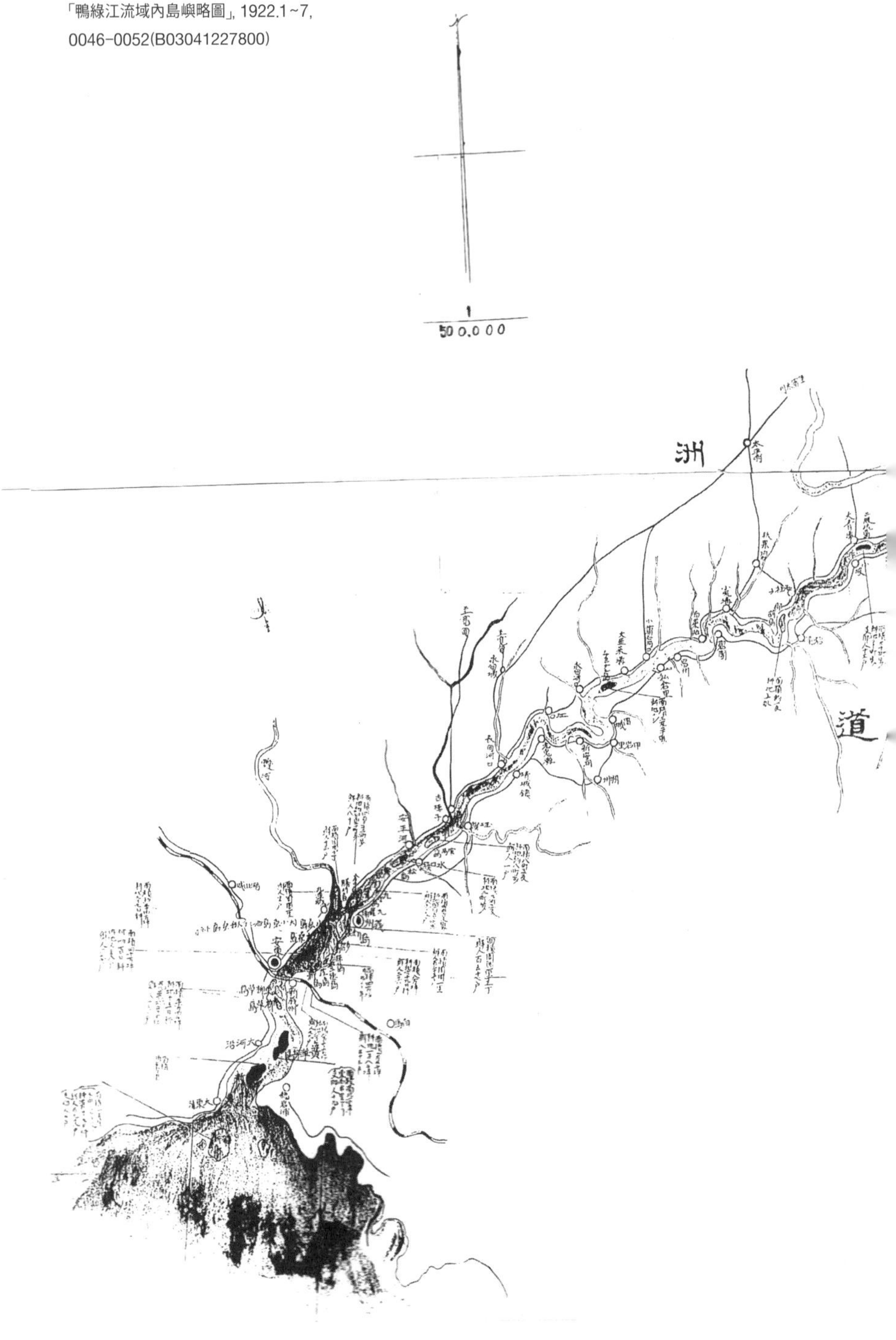

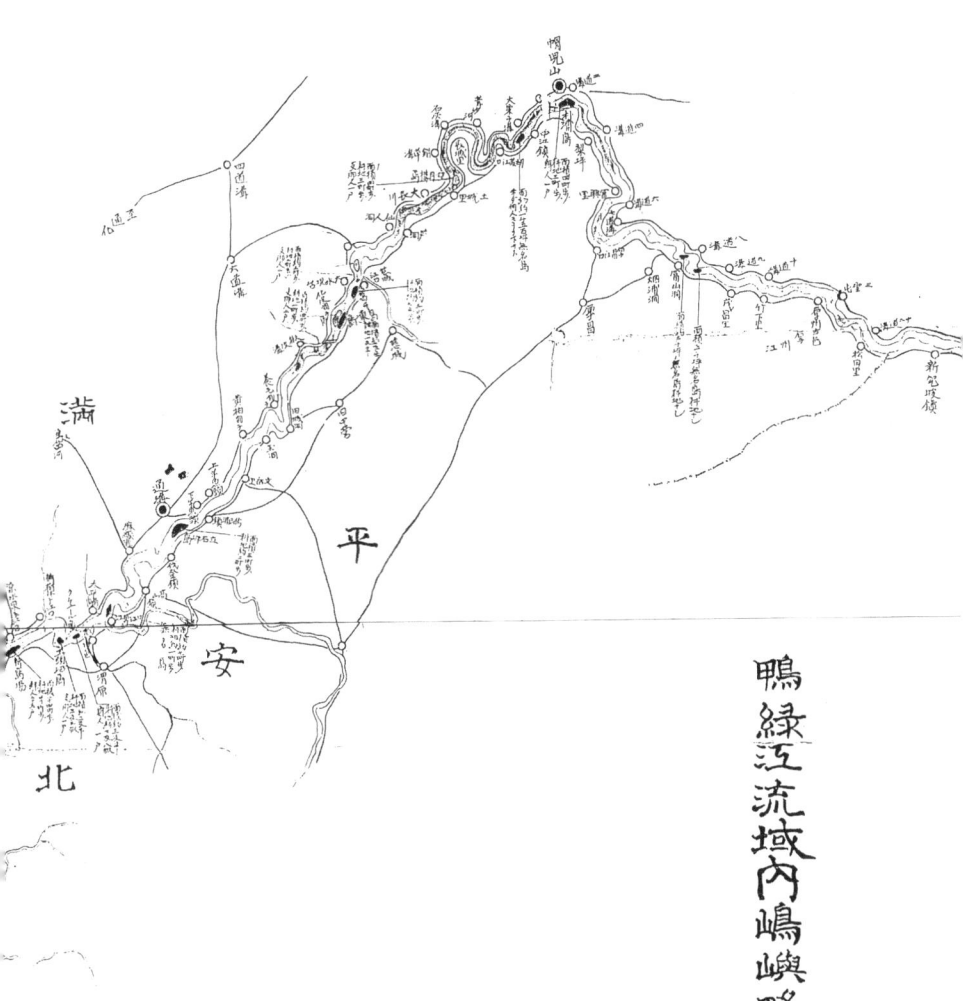

있다. 영토권 항목에서 일본에 귀속된 것이 25개소, 청에 귀속된 것이 7개소, 귀속 불명이 2개소(신택평, 소황초평)이고, 도서의 성립 항목에는 도서 및 사주 형성의 시기와 원인을 비롯하여 지리적 특징, 거주 및 경작의 연혁 등이 기재되어 있다.

'압록강상 도서 조사표'에는 지도가 첨부되어 있지 않지만, 1920년대 들어 일본이 중국 측과 국경획정문제를 협의하는 과정에서 참조한 지도가 당시에 작성된 지도로 보인다. 1922년 9월 재안동 일본영사관에서는 예전에 경무총감부에서 작성한 압록강의 도서·사주에 대한 도면을 외무성으로 송부하는데, 이때 「압록강 유역 내 도서 약도(鴨綠江流域內島嶼略圖)」를 첨부하였다.[308] 약도에는 압록강 상류의 신갈파진에서 압록강 하구의 신도에 이르는 압록강의 본류와 지류, 압록강 연안의 대소 도시와 도로망, 압록강에 존재하는 도서 및 사주의 위치와 현황이 기재되어 있다. 또한 각각의 도서와 사주에는 일본 영토, 중국 영토, 영토권 미확정이라는 범례에 따른 귀속이 표시되어 있다.[309] 이 약도에 표시된 도서·사주의 거주민, 면적 및 경작 면적 현황이 1912년 의주헌병대에서 보고한 '압록강상 도서 조사표'의 현황과 일치하는 것으로 보아 약도는 1912년에 압록강의 도서와 사주를 조사할 당시에 작성된 것임을 알 수 있다.

2) 압록강-두만강 대안지역 조사

강점 이후 조선총독부는 압록강-두만강 대안지역에 대한 동향과 대안지역으로 이주한 조선인의 현황에 대한 조사를 주기적으로 시행하였다. 국경지역에 대한 경계와 관리라는 차원에서 국경지역의 동향을 파악하고 압록강-두만강의 통행을 단속하는 한편, 압록강-두만강을 건너 대안지역으로 이주하는 조선인의 현황을 조사하였다. 압록강-두만강 대안지역에 거주하는 조선인은 강제병합으로 인하여 제국의 보호를 필요로 하는 '제국의 신민'이 되었지만 상황에 따라서는 제국에 저항하는 '항일의 주체'이기도 하였기 때문에 조사의 대상이 되었다.

압록강-두만강 대안지역에 대한 동향조사는 국경지역의 헌병대, 안동영사관, 간도영사관 등의 기관을 통하여 이루어졌다. 정무총감은 압록강-두만강 연안의 국경 사정을 매월 조사할 것을 경무총장에게 요청하였고,[310] 국경지역 헌병대를 통하여 압록강과 두만강 대안지역 상황 보고가 이루어졌다. 압록강 대안 상황, 두만강 대안 상황에 대한 보고와 더불어 구역별로 대안 상황에 대한 보고가 주기적으로 행해졌다.[311] 상황 보고 중에서 조선인 이주 상황이 주요한 항목으로 취급되었으며, 조선인 이주에 대한 보고가 별도로 이루어졌다. 국경지역 헌병대에서는 압록강과 두만강 대안지역으로 이주한 조선인 현황을 보고하였다.[312] 재간도 총영사관에서는 간도로 이주한 조선인 통계를 주기적으로 외사국에 보고하였으며,[313] 안동경무서에서도 조선인의 서간도 이주 상황을 보고하였다.[314] 그 밖에도 의주헌병대에 의하여 압록강 대안지역으로 이주한 조선인에 대한 생활상태조사 등이 이루어졌다.[315]

각종 동향 및 현황 보고를 보완하기 위하여 압록강-두만강 대안지역에 대한 시찰이 시행되었다. 경성(鏡城)헌병대에서는 1912년 3월 무산분대장이 간도 지역을 시찰하고 간도 상황을 보고하였으며,[316] 의주헌병대에서는 1912년 4월에서 5월까지 압록강 대안의 집안현, 회인현을 시찰하고 지역 상황을 보고하였다.[317] 경성헌병대의 간도 시찰 보고는 일반 상황, 주민 현황, 경지 및 물산, 기후 및 풍토, 교통, 종교 및 교육 상황, 청국 관헌 및 행정 상태, 징세 현황, 조선인 이주 현황, 조선인의 생활상태, 일본인의 생활상태, 청국인과 조선인의 관계, 중국혁명의 영향 등 지역 상황과 국경 동향 전반에 걸친 내용을 조사, 수록하고 있다. 혼춘 일본영사관에서는 부영사 오가 카메키치(大賀龜吉)가 1911년 8월 31일부터 9월 9일까지 청국령 및 조선 측 두만강 하구지역[흑정자(黑頂子), 오가자(五家子), 서수라(西水羅), 웅기]을 시찰하고 외무대신에게 조사복명서를 제출하였고, 9월 24일부터 29일까지 러시아령 두만강 하구지역[포시예트(浦塩), 체르카스카야, 크라스키노(煙秋)]을 둘러보고 상황보고서를 제출하였다. 오가의 두만강 하구 조사복명서는 두만강 하구 연안의 지세 및 도읍의 일반 상황, 수류(水流)의 상태, 어업의 상황 및 어업에 관한 일러 관계, 도서의 상황 및 소속에 관한 양국의 감상, 선박 항행 상황 및 양국의 쟁의, 양국의 국경에 관한 양국인의 감

상 및 이해 등을 담고 있다.[318]

조선총독부에서는 1914년 8월부터 10월까지 약 2개월간에 걸쳐 압록강과 두만강 대안지역을 시찰하고, 그 결과를 『국경지방시찰복명서』로 간행하였다.[319] 조선총독부의 시찰복명서는 실지조사의 내용이 담긴 시찰보고서의 전형으로서, 1910년대 전반 압록강-두만강 대안지역의 전반적인 상황을 보여주고 있다. 시찰복명서는 전반부에 일반 상황을 서술하고 지방통치(행정, 사법, 조세, 경비), 종교·교육 및 위생, 산업, 금융, 도량형, 교통 및 통신 같은 지역조사의 통상적인 항목을 서술하고, 후반부에 이주 조선인 상황, 국경연선에서의 견문, 두만강 연안의 월경경작, 두만강 연안의 국경경찰 같은 국경지역의 동향을 서술하고 있다. 각 항목은 압록강 대안지방, 두만강 연안지방, 동간도 및 혼춘의 세 부분으로 나누어 서술하고 있는데, 이는 세 개의 시찰반이 각기 조사한 지역을 서술하였기 때문이다.[320]

시찰이 이루어진 경위에 대해서 "양강을 파도(擺渡)하여 국외에 이주경작하는 자가 배로 늘어 현재 이미 삼십 만을 초과하는 추세이고, 피아(彼我)의 인민이 서로 혼유(混糅)하여 거주경작하기 때문에 각종 계쟁(繫爭)이 발생하고 왕왕 국교를 해칠 우려가 있"[321]기 때문이라고 제시하는 점에서 시찰의 목적이 국경지역의 동향 파악이라는 통상적인 목적과 더불어 이주 조선인의 상황 파악이 목적임을 알 수 있다. 이에 따라 시찰복명서의 내용도 이주 조선인의 생활 조건을 중점적으로 서술하고 있으며, 이주 조선인의 상태와 동향 서술에 많은 분량을 할애하였다. 조선

인 이주자의 대부분은 생활난이나 가족, 친지의 권유로 이주하
게 되었고, 경작 조건도 좋고 생활이 나아지기는 했지만 관헌들
의 가렴주구로 어려움이 있다고 보았다. 특히 이주 조선인의 동
향과 관련하여 "그 대다수는 소위 취생몽사(醉生夢死)의 민(民)
이고 이들 중 겨우 소수만이 일본을 원오(怨惡)하거나 중국에 심
복하는 자 있음에 그친다. 그리고 배일사상을 가지는 자라고 해
도 일정부동(一定不動)의 주의(主義)를 가지고 그 목적을 수행하
는 것 같지 않으며, 말하자면 일종의 호구수단(糊口手段)"[322]이라
고 파악하였다. 국경지역의 상황과 관련하여 압록강 연안의 상
황이 소략한 반면, 두만강 연안에 대한 도선(渡船), 월경경작, 월
경범죄 등의 상황은 상세하다. 이는 함경도에서 북간도로 이주
하는 조선인이 많고 이에 따라 "도문강(圖們江) 연안의 교통이
전기(前記)와 같이 용이하고 또 비교적 완비되어서 양안의 관계
가 지극히 밀접하여 도문강은 거의 국경이라고 보지 않"[323]았기
때문이라고 보았다.

3) 삼림자원 및 수력자원 조사

삼림자원조사

1910년대 압록강과 두만강 유역의 울창한 산림은 조선총독부
영림창(營林廠)과 일청(중) 합동경영의 '압록강채목공사(鴨綠江
採木公司)'에서 관할하였다. 압록강 대안의 삼림은 '만주에 관한

일청조약'에 의하여 1908년에 일청 공동출자로 압록강채목공사가 설립되었고, 압록강 연안으로부터 60청리(淸里) 구간의 삼림에 대하여 향후 25년간 독점적 채벌권을 가지게 되었다.[324] 압록강과 두만강 유역의 삼림은 통감부 영림창(營林廠, 1907)과 서북영림창(西北營林廠, 1907)에서 관할하다가 강점 이후 조선총독부 영림창으로 인계되었다. 조선총독부 영림창은 신의주에 있는 영림창 산하에 혜산진지창 및 신갈파진파출소, 중강진출장소, 고산진출장소 및 강계파출소, 삭주출장소, 구룡포출장소, 용암포파출소, 회령출장소를 두어 압록강과 두만강의 삼림을 관리하였다.[325]

영림창은 압록강과 두만강 유역에 걸치는 220만 정보(압록강 175만 정보, 두만강 45만 정보)의 국유림을 관할하였다. 통감부는 1908년 「산림법」을 통하여 신고하지 않은 산림을 국유림으로 확보한 이래, "전국의 관민유(官民有) 임야의 배치 및 임상(林相)의 개요를 파악"(임적조사내규 제1조)하기 위하여 1910년에 '임적조사사업(林籍調査事業)'을 시행하였다. 5개월간의 임적조사를 통하여 평안북도와 함경남북도에 있는 450만 정보의 국유임야를 비롯하여 총 830만 정보의 국유임야가 파악되었고, 임야와 임상의 분포를 보여주는 '조선임야분포도'가 작성되었다. 그리고 이를 바탕으로 압록강-두만강 유역의 우량한 산림을 보존을 요하는 국유림으로 지정하고 정책적으로 활용하는 방안이 제시되었다.[326] 임적조사는 산림정책 수립을 위한 개략적인 조사여서 국유와 민유의 구분이 분명하지 않고 소유권이 확정되지 않았기 때문에, 조선총독부는 국유림과 사유림의 경계를 명확하게 구분하고 국유림의 효율적인 이용을 위하여 보존 여부에 따라 국유림을 구분하는 조사에 착수하였다.

'국유림구분조사사업(1911~1924)'은 국유림 경영 또는 군사, 학술, 보안 등의 이유로 보존을 요하는 국유림[요존예정임야(要存豫定林野)]과 이에 해당하지 않는 국유림[불요존임야(不要存林野)]을 조사하여 국유임야를 관리, 경영하기 위한 기반을 마련하고 불요존임야는 민간에게 개방할 목적으로 시행되었다.[327] 영림창이 관할하는 삼림 220만 정보는 전체가 보존을 요하는 국유림으로 구분되어 1913년부터 구분조사가 이루어졌다. 영림창의 구분조사는 영림창 소속 기수(技手)와 고원(雇員)으로 구성된 조사반이 실지조사를 통하여 요존예정임야의 경계를 확정한 뒤, 경계를 표시하는 표식을 설치하고 지도와 조서(調書)를 작성하는 방식으로 이루어졌다. 실측을 통하여 요존예정임야 1개소마다 오만분의 일 견취도를 작성하였고, 조서에는 임야의 명칭, 소재지, 봉산(封山)·공산(公山) 등의 구별, 면적, 존치 이유, 지황(地況), 임황(林況) 등을 기재하였다.[328] 1918년까지 영림창 관할 국유림의 80%에 해당하는 176만 정보(압록강 유역 131만 정보, 두만강 유역 45만 정보)에 대한 구분조사가 완료되었으며, 1922년까지 영림창의 구분조사를 마무리할 예정이었다.[329]

영림창의 사업은 국유림조사와 더불어 조림, 보호, 벌목, 조재(造材), 운반, 저목(貯木), 제재, 판매 등 임업 전반에 걸쳐 있었다. 벌목지에서 조재된 목재는 소를 이용하여 강 유역의 편벌

토장(編筏土場)까지 운반하고, 편벌토장에서 뗏목으로 묶은 후 강의 수운을 이용하여 하류의 저목장(貯木場)까지 운반하였다. 압록강 유역에는 북하동저목소(北下洞貯木所)와 신의주제재소 구내에 저목장이 있으며, 두만강 유역에는 회령출장소 구내에 저목장이 있었다.[330] 압록강과 두만강에서 뗏목의 이용은 운반 도중 유실된 목재로 인하여 양국 간의 분쟁이 발생할 소지가 많 았다. 압록강 유역은 1909년 일본과 청이 압록강표류목정리규 칙을 체결하여 조선의 표류목은 영림창에서, 청의 표류목은 압 록강채목공사에서 처리하기로 규정하였다.[331] 그렇지만 협정의 효력 및 적용, 「조선수난구호령(朝鮮水難救護令)」의 표류물 습득 과의 관계, 현장에서 관헌의 확인문제 등 표류목과 관련한 다양 한 분쟁이 발생하였다.[332]

수력자원조사

조선총독부에서는 강점 초기부터 조선에서 수력발전의 가능 성에 주목하여 수력발전에 대한 조사를 시행하였으며, 압록 강수계도 조사의 대상으로 삼았다. 최초의 수력자원조사는 1910년대 전반 체신국 산하 전기과에서 실시한 '발전수력조사 (1911~1914)'였다. 발전수력조사는 전국의 9개 수계를 중심으 로 200마력 이상의 수력지점을 선정하고, 수력지점의 지형 측량 과 더불어 수량과 낙차를 조사하는 방식으로 이루어졌다. 압록 강수계에서는 압록강 하류의 지류인 삼교천(三橋川)에 대한 조 사가 이루어졌는데, 삼교천은 "상당한 낙차가 있지만 2~3개의 지천으로 나누어져 결빙기에 이르면 유량이 현저히 감소하여 적당한 수력지점을 얻기가 어렵다"고 부정적으로 평가되었다.[333] 압록강수계가 주목을 받지 못한 것은 당시의 조사가 전등전력 공급을 위하여 수요지에 근접한 수력지점을 찾는 것이었기 때문이었다.

압록강수계가 관심의 대상이 된 것은 1920년대 전반의 '발전수력조사'였다. 1920년대 들어 수력자원조사가 다시 실시된 것은 1919년 금강산전기철도의 유역변경식 수력발전이 성공적으로 이루어짐으로써 수력발전의 조건에 대하여 재인식하게 된 것이 계기가 되었다. 총독부는 체신국 산하에 임시수력과를 설치하고 1922년부터 발전수력조사에 착수하였다. 6개년 계획으로 착수한 발전수력조사는 2개의 조사반이 미리 선정된 수력지점을 현지조사하고 기상조사, 유량조사, 지형조사, 수력이용에 관한 일반조사 등을 수행하고 수력원부(水力原簿)를 작성하는 방식으로 진행되었다. 1925년 말까지 54개 수력지점에 대한 현지조사가 진행되었는데, 압록강수계에는 8개의 수력지점에 대한 현지조사가 이루어졌다. 압록강수계에 속하는 허천강, 장진강, 부전강의 추정 발전용량은 66만 킬로와트(kW)로 전체 추정 발전용량의 71%에 해당하였다.[334]

조선총독부의 압록강수계에 대한 발전수력조사와 더불어 만철에서도 압록강 수력발전에 대한 조사를 실시하였다. 동삼성순열사(東三省巡閱使) 장작림(張作霖)의 군사고문을 지낸 일본군 예비역 대좌 마치노 다케마(町野武馬)는 압록강 수력발전과 전력공급 사업을 계획하고 1922년 10월 만철의 협조하에 조사대를 조직하여 압록강과 혼강(渾江)의 수력지점을 조사하였다.[335] 현지조사에 기반하여 1923년 10월에 마치노는 중국인 정감수(丁鑑修)와 공동으로 봉천성과 일본 정부에 '압록강수전공사(鴨綠江水電公司)'의 설립 인가를 요청하였다. 재봉천 일본총영사관에 보낸 설립인가원에는 압록강 8개소, 혼강 3개소 등 11개소의 발전소 설립 및 전력공급에 대한 계획서가 첨부되어 있었다.[336] 이에 대하여 조선총독부에서는 지역 개발이라는 점에서 대체로 동의하지만 공사 시행에서 하천 및 강안의 이용을 방해하지 않도록 해야 한다는 점과 더불어 국제하천인 압록강의 이용은 국제적 선례가 되기에 상세한 실시계획을 갖추어 설립원을 정식으로 제출해야 할 것이라는 견해를 표명하였다.[337]

압록강수전공사의 설립 인가가 논의될 무렵, 중국 봉황현(鳳凰縣), 관전현(寬甸縣), 안동현에서는 압록강수전공사의 설립 인가를 취소해 달라는 청원이 있었고,[338] 일본 독점자본 계통의 미쓰비시(三菱)와 닛치츠(日窒)가 압록강 지류인 장진강과 부전강의 수력발전에 뛰어들었다. 미쓰비시는 장진강전력 발기인 이름으로 1923년 8월 장진강 수력발전 계획을 출원하였고, 닛치츠는 조선수력전기 발기인 이름으로 1924년 10월 부전강 수력발전 계획을 출원하였다. 이러한 상황에서 마치노는 기존의 설립 계획을 확장하여 1924년 6월 장진강과 부전강 등 "상류의 지류에 고낙차의 지점을 구함과 동시에 조정지(調整地)를 만드는 것"[339]을 포함하는 발전계획을 조선총독부에 출원하였다. 그러나 마치노의 출원은 각하되고 장진강 수력발전은 미쓰비시에게, 부전강 수력발전은 닛치츠에게 부여되었다. 조선총독부는 마치노의 항의에 대해서 총독부가 동의한 것은 압록강 본류와 훈강에 대한 것이고 "장진강과 부전강에 대해서는 양해한 범위 외에 속"[340] 한다고 회답하였다. 닛치츠는 1926년 1월 '조선수력전기'를 설립하고 부전강 개발에 착수하였고, 1929년 11월에 제1발전소 (13만 킬로와트)를 준공하고 수력발전을 개시하였다.

2   조선총독부의 압록강-두만강 경계 인식

1) 도서·사주의 귀속과 경계 문제

강점 직후 청, 러시아와 두만강 국경을 접하고 있는 함경북도에서 국경문제가 최초로 제기되었다. 1911년 2월 함경북도장관 다케이 도모사다(武井友貞)는 국제법에 비추어 두만강을 국경으로 정한 간도협약의 불충분함을 거론하면서 내무부장관에게 국경조약을 체결할 것을 제의하였다. 그는 "한청 국경은 석을수(石乙水)에서 발하는 두만강으로써 양국의 국경임을 추측하는데 그치고 그 이외의 점에 대해서는 자못 불명하고 러한의 조약에 이르러서는 하등 협정된 것이 없어서 만약 하류의 중심으로써 국경으로 한다고 해도 과연 어느 시기의 하천의 중심인가 상상할 수 없고 하천의 중심도 날로 변동하"기 때문에 국경조약을 체결하여 수로, 선박 통행, 어업, 경찰권, 상류경계선 등을 규정해야 한다고 주장하였다.[341]

1911년 3월 외사국에서 압록강 하구의 수로와 사주에 대한 조사에 착수하면서 압록강 국경문제는 식민당국의 현안으로 부상하였다. 이에 1911년 6월 외사국장은 조선총독에게 국경문제에 대한 현안과 대책을 보고하는 「국경설비에 대한 의견」을 제출하였다. 이 보고서는 전반적인 국경 상황을 설명하고 현안에 속하는 5개 항목, 즉 국경경비 및 수출입 규제에 관한 건, 운수업 및 판매업의 장려에 관한 건, 연안의 방파공사에 관한 건, 신의주에 평안북도 도청을 이전하는 건, 신도(薪島)에 경찰서 및 감옥을 설치하는 건, 다사도(多獅島) 개항에 관한 건에 대한 의견을 개진하였다.[342]

보고서에서는 먼저 청, 러시아와의 국경 상황과 관련하여 "러시아와의 국경은 연선(沿線) 지극히 짧고 그 수류(水流)는 복잡하지 않다고 해도 청국과의 국경은 연장 약 300리에 달하고 곡절착종(曲折錯綜)할 뿐만 아니라 그 분계선은 1909년 9월 체결한 '간도에 관한 일청협약'을 제외한 외에는 고래로부터 명정(明定)한 하등의 증적(證跡) 없고 … 단지 피아 모두 압록강 및 두만강을 자연의 국경이라고 인정하는 관례가 있음에 불과하다"[343]고 파악하였다. 그리고 국경 획정과 관련하여 항행 가능한 하천에서는 최심수저(最深水底)를 국경으로 한다는 국제공법의 원칙에 따라서 "항행할 수 있는 청국 측의 수로로써 국경선으로 정함과 동시에 역사상 및 현실상 조선에 속하는 것이 명확한 도서·사주는 모두 제국 영토로 간주하고 이에 적당한 조치를 취해야 한다"[344]고 주장하였다. 그리고 국경 현안과 관련해서는 산업과 무역의 중심지로, 그리고 행정의 중심지로 신의주를 육성할 것과 더불어, 도서·사주의 소속을 유리하게 하기 위하여 압록강 및 두만강 연안의 방파공사를 시행하고, 신도의 귀속을 강화하기 위하여 현재의 순사파출소를 존치시키고 감옥을 설치할 것을 제기하였다.

외사국의 보고서는 압록강과 두만강에서의 국경 획정에 대한 조선총독부의 견해를 최초로 제시하였다는 점에서 주목할 만하다. 보고서에서는 국제법의 원칙, 즉 '탈베크의 원칙'[345]에 근거하여 "항행할 수 있는 청국 측의 수로"를 국경선으로 상정하고 있다는 점에서 국제법의 기준을 따르는 것처럼 보인다. 그렇지만 주요 수로의 중앙이나 최심부가 아니라 총독부의 입장에서 유리하다고 생각되는 청국 측 수로를 국경선으로 상정하고 있다는 점에서 탈베크의 원칙과는 거리가 있다. 또한 탈베크의 원칙을 따라서 하천의 국경선을 획정한다면 도서와 사주의 귀속도 이를 기준으로 결정되는 것이 일반적이다.[346] 그렇지만 통감부 때부터 황초평 확보에 주력해 왔던 식민당국으로서는 하천의 국경선 획정을 기준으로 한 도서와 사주의 귀속을 받아들일 수 없었을 것이다. 따라서 도서와 사주의 귀속문제와 하천에서의 국경선획정문제를 분리하고, 도서와 사주의 귀속은 역사적 연혁과 현재의 이용 상황을 근거로 결정해야 한다고 주장하였다.

별책으로 제출된 『국경부근 도서사주에 관한 조사』는 외사국에서 작성한 압록강 및 두만강의 도서와 사주에 대한 조사보고서인데, 이 조사보고서의 초안에는 도서와 사주에 대한 조사의 목적이 담겨 있다. 이에 의하면 조사의 목적은 압록강과 두만강에 있는 도서·사주가 소속이 불명확하고 한국 귀속을 인정한 것도 단지 관행상에 불과하기 때문에 문헌조사와 현지조사를 거쳐 도서·사주의 현상을 확인하고 한국 귀속을 입증하는 데 있었다. 이를 위하여 조사보고서에서는 압록강의 본류와 사주의 위치, 경작 및 거주의 연혁에 초점을 맞추었다. 황초평과 신택평은 대홍수 이전에는 압록강의 본류가 사주의 서쪽에 있었지만 홍수와 침식, 퇴적으로 인하여 강의 본류가 동쪽으로 이동하였으며, 현재 강의 본류가 유초평의 서쪽으로 흐른다는 점 등이 사주의 귀속에서 "유리한 사실"이라고 평가하였다.[347] 또한 조선인에 의한 사주 경작과 이주 연혁을 상세하게 조사함으로써 현재 본류의 흐름으로 보아서는 청 귀속으로 판단할 수 있다고 하더라도 역사적으로 조선에 귀속된 것임을 입증하고자 하였다.

외사국의 압록강 도서·사주에 대한 조사 직후 압록강 하류의 소상도(小桑島)를 둘러싼 귀속문제가 불거졌다. 소상도는 중지도(中之島: 오늘날 위화도) 상류에 인접한 추상도(楸桑島)의 일부로서, 「압록강 유역 내 도서 약도」에는 의주 서쪽, 구련성(九連城) 남쪽에 소상도와 대상도가 표시되어 있다. 1912년 5월 안동도대(安東道臺)는 소상도가 중국 영토이므로 경작하는 조선인의 퇴거를 요청하는 서한을 재안동 일본영사관에 보냈다.[348] 이에 신의주경찰서에서는 소상도 경작자를 소환하여 진술을 받았고, 안동영사관에서 현지를 시찰한 바, 조선인 경작자는 1906년부터 토지를 구매하여 경작해 왔으며, 청인은 1908년부터 봉천성의 면허를 받아 경작하고 있었다.[349] 1912년 7월 청인이 소상도에서 경작 중인 조선인을 체포하였고, 이듬해 4월에는 경작자를 비롯하여 청 순경과 일본 경관이 충돌하는 등 분쟁이 계속되었다.[350]

2) 압록강철교와 조청 국경문제

1909년의 간도협약으로 일청 간에 두만강 경계는 확인되었지만 압록강 경계에 대해서는 양국 간에 아무런 협정도 없는 상태에서 안봉철도가 개축되고 안봉선과 경의선을 연결하는 압록강철교가 착공되었다. 압록강철교는 러일전쟁 당시 병참총장 산하의 임시군용철도감부(臨時軍用鐵道監部)에서 안봉철도와 경의철도를 공사하던 시기에 건설 계획이 세워졌다.[351] 러일전쟁 직후 안봉철도와 경의철도를 연결하기 위해서 우선 군용 협궤철도로 건설된 안봉철도를 표준궤로로 개축하는 문제가 제기되었다. 그러나 청 정부의 반대로 착수하지 못하다가 1909년 8월 간도협약 체결에 앞서 양국이 "철도의 궤간을 경봉철도(京奉鐵道)와 같게 한다"라고 규정한 「안봉철도에 관한 각서」에 서명함으로써 안봉철도 개축공사가 비로소 시작될 수 있었다.[352] 압록강철교 건설은 러일전쟁 이후 통감부 철도관리국에 인계되었으며, 북경주재 영국·미국대사의 항의로 인하여 교량의 설계를 고정식에서 개폐식으로 변경한 후, 1909년 8월 조선 측 교량공사에 착수하였다. 청의 교량공사는 1910년 4월 일청 간에 "한국 측으로부터 청국 안동현에 달하는 교량을 가설하는 것에 대하여 대청국 정부는 이에 동의"[353]하는 「압록강가교에 관한 일청각서」를 체결한 이후에야 시작할 수 있었다.[354]

1911년 10월 말 압록강철교가 완공되고 안봉철도 개축공사가 완료되어 전 구간이 개통됨에 따라 11월 2일 경의철도와 안봉철도를 연계하는 직통열차의 운행을 위하여 일청 간에 '국경열차 직통운전에 관한 협약'을 체결하였다. 이 협약은 국경을 통과하는 직통열차의 기관차 변경, 세관 수속, 수화물 검사 등을 규정한 것이지만 압록강철교상의 국경을 획정한 점이 주목된다. 즉 협약의 제2항에서 "양 철도 열차의 직통을 위하여 압록강철교상의 중심으로써 양국 국계(國界)로 삼고, 이서(以西)를 청국 국경으로 하고 이동(以東)을 일본 국경으로 한다"[355]고 압록강철교의 중간을 국경으로 정하였다.

압록강 국경에 대한 국경조약이 없는 상황에서 압록강철교상의 국경 획정은 러일전쟁 이후 일청 간에 체결된 각종 협약에 근거하여 이루어졌다. 러일전쟁 직후인 1905년 12월 청과 일본은 회의동삼성사의정약(會議東三省事宜正約, 일본 측 명칭 만주에 관한 일청조약)을 체결하여 러시아의 기존 권리를 일본에게 양도할 것을 승인하였으며, 부속협정에서 안봉철도를 완공한 날로부터 15년 후에 청에게 매도하도록 규정하였다. 이러한 규정은 「압록강가교에 관한 일청각서」에 반영되어서, 각서 제3항에서 "강심으로부터 서안에 이르는 교량의 절반은 안봉철도와 동일하게 15년 후 청국에서 매수한다"[356]고 규정하였다. 청국 정부는 안봉철도를 15년 후에 매수하기 때문에 압록강철교도 교량의 절반은 청의 권리로 간주하고 교량의 절반을 안봉철도와 같이 매수하는 것으로 규정하였다. 이러한 과정을 거쳐 1911년의 직통운전에 대한 협약에서 압록강철교상의 중심을 양국의 국경으로 삼았다.

직통운전에 대한 협약을 체결하기 위한 양국 협상 당시 청 측 위원은 압록강에서의 국경 획정을 제안하였다. 청 측 위원은 직통운전에 대한 협약에 압록강 중심을 국경으로 하는 규정을 넣을 것을 제기하였으며, 이에 대하여 일본 측 위원은 압록강 국경에 대한 규정은 지금의 협정 사항과 관계가 없다고 거부하였다. 일본 측의 입장은 압록강에서 일청 양국의 국경은 조약상으로도 관례상으로도 아직 확정된 사실이 없다는 것과 막연하게 압록강 중심을 국경으로 한다면 향후 '일반적 국경', 즉 압록강 전체에 걸치는 국경을 획정하는 데 일본 측에 불리하다는 것이었다. 조선총독부는 직통열차 운행을 위하여 이전에 체결된 양국의 협정 때문에 부득이하게 압록강철교의 중간을 국경으로 삼았을 뿐, 압록강 전체에 걸쳐서 교량의 중심을 국경으로 삼은 것은 아니라고 해석하였다.[357] 그렇지만 압록강철교상의 국경 문제는 직통열차의 운행에 국한되지 않고 압록강철교에서의 각종 법적 권한, 압록강철교 아래의 선박통행문제 등으로 파급되었다. 1912년 7월 평안북도에서는 "압록강교량 개폐부를 통과하는 선박은 개폐교 교각의 우측을 통행해야 한다"(「평안북도경무부령」

제15호)는 규정을 제정, 시행하였는데, 이에 대해서 안동도대(安東道臺)로부터 양국 관헌이 협의해서 결정할 것을 일본 측에서 독단적으로 결정하였다는 항의가 제기되었다.[358]

3) 두만강 하구의 어업과 일러 국경문제

강점 직후 두만강 하구의 사주에서 조선인과 일본인이 어로에 종사하면서 러시아와 국경문제가 발생하였다. 두만강 하류 및 하구는 조선시대부터 연어잡이가 성행하였는데, 배에서는 어망을 사용하고 하류 연안에서는 지예망(地曳網: 후릿그물)을 사용하여 연어를 잡았다. 1911년 당시에는 두만강 하구와 사주에 14호, 43명(조선인 29명, 일본인 14명)이 연어잡이에 종사하고 있었다.[359]

1910년 9월과 10월에 러시아 관헌이 두만강 하구의 사주에서 고기잡이하던 조선인과 일본인을 위협하고 어선, 어구를 몰수하는 사건이 일어났다. 당시 러시아 관헌은 양국 강안의 중앙선이 국경이기 때문에 고기잡이하던 사주는 러시아령이라고 퇴거를 명령하였다.[360] 그러나 이듬해에 사건이 벌어졌던 사주가 조선 측 연안에 접속되어 분쟁이 일어날 여지가 없어졌기 때문에 다시 연어잡이가 계속되었다.[361] 이처럼 강의 흐름 여하에 따라 사주의 변동이 심하고 분쟁이 일어날 소지가 다분하자, 1911년 7월 재일본러시아대사는 고무라 외상에게 두만강 하구에서의

어업권에 대한 양국의 특별협정 체결을 제안하였다.[362]

  이에 대하여 일본 정부는 협정 체결에 동의하고, 조선총독부로 하여금 두만강 하구에 대한 실지조사를 실시하게 하는 한편, 러시아 측의 실지조사를 지원하였다. 1912년 4월 실지조사를 토대로 조선총독부에서는 어업에 대한 협정안과 더불어 경계, 항행, 교통 및 교역에 관한 협정안을 외무성에 제출하였다. 조선총독부의 협정안은 2개의 협정—'두만강 및 그 부근 해면에서 어업에 관한 일러 양국협정'과 '두만강 하류 일러 양국의 경계, 항행, 교통 및 화물 수출입에 관한 협정'—으로 구성되어 있는데, 원래 제기된 어업에 관한 협정에다가 "지방 주민의 편익을 도모하고 또 장래 양국 국경에 관하여 발생할 수 있는 분의(紛議)를 방지"하기 위하여 별도의 협정을 추가하였다. 후자의 협정안은 국경 획정, 국경 개방, 월경 왕래의 경로, 도선 영업, 월경 시의 수속, 화물의 수출입, 면세품 등을 규정하고 있는데, 그중에서 주목되는 것은 두만강에서 양국의 국경 획정에 대하여 "두만강 하류에서 양체맹국(兩締盟國)의 경계는 그 최심하상(最深河床)의 중앙으로써 이를 획정할 것"(제1조)이라고 규정하고 있다는 점이다.[363]

  조선과 러시아의 두만강 국경은 1860년 북경조약과 1861년의 「홍개의정서(興凱議定書)」에서 중러 동부국경이 획정되는 과정에서 설정되었다. 북경조약에서 '흑룡강(黑龍江)-오소리강(烏蘇里江)-홍개호(興凱湖)-호포도강(瑚布圖河)-혼춘강(琿春河)-도문강'에 이르는 경계가 확정되었으며, 이듬해 6월 오소리강에서 두만강까지 8개의 경계비를 설치하고 홍개호에서 「홍개의정서」에 서명함으로써 두만강 국경이 최종 확정되었다.[364] 당시 두만강 하구에서 20리 떨어진 곳에 토자비(土字碑)가 세워졌고, 두만강 하구 좌안에 오자비(烏字碑)를 세워야 했지만 설치되지 않았다.[365] 조약 체결 당시의 국경지도를 볼 수 없기 때문에 두만강 상의 국경선을 확인할 수 없지만, 토자비에서 오자비에 이르는 두만강의 동쪽(우안)은 러시아령이고 서쪽(좌안)은 청국령이기 때문에 국경선은 두만강의 중앙에 설정되었을 것이다.

이후 두만강 하구에 대한 국경 협정이 없었기 때문에 조선총독부에서 두만강의 "최심하상의 중앙"을 조선과 러시아의 국경선으로 획정하자는 제안은 경계를 접한 당사국 간의 최초의 국경 획정(안)이라고 할 수 있다. 또한 탈베크의 원칙에 따라 두만강의 "최심하상의 중앙"이 국경선으로 설정되었다는 점은 압록강에서 청국의 국경 교섭 제의에 대한 일본 정부나 조선총독부의 대응과 대비되는 점이다.

조선총독부 협정안을 토대로 하여 이후 몇 차례의 수정을 거쳐 외무성 최종안이 제출되었는데, 최종안에는 양국 국경선을 규정하는 제1조에 "전기(前記)의 경계를 지시하기 위하여 적당한 장소에 표식을 설치할 것. 최심하상의 위치에 현저한 변동이 생길 경우에는 양국 협의한 위에 전항에 의하여 다시 경계를 정할 것"이라는 2개 항만 추가되었을 뿐이다.[366] 최종안에 첨부된 「일러국경부근지도」를 보면, 두만강 하구의 사주와 녹둔도(鹿屯島)의 위치가 잘 나타나 있다. 우측 아래의 축약도에는 추정 국

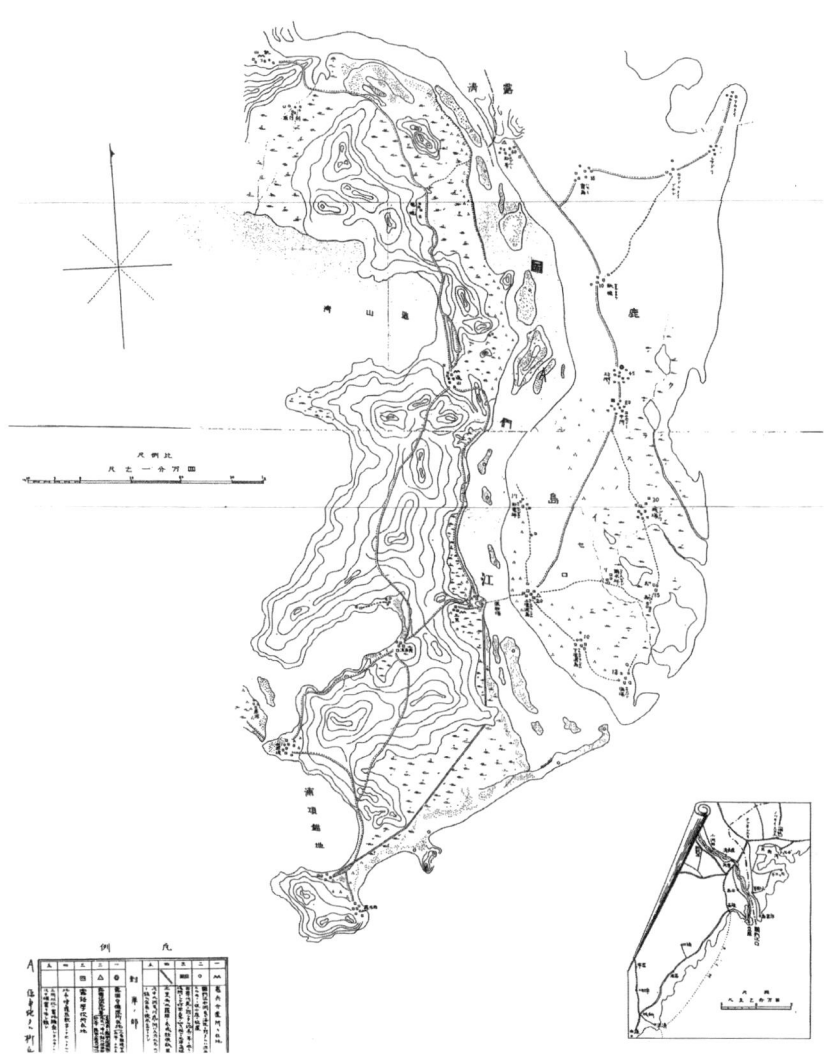

일러국경부근지도

「圖們江漁業條約并國境條約」, 0062-0064(B07080129300)

경선이 조선 측 연안과 녹둔도 사이를 지나고 있다. 이후 1914년 4월 외무성에서는 최종안에 대한 각의 결정을 요청함과 더불어 재일본러시아대사에게 전달하였지만 제1차 세계대전 발발로 협정 체결은 중단되었다.[367]

4) 압록강 공동측량과 일중 국경 교섭

1922년 1월 주일본중국대리공사 장원절(張元節)은 일본 외무대신에게 압록강에서의 국경 획정을 위한 국경회담과 국경 측량을 제안하였다. 중국 정부의 국경회담 제안이 나오게 된 것은 일본해군 수로부와 안동해관의 압록강 하구 공동측량이 계기가 되었다. 1921년 4월 일본해군 수로부는 통상항해용 해도 개정을 위한 측량반을 파견하여 압록강 하구를 중심으로 신의주, 안동, 용암포 등지의 측량에 착수하였다. 용암포에 도착한 측량반은 재안동 일본영사관을 통하여 중국 영토에서의 측량에 대해서 중국 정부의 양해를 구하였으며, 동변도윤(東邊道尹)의 양해에 따라 용암포를 근거지로 측량작업에 착수하였다. 한편 안동해관에서도 측량 참가를 요청함에 따라 6월에 안동영사관에서 측량반장 오가와 도시히코(小川俊彦) 중좌와 상해해관 소속의 측량기사 밀스(S. V. Mills)가 만나서 중일 합동측량과 완성도 상호교환, 대동구(大東溝) 측량작업 시 중국 관헌의 입회, 중국의 측량 자료 제공 등에 합의하였다.[368] 이후 수로부 측량반은 7월에 측량

작업을 완료하였고, 밀스는 7월에 측량작업에 착수하여 11월 말 결빙으로 작업을 중지하였다가 이듬해 작업을 재개하여 6월에 완료하였다.

 중국 정부에서 국경회담을 제안한 것은 압록강 하구 공동측량이 양국의 협조로 원만하게 마무리될 무렵이었다. 주일본중국대리공사는 "해강(該江: 압록강)은 중국과 조선의 천연의 분계(分界)이지만 조선병합 이래 중일 양국이 다시 조사하지 않았으니 각기 대표를 파견하여 해관에서 새로 측량한 지도를 준거로 삼아 회동하여 경계를 정한다면 분명히 후일의 쟁집(爭執)을 면할 수 있을 것"[369]이라고 중일 양국의 국경회담을 제안하였다. 이에 대하여 4월 우치다 외무대신은 각 성의 회신을 참조하여 작년과 같은 공동측량은 계속할 수 있지만 국경회담에 대해서는 "국경 획정을 위한 압록강 및 도문강 전부에 걸친 측량은 대사업으로 갑자기 이에 착수하는 것을 주저한다"[370]고 거부 의사를 표명하였다.

 그럼에도 7월에 주일본중국대리공사는 측량이 완료된 지역에 한하여 감계위원을 파견하여 경계를 획정할 것을 요청하였다. 척식국(조선총독부)을 비롯한 각 성의 회신이 지체되는 중에, 재안동 일본영사는 외무대신에게 안동과 신의주를 무역항으로 육성하기 위해서는 압록강의 보전개수공사가 필요하지만 "세무사의 의견과 같이 최심수로(最深水路)의 중앙을 국경선으로 할 때에는 전기(前記)한 황초평 및 기타 몇 개의 도서·사주는 그 우안(右岸)으로 됨으로써 자연히 중국 영토로 귀속"[371]된다고 우려를 표명하면서 안동해관 세무사 퍼거슨(T. H. Ferguson)의 국경선 확정 및 강류 보전 문제에 대한 의견서를 첨부하고 있다. 의견서에서 퍼거슨은 안동과 신의주가 중요한 무역항으로 발전하기 위해서는 양호한 수로를 갖추는 것이 필요하며, 이를 위하여 수로의 개수와 보전을 담당할 공동관리기구 설치를 제안하였다. 그리고 공동관리기구를 통해서 보전개수공사를 시행하면 압록강 하구의 '최심수로'가 확인될 것이므로 당연히 국경 획정으로 귀결될 수 있을 것이라는 견해를 피력하였다.[372]

국경회담에 대한 일본 정부의 회답이 지체되자 1923년 1월 주일본중국대리공사는 서한을 보내어 국경회담을 신속히 진행할 것을 재차 요청하였다. 각 성의 회신 중에서 조선총독부의 회신이 가장 늦었는데, 8월 척식국에 보낸 조선총독부의 견해는 압록강 보전개수공사에는 동의하지만 국경 획정에 대해서는 회의적이었다.[373] 조선총독부는 현재 강의 본류를 전제로 '최심수로'를 국경으로 삼자는 안동해관 세무사의 견해를 비판하면서 "청한 양국의 국경 같이 종래의 영유 연혁이 현저한 경우에 이를 적용하는 것은 그 연혁과 사실을 무시하는 추상론에 의하여 문제를 해결하게 되어 기정(既定)의 영토권을 침해하는 결과가 됨으로써 본 건은 강류(江流)의 보전과 국경 획정을 별개로 처리하는 것이 적당"하다고 평가하고, "옛날부터 압록강·도문강은 조선에서 관리하는 바로서 국경선은 오히려 대안(對岸)에 있고 … 강중(江中)의 도서 같이 한둘 불명한 것을 제외하면 전부 조선에 속"[374]한다고 주장하였다. 조선총독부의 의견은 척식국을 통하여 외무성에 전달되었고, 10월 척식국에서는 국경 획정에 동의하면서 조선총독부 내무국장과 사무관을 경계획정위원으로 선정하여 외무성에 보고하였다.[375]

그러나 국경 획정을 위한 양국의 교섭은 더 이상 진전되지 않았다.[376] 양국의 교섭이 중단된 이유는 조선총독부의 국경 획정에 대한 회의적인 입장과 더불어 1922년부터 양국 간에 압록강과 두만강에서 도서와 사주의 귀속문제가 불거졌기 때문이다. 먼저 1922년 4월 두만강 하류에 있는 유다도(柳多島: 중국명 夾心子)의 귀속문제가 제기되었다. 혼춘현 지사로부터 유다도가 중국 영토이기 때문에 경원의 조선인이 경영하는 유다도의 도선장을 공동경영해야 한다는 서한을 재혼춘 일본영사관에게 보내온 것을 계기로 유다도와 그 위쪽의 고이도(古珥島), 동도(東島)의 귀속문제가 제기되었다.[377] 1923년에는 중국에서 압록강 하구에 있는 황초평의 귀속문제를 제기하였다. 1923년 11월 동변도윤 겸 안동교섭원 왕순춘(王順存)은 대황초평이 중국 영토임을 주장하는 서한을 재안동 일본영사관에 제출하였다.[378] 대황초평은 통감부 이래로 귀속문제가 제기되어 온 사주로서, 1908년부터 평안북도관찰사(1910년부터는 평안북도 장관)가 청인 합자자들로부터 납세해 온 곳인데, 중국에서 다시 귀속문제를 제기한 것이다. 1925년 7월에는 혜산진과 장백부 사이에 있는 사주에 중국이 도선감시소를 설치함으로써 사주의 귀속문제가 제기되었다.[379] 이처럼 중국 측에서 국경회담을 제기한 이래 압록강과 두만강의 도서 및 사주에 대한 귀속문제를 제기하자 조선총독부에서는 "중국 측에서 중주(中洲) 및 도선경영권을 취득하려는 것은 다년의 숙원으로서 기회가 있을 때마다 각종 수단을 가지고 우리 태도를 엿보고 수득(收得)의 목적을 달성하는 것에 초려(焦慮)하고 있다"[380]고 보았으며, 이러한 인식은 국경 획정문제에 부정적으로 대응하게 만들었다.

압록강 및 두만강의 국경 획정에 대한 조선총독부의 인식은 1925년 11월 제51회 제국의회에 제출한 『제51회 제국의회 설명자료』에 정리되어 있다. 조선총독부는 '압록강 보전공사 및 국경선 획정의 건'에 대해서 서술하면서, 척식국에 제출한 자신의 견해를 약술하고 참고사항으로 '일중 국경 의정에 관한 총독부의 의견'을 덧붙이고 있다. 즉 국경 획정과 관련하여 "그 획정에 대한 방침은 대체로 수류(水流)에 따르고, 국경을 나누는 도서에 대해서는 연혁 및 현재의 사실을 존중하여 관리상태에 따라 정한다."[381]라고 방침을 제시하고 이에 따른 국경협정안을 제시하였다.

국경에 관한 협정안

(1) 조선과 중국과의 경계는 백두산정계비를 기점으로 하고, 동서로 분기하는 수류(水流)로 정하며, 동북계는 도문강의 좌안(左岸), 서북계는 압록강의 우안(右岸)으로 한다.

(2) 조선과 중국과의 경계는 백두산정계비를 기점으로 하여 동서로 분기하는 수류로 하고, 도문강 및 압록강 중에 소재하는 도서는 현재의 관할 상태에 따라 해당국의 소속으로 정한다. 관할 불명인 것과

쟁의가 있는 것은 종래의 연혁을 존중해서 대일본제국의 소속으로 한다.

(3) 조선과 중국과의 경계는 백두산정계비를 기점으로 하여 동서로 분기하는 수류로 하고, 도문강과 압록강 중에 소재하는 도서는 현재의 관할 상태에 따라 해당국의 소속으로 정한다. 관할에 관하여 쟁의가 있는 것은 종래의 연혁을 존중해서 대일본제국의 소속으로 인정하고, 관할 불명의 것은 연고, 거주, 경작 등의 사실과 강류(江流)의 유심선(流心線)과 동일한지 아닌지 등에 따라 그 소속을 정한다.

(4) 조선과 중국과의 경계는 백두산정계비를 기점으로 하여 동서로 분기하는 수류로 하고, 도문강 및 압록강 중에 소재하는 도서는 현재의 관할 상태에 따라 해당국의 소속으로 정한다. 관할에 관하여 쟁의가 있는 것은 연고, 거주, 경작 등의 사실과 강류의 유심선과 동일한지 아닌지 등에 따라 그 소속을 정한다. 만약 관할에 관하여 쟁의가 있거나 불명인 것으로 의조(議調)하는 경우에는 이들을 반분하여 그 소속을 결정한다.[382]

제국의회에 제출된 국경협정안은 초안 정도의 소략한 것이지만 압록강-두만강 국경 획정과 도서 귀속에 대한 조선총독부의 방침을 살펴볼 수 있다. 조선총독부는 백두산정계비를 기점으로 압록강의 우안과 두만강의 좌안을 국경으로 하고, 도서는 현재의 관할 상태에 따라 해당국 귀속으로 정하되, 관할에 쟁의가 있거나 불명인 것은 연고, 거주, 경작의 연혁, 유심선 등을 고려하여 귀속을 정하고자 하였다. 압록강의 우안과 두만강의 좌안을 국경으로 한다는 것은 양국에 걸치는 압록강과 두만강의 흐름 전체를 일본의 영토로 귀속시키는 것이고, 압록강과 두만강의 도서와 사주는 자연히 일본의 영토로 귀속된다. 물론 현재의 관할이나 연고, 거주, 경작, 유심선 등의 기준이 언급되고 있지만 명확한 근거가 없는 한 일본의 영토로 귀속되는 것이다.

　이상에서 살펴본 것처럼 1920년대 중반 조선총독부의 국경 획정 방침은 압록강의 우안과 두만강의 좌안을 국경으로 정하는 것으로 귀결되었다. 강점 초기 국제법의 원칙에 따라 "청국 측 수로"를 국경으로 정하는 것에서 압록강의 우안과 두만강의 좌안을 국경으로 정하는 것으로 변화하였다. 이러한 변화는 통감부시기 이래 제기되어 온 압록강과 두만강에 있는 도서·사주의 귀속 문제에 대한 대응때문이었다. 조선총독부는 도서·사주에 대한 조사에 착수한 초기부터 "역사상 및 현실상 조선에 속하는 것이 명확한 도서·사주는 모두 제국의 영토로 간주"하였으며, 중국과의 국경 교섭 과정에서는 안동해관의 탈베크의 원칙에 따른 국경 획정을 비판하고 "옛날부터 압록강·도문강은 조선에서 관리하는 바로서 국경선은 오히려 대안에 있다"고 주장하였다. 또한 중국이 제기한 황초평 귀속문제에 대하여 예로부터 "압록강 및 두만강의 피안(彼岸) 30청리(淸里) 내지 50청리를 완충지대로써 공광(空曠)의 땅으로 삼아 이들 지역에는 지나인의 거주, 경작을 금"하여 왔던 역사에 비추어, "압록강은 국제법상의 원칙으로서 규율할 수 없는 사정도 있고 또 예전부터 조선 측에서 현실적으로 관리하여 온 것은 기왕의 역사에 비추어 명확하다"[383]
고 주장해 왔다. 압록강 우안과 두만강 좌안을 국경으로 삼는 방침은 이러한 주장의 귀결이라고 보아야 할 것이다.

제6장

1910~1920년대
간도 한인과 간도 담론

1   한인의 간도 및 만주 이주와 중일의 간도 정책

1) 간도협약 이후 한인의 간도 및 만주 이주

간도협약과 강제병합을 거치면서 많은 한인(韓人)들이 압록강과 두만강을 건너 간도로 이주하였다. 1910년대 초반 『매일신보』에는 간도 이주에 대한 기사가 자주 게재되었는데, "근래에 간도로 이주하는 자가 증가한다는 설(說)은 여러 차례 보도하였거니와 작금간 회령을 통하여 간도로 통하는 도로에는 조선인의 가구·가재를 실은 우마가 연속해서 끊이질 않는다"[384]고 하였다. 또한 "수년 이래로 무슨 풍조 때문인지 조선인의 간도 이주열이 팽창하여 최초에는 서북 동포에 기인하더니 지금은 삼남 동포까지 분등(奔騰)하여 가옥, 전토를 염가 방매하고 휴유부노(携幼扶老)"[385]하여 간도로 이주하고 있으며, "남선(南鮮) 인민은 오히려 간도 산하를 요지정토(瑤池淨土)로 미신하고 건너가는 자가 계속해서 끊이질 않는다"[386]고 하였다.

간도의 민족별 인구

연도	한인	중국인	일본인	계	만주 한인
1908	89,000(76.0)	27,800	250	117,050	
1909	98,500(75.4)	31,900	270	130,670	
1910	109,500(76.5)	33,500	200	143,200	
1911	126,000(78.1)	35,200	170	161,370	
1912	143,000(79.8)	36,000	200	179,200	238,403
1913	161,500(81.3)	36,900	240	198,640	252,118
1914	178,000(82.3)	38,100	230	216,330	271,388
1915	182,500(82.5)	38,500	295	221,295	282,070
1916	183,426(80.5)	43,896	551	227,873	328,318

* 간도는 간도협약의 '한인잡거구역'인 연길현, 화룡현, 왕청현
* 괄호 안은 민족별 비중(%)
출전: 간도 인구는 東洋拓殖株式會社, 『間島事情』, 1918, 111-112쪽; 만주 인구는 『日本ト滿蒙』, 1932, 150-152쪽.

    간도 방면으로 이주하는 한인이 크게 증가하여 간도협약 직전에는 9만 명 정도이던 간도 한인이 1910년에는 10만 명을 넘어섰고, 1914년에는 간도협약 직전 인구의 2배인 18만 명에 달하였다. 1914년의 민족별 비중을 보면, 한인이 82%, 중국인이 18%를 차지하였고 일본인은 2백여 명에 불과하였다. 조선총독부의 1914년 국경지방 시찰 보고서에 따르면, 간도 한인의 80%는 함경북도에서 두만강을 건너온 사람들이고, 대부분 경제적 어려움 때문에 이주하였다. 이주의 동기는 생활고, 친척·동향인을 따른 이주, 월경 경작의 경우가 많았고, 세금이나 부역 피신, 정치적 불만은 적었다.[387]

    간도로 이주하는 흐름이 바뀐 것은 '남만주 및 동부 내몽골

에 관한 조약'(이하 만몽조약) 체결이 계기가 되었다. 1914년 제1차 세계대전이 발발하자 일본은 영일동맹을 근거로 독일에 선전포고하고, 군대를 파견하여 독일의 조차지였던 산동반도의 교주만(膠州灣)을 점령하였다. 이듬해 일본은 중국 정부에 대해서 산동성의 독일 이권 양도, 남만주와 동부 내몽골(內蒙古)의 권익 승인 등을 포함한 21개조 요구를 제출하였고, 일본의 무력시위에 밀린 중국 정부는 대부분의 요구를 수락하였는데, 그중 하나가 만주와 내몽골에서 일본의 이권을 승인한 '만몽조약'이다. 1915년 5월에 체결된 만몽조약에는 남만주에서 일본인에 대한 토지상조권(土地商租權)[388] 보장(제2조), 거주·왕래의 보장(제3조), 치외법권 보장(제5조)을 규정하고 있다.

만몽조약 체결로 남만주로 일본의 세력을 확장할 수 있는 기회가 열리자 간도를 "불령선인(不逞鮮人)"과 "배일선인(排日鮮人)의 소굴"[389]로 보던 조선총독부의 인식이 바뀌었다. 일본이 남만주에서 농업 경영을 위한 토지상조권 및 상공업에 종사할 권리와 더불어 치외법권을 획득하자, 조선총독부는 한인을 세력 확장의 첨병으로 활용하기 위하여 한인의 간도 및 만주 이주를 적극적으로 장려하기 시작하였다. 『매일신보』에서는 만주 이주를 적극 권장하면서 만주와 몽골을 개척할 '만몽척식단(滿蒙拓殖團)'의 발족을 제안하였다.[390] 또한 1917년 4월에는 매일신보사와 경성일보사가 공동으로 대규모의 '남북만주시찰단'을 조직하고 이들 일행을 환송하면서 만주는 "우리 조선 민족의 발원지"이자 "우리 조선인 장래의 발전을 기하는 책원지"이며, "조선과 만주는 하나이자 둘이오 둘이자 하나로 도저히 분리하지 못할 관계"[391]라고 만주에 대한 관심을 촉구하였다.

이러한 분위기 속에서 한인의 간도 이주는 만주 전역으로 확산되었다. 1914년에 간도 이주 한인의 비중은 만주 이주 한인의 66%에 달하였지만 1915년 이후 한인 이주가 간도를 넘어 남만주 전역으로 확대됨에 따라 1921년에는 간도 이주 한인의 비중이 48%로 줄어들었다. 1921년 당시 한인이 많이 거주하는 지역은 간도의 연길현(127,600명), 화룡현(82,500명)이었고, 서간도의 흥경현(65,300명)이 그 다음이었다. 두만강 유역에서는 혼춘현(38,800명), 왕청현(22,500명), 압록강 유역에서는 집안현(28,800명), 관전현(22,200명), 내륙으로는 심양현(28,220명), 신민현(22,770명)에 거주 한인의 수가 많았다.[392]

한인의 이주가 간도에서 만주 전역으로 확산된 것은 한반도 남부에서의 이주가 남만주 일대로 확산되었기 때문이지만, 만몽조약 체결 이후 간도에서 한인 관할을 둘러싸고 중국과 일본의 대치가 격화되면서 한인에 대한 중국 정부의 개입과 통제가 강화되었기 때문이기도 하다.

2) 간도 한인을 둘러싼 일중의 각축

간도협약으로 두만강이 한청 국경으로 확정되면서 간도는 청의 영토에 속하게 되었다. 간도파출소가 관리하던 구역은 '도문강 북쪽의 잡거구역'으로 지정되어 한인의 거주와 토지, 가옥의 보유가 인정되었다. 잡거구역에 거주하는 한인은 청의 재판 관할에 속하지만, 상부지(商埠地)로 지정된 용정촌, 국자가, 두도구, 백초구에 거주하는 한인은 일본영사관의 재판 관할에 속하였다. 간도파출소가 폐쇄된 직후 용정촌에는 간도총영사관이 세워졌고, 국자가, 두도구, 백초구에는 영사관 분관 및 출장소가 설립되었다. 혼춘은 간도협약의 적용을 받지 않는 곳이지만, 1910년에 간도총영사관 분관이 설치되어 간도총영사관의 관할에 속하게 되었다.[393]

간도협약에 의하여 규정된 한인의 지위는 강제병합에 의하여 한국인이 '일본제국의 신민'이 되면서 논란이 일어났다. 일본 정부는 강제병합 직전인 1910년 7월 각의 결정에서 한인은 "일본인과 동일한 지위를 가지는 것"이고, 간도 한인은 "조약의 결과로서 현재와 같은 지위를 가지는 것이라고 간주"한다고 규정하여 간도 한인은 간도협약이 적용되는 예외적인 존재로 간주하였다.[394] 일본이 간도협약의 유지를 선택한 것은 간도협약으로 확보한 간도 한인의 권리를 지킴으로써 '한인의 생명과 재산을 보호'한다는 명분을 유지하는 것이 필요하였고, 간도 인구의 80%를 차지하는 한인을 기반으로 하여 일본 세력의 확장이 가능할 것이라고 생각하였기 때문이다. 중국으로서도 간도협약으로 일본의 세력을 통상지로 제한할 수 있었기 때문에 간도협약이 파기됨으로써 간도 한인 전부가 치외법권 아래 놓이는 상황을 바라지 않았다. 일본의 강제병합으로 간도 한인의 지위에 논란의 여지가 생겼지만, 양측 모두 간도협약 유지가 유리하다고 판단하고 간도협약 파기로 인한 혼란과 갈등을 피하고자 하였다.[395]

간도파출소를 기반으로 간도 확보를 노렸던 일본은 강점 이후 간도 한인의 항일운동을 단속하는 한편, 간도의 총영사관과 거주 한인을 매개로 하여 세력 확장에 주력하였다. 간도총영사관은 간도 지역이 식민지 조선과 접해 있고 한인의 비중이 80%를 상회하였기 때문에 만주의 여타 영사관과는 위상과 성격이 달랐다. 간도총영사관은 상부지 및 잡거구역에 거주하는 한인을 관리하기 위하여 영사관에 소속된 경찰의 수가 많았을 뿐만 아니라 조선총독부 소속 헌병이 배치되어 있었다. 영사관 개설 초기에 간도총영사관에 배치된 42명의 경찰을 포함하여 간도 전역에 61명의 영사관 경찰이 배치되었으며, 이 중에는 "불령한인(不逞韓人)의 동정을 조사하고 아울러 단속하기 위하여" 조선총독부에서 파견된 헌병이 포함되어 있었다.[396] 간도총영사관은 이를 기반으로 간도협약에 따른 잡거구역 한인에 대한 재판입회권, 지조권(知照權), 복심청구권을 빌미로 잡거구역에 거주하는 한인에게로 지배력을 확장하고자 하였다.

간도의 일본영사관은 외무성의 관할하에 있지만, 조선총독부는 간도를 식민지 조선의 연장으로 간주하여 간도 한인에 대한 지배력을 행사하고자 하였다. 조선총독부는 헌병의 간도 파견에 이어 간도의 총영사와 영사가 조선총독부 관리를 겸하도록 하였다. 1912년 2월 데라우치(寺內正毅) 총독은 외무대신에게 "간도에 거주하는 조선인에 대한 시설 및 압록강 연안에 거주하는 조선인·중국인의 분쟁 기타의 사항에 관하여 해당 제국 영사관과 본부(本府: 조선총독부) 및 소속관서와의 연락을 유지하기 위하여 간도 및 안동의 영사관(領事官)을 본부 사무관으로 겸임"하게 하도록 요청하였고, 11월에 「조선총독부 사무관의 특별임용령」(칙령 제48호)을 공포하여 간도와 안동에 주재하는 총영사 또는 영사는 조선총독부 서기관, 부영사는 사무관을 겸임하도록 하였다.397 또한 간도 한인에 대한 재판을 조선총독부에서 관할하였다. 1910년 3월 제국의회에서 「간도에서 영사관의 재판에 관한 법률」이 제정되어 간도 영사관에서 예심을 거친 사건의 공판은 통감부 지방재판소에서 관할하도록 하였으며, 강점 이후 조선총독부 지방재판소로 이관되었다.398 이처럼 간도에서는 만주의 여타 지역과는 달리 조선총독부가 영사관을 통하여 한인의 활동에 개입할 수 있는 체계가 만들어졌다.399

  중국 정부는 간도 한인을 기반으로 한 일본의 세력 확장을 저지하기 위하여 행정 및 군사 체계를 정비하는 한편, 간도협약에 대처하기 위한 방침을 수립하였다. 1909년 말에 연길청을 연길부로 승격시키고 혼춘청을 신설하였으며, 혼춘에 두었던 '동남로병비도(東南路兵備道)'400를 국자가로 옮겼다. 이어 화룡욕분방경력을 화룡현으로 승격시키고 1912년에는 백초구에 왕청현(汪淸縣)을 설치하였으며, 1914년에는 동남로병비도에서 동남로관찰사공서, 연길도윤공서(延吉道尹公署)로 개편하였다. 그리고 영사관 설치 지역에 상부국(商埠局)과 상부분국을 설치하였다.⁴⁰¹ 또한 간도협약의 해석과 실행에 논란의 소지가 있었기 때문에 외무부에서는 길림 지방관에게「연변변무선후사의(延邊邊務善后事宜)」를 하달하여 간도협약 시행을 위한 세부 방침을 세웠다.⁴⁰² 이에 따르면 잡거구역 한인에 대한 일본영사관의 재판입회권, 지조권, 복심청구권은 생명에 관계된 중요한 안건에 한정시키고, 상부지 내에 거주하여도 경작지가 상부지 밖에 있는 한인은 중국 관헌의 재판을 받으며, 일본영사관의 경찰은 1~2명으로 한정하되 지방행정에 개입하지 못하도록 하였다.

또한 중국 정부는 간도 한인에 대한 입적(入籍)을 추진하고, 단속을 강화하였다. 중국으로서는 간도 한인을 귀화시키는 것이 간도협약의 구속에서 탈피할 수 있고 변경지역을 안정시키면서 일본의 세력 확장을 저지할 수 있는 근본적인 방책이었다. 청 정부는 근대적 국적법인「대청국적조례(大淸國籍條例)」(1909)를 제정하여 외국인의 귀화 규정을 정비하였으며, 동남로병비도에서는 귀화에 관한 세칙을 정비하고 관련 수속을 완화하여 간도 한인의 귀화를 장려하였다. 1911년에는「잡거구 및 비잡거구 한민에 대한 갑을양종방법(甲乙良種方法)」을 하달하여 잡거구역 바깥에서는 귀화하지 않은 한인의 거주, 경작과 토지소유를 금지하고, 잡거구역 안에서는 한인의 경작, 토지소유에 대한 규제를 강화하였다.⁴⁰³ 또한 호조(護照) 없이 월경하는 한인은 입국을 금지시키고, 월경 개간자는 소작계약을 통제하는 등 월경 한인에 대한 단속을 강화하였다.⁴⁰⁴

간도협약에 의하여 규정된 한인의 지위는 1915년 5월 '만몽

조약' 체결로 논란에 휩싸였다. 만몽조약에는 남만주에서 일본인에 대한 토지상조권 보장, 거주·왕래의 보장, 치외법권 보장을 규정하고 있는데, 이들 조항이 간도협약의 한인 토지소유 보장, 잡거구역 한인에 대한 중국의 재판관할 조항과 충돌하였다. 이에 일본은 제1차 세계대전 발발로 조성된 유리한 국면에서 간도협약을 만몽조약으로 대체함으로써 남만주 전체에서 '일본제국의 신민'의 토지소유권과 치외법권을 보장받고자 하였다.

일본은 만몽조약 발효로 간도협약은 무효가 되었다고 주장하고, 중국은 간도협약은 '특정한 지역'과 '특정한 대상'에 대한 규정이기 때문에 만몽조약과 무관하게 유효하다고 주장하였다. 토지상조권에 대해서도 일본은 실질적인 토지소유권을 보장한 것이라고 해석한 반면, 중국은 토지임차권만 보장한 것이라고 해석하였다.[405] 만몽조약 체결 직후 조선총독은 간도협약이 존속하게 되면 간도 한인과 간도 외부의 한인에 대한 차별이 생기고, 이에 불만을 품은 한인이 간도를 항일운동의 근거지로 삼을 우려가 있기 때문에 간도협약의 무효와 만몽조약의 적용을 외무대신에게 요구하였고, 1915년 8월 일본 정부는 간도협약을 폐기하고 만몽조약을 적용할 것을 각의 결정하였다.[406]

만몽조약이 발효되자 일본영사관은 잡거구역 및 잡거구역 밖에 거주하는 한인의 소송사건에 관여하기 시작하였고, 중국 지방정부에서는 이를 저지하면서 양국 간의 갈등과 논쟁이 빈번하게 발생하였다. 중국은 한인의 입적을 승인한다면 만몽조약 적용을 수용할 수 있다는 타협안을 제시하였지만 일본은 간도 한인의 치외법권을 주장하면서 이를 거부하였다.[407] 이처럼 만몽 조약 적용을 둘러싼 양국의 대치 상태에서 중국은 귀화하지 않은 한인의 토지소유를 규제하고 입적 조건을 간소화하는 방식으로 귀화를 적극 장려하였으며, 일본은 영사관 경찰과 '조선인거류민회(朝鮮人居留民會, 이하 민회)'를 통하여 한인에 대한 통제력을 강화해 나갔다.

'민회'는 상부지에서 일본영사관의 보호 아래 있던 한인 친목 단체를 개편한 것으로, 일본영사관이 설립을 인가하고 외무성과 조선총독부의 보조금으로 운영되었다.[408] 1917년 8월 용정촌 민회의 설립을 시작으로 1919년 초까지 4개의 상부지와 영사관 세력이 미치는 팔도구(八道溝), 남양평(南陽坪)에 민회가 설립되었다.[409] 민회는 일본영사관이 한인들을 통제하는 "시정 보조기관"으로 기능하면서 "거류민 공동의 이익과 함께 공공의 사무를 심의, 처리"하였다. 민회는 상부지 및 인근의 한인을 회원으로 가입시키고 잡거구역에서의 경찰분서 또는 파출소 설치와 연동됨으로써 상부지를 중심으로 한인을 조직하고 상부지 밖으로 세력을 확장하기 위한 거점으로 활용되었다. 민회의 확산에 대하여 중국은 민회가 상부지 밖의 한인이나 귀화한 한인을 입회시키는 것은 불법이라고 주장하며 팔도구에서의 민회 설치에 반대하였다.[410]

간도와 남만주에서 재판관할과 토지소유를 둘러싸고 양국이 대치한 상황에서 한인에 대한 중국 관헌의 압박은 날로 심해졌고, 토지소유 또는 소작을 얻기 위하여 중국 정부의 귀화 장려책에 따라 귀화를 선택하는 한인이 증가하였다. 그렇지만 한인의 귀화에는 법률상 난관이 가로놓여 있었다. 중국 국적법에 따르면 "해당 국가의 법률에 의하여 입적 후 본국 국적을 소실할 수 있는 자"를 귀화 조건으로 규정하였고, 나라도 국적도 없는 한인으로서는 국적 이탈 자체가 문제가 되었다. 강제병합으로 한국인은 '일본제국의 신민'이 되었지만, 구한국시대의 법령에 한국인의 국적 이탈을 인정하지 않았고, 일본의 「국적법」도 시행되지 않았기에 조선인에게는 국적 이탈이 적용되지 않았다.[411] 중국은 한인이 무국적 상태이기 때문에 귀화에 문제가 없다고 주장하였지만 일본은 한인의 귀화는 법률적 근거가 없기 때문에 무효라고 주장하였다. 한인의 귀화문제가 중일 간의 외교적 마찰을 불러일으켰지만 중국 정부는 귀화 조건을 완화하면서 한인의 귀화를 촉진하였다.[412] 귀화에 장애가 되었던 국적법상의 제한은 1929년에 중국 정부가 국적법을 개정하여 '외국인이 중국 국적에 가입하려면 본국의 국적을 상실해야 한다'는 조항을 삭제함으로써 비로소 해소될 수 있었다.

1920년 '훈춘사건'을 빌미로 한 일본군의 간도 토벌(경신참변)은 간도 한인에 대한 일본의 영향력이 일층 강화되는 계기가 되었다. 3·1운동 이후 간도 지역이 국외 항일운동의 거점이 되어 국내 진공 작전이 활발해짐에 따라 조선군은 '간도 지방 불령선인 초토계획'을 수립하였으며, 1920년 10월 마적의 훈춘 일본영사관 습격을 빌미로 15,000명에 달하는 일본군이 간도에 진주하여 1921년 5월까지 항일운동을 토벌하였다.

일본 정부는 철군 이후의 조치로서 경찰 병력의 확대와 만몽 조약의 적용에 중점을 두기로 결정하고 12월에 10개소의 영사관 경찰분서를 잡거구역에 신설하였다. 아울러 경찰분서가 설치된 지역에 민회를 설립하여 한인에 대한 통제를 강화하였다.[413] 또한 민회의 부속기관으로 '금융부'를 설치하여 세력 확장을 뒷받침하였다. 민회 금융부는 간도 토벌로 인한 피해자 구제를 위하여 육군성에서 내놓은 구휼금 10만 엔을 기반으로 하여 설치된 것으로, 1922년 2월 용정촌 민회의 금융부 설치를 시작으로 국자가, 두도구, 혼춘에 금융부가 설치되었다. 민회 금융부는 중농 이하의 회원을 대상으로 저리로 자금을 대출해주었는데, 2인 이상의 보증인을 세우거나 담보를 제공해야 했다.[414] 1928년 말의 민회 현황을 보면 연길현에 8개(상부지 3개소), 왕청현에 3개(상부지 1개소), 화룡현에 4개소, 혼춘현에 3개소(상부지 1개소) 등 모두 18개의 민회가 설립되었고, 전체 63,170호 중에서 73%에 달하는 46,333호가 민회에 가입하였다. 그리고 귀화한 한인 중에서도 5,029호가 민회에 가입하였다.[415]

장작림 군벌정권은 일본의 간도 진주를 묵인하였지만 광동 정부는 일본군의 철수를 요구함과 동시에 일본 경찰의 증강을 중국의 행정권을 침해하는 것이라고 항의하였다. 도빈(陶彬) 연길 도윤은 "일본의 출병은 한인 이민이 불러온 것이기 때문에 일본인의 침입을 방지하려면 우선 한인을 방축(放逐)하여 한인의 입적을 금지하고 우리 이민을 장려"해야 한다는 의견서를 길림공서(吉林公署)에 제출하였다. 그리고 1921년 연길 경찰청을 신설하고 고등경찰서를 영사관 경찰분서 인근에 배치하였으며, 연길 경찰청장은 민회를 치안경찰법으로 단속할 것을 성장에게 요청하였다.[416] 일본의 세력 확장에 대한 중국의 대응은 장작림 군벌정권의 대일 협조로 인하여 소극적인 대처에 그쳤지만 한인은 '일본 침략의 선봉'이라는 인식이 자리잡게 되었다. 이러한 인식은 1925년 미쓰야협정(三矢協定) 체결로 중일의 협조에 의한 한인 민족운동의 단속으로 이어졌고, 이후 한인에 대한 압박, 배척으로 나아가는 계기가 되었다.

일본군의 간도 토벌 이후 조선총독부는 북간도와 서간도를 내지의 연장으로 간주하고 국경수비대와 경찰의 월경을 통한 '불령선인' 단속을 주장하였다. 1924년 5월 압록강을 따라 국경시찰 중이던 사이토 총독 일행을 참의부 소속 독립군이 저격한 사건이 벌어지자 조선총독부는 국경수비대와 경찰의 월경, 단속을 요청하였다. 이에 대하여 외무성은 압록강 중류의 모아산(帽兒山)에 영사관 분관을 세워 국경지역을 단속한다는 방침을 세우는 한편, '미쓰야협정'을 체결하여 중국 관헌이 '불령선인'의 조선 침입을 방지하는 대신 양국 경찰의 월경을 금지함으로써 북간도와 서간도에 대한 총독부의 개입은 진척되지 못하였다.[417]

3) 일본 자본의 만주 진출과 재만 한인

만몽조약 체결을 계기로 일본은 남만주에서 토지, 철도, 금융을 장악하고 만주 특산품인 대두(大豆) 및 철광, 석탄 등의 자원에 대한 자본 투자를 주축으로 경제적 진출을 감행하였다. 일본의 남만주 진출은 서쪽으로는 조차지인 관동주와 남만주철도주식회사(이하 만철)를 기반으로, 동쪽으로는 간도 한인을 기반으로 이루어졌다. 봉천 방면으로는 1911년에 압록강철교가 완공되고 안봉철도 개축공사가 완료되어 전 구간이 개통됨에 따라 경의선이 안봉선을 통하여 만철 남만주지선에 연결되었다. 간도 방면으로는 1917년에 함경선의 일부인 청회선(淸會線: 청진-회령)이 완공되었고, 1920년에 도문철도(圖們鐵道: 회령-상삼봉), 1924년에 천도철도(天圖鐵道: 상삼봉-천보산)가 개통되면서 함경선과 간도가 연결되었다. 이에 따라 간도 무역의 통로가 블라디보스토크-혼춘 경로에서 청진-회령-간도 경로로 대체되면서 회령은 함경도와 간도를 연결하는 거점도시로 성장하였다.[418]

1910년대 만주에는 요코하마정금은행(橫濱正金銀行)이 관동주 및 만철 부속지의 국고금을 취급하고 있었고, 식민지 조선의 중앙은행이 된 조선은행은 1913년에 봉천, 대련, 장춘에 지점을 개설하여 만주로 진출하였다. 만몽조약 체결 직후인 1916년 조선은행은 합이빈(哈尔濱), 영구(營口)에 지점을 설치하고, 사평(四平, 1914), 개원(開原, 1915)에 개설한 파출소를 출장소로 승격하였으며, 봉천성과 차관 계약을 체결하여 만주에서의 엔화 유통을 확대하였다. 1917년 3월에는 용정촌에 출장소를 개설하여 영업구역을 간도로 확장하였다. 조선은행의 간도 진출에 대응하여 중국은행에서도 1917년 7월 국자가에 지점을 설치하여 종래 길림관전은호(吉林官錢銀號)의 금융 업무를 인수하였다.[419]

국책기관인 동양척식주식회사(이하 동척)도 만주로 진출하였다. 조선에 대한 척식(拓殖)사업을 목적으로 설립된 동척은 1917년 6월 「동양척식주식회사법」을 개정하여 영업 범위를 조선 이외의 지역으로 확대하고 사업 목적도 금융 사업으로 확장하여 만주 개발에 나섰다. 만몽조약으로 토지상조권을 획득하여 토지를 담보로 하는 장기 대부가 가능하게 되자, 동척은 봉천과 대련에 지점을 설치하여 토지 매수 및 부동산 금융에 착수하였다. 동척은 '용정촌구제회(龍井村救濟會)'의 사업을 인수하면서 간도로 진출하였다. 용정촌구제회는 1911년 5월 발생한 용정촌에서의 대규모 화재를 계기로 "용정촌 및 그 부근에 거주하는 조선인 구제를 위한 부동산 매매·대여 또는 부동산을 저당으로 하는 자금 대출"을 위하여 설립되었다. 당시 화재 피해를 입은 한인들이 피해 복구 자금을 마련하기 위하여 중국 관헌에게 토지를 매각하거나 담보로 제공하였는데, 용정촌구제회에서는 조선총독부의 구제 자금을 기반으로 한인들의 토지를 매입하거나 토지를 담보로 자금을 대출하였다.[420] 1918년 동척은 간도에 출장소를 설치하여 용정촌구제회의 업무를 인수하고 토지 매수와 부동산 담보 대출을 강화하였다.

제1차 세계대전 이후 일본에서의 쌀값 폭등에 따른 식량문제를 해결하기 위하여 조선에서의 산미 증식과 더불어 만주에서의 수전(水田) 개발이 추진되었다. 1920년대 만주에서 척식사업을 운영하기 위한 회사로서 설립에 착수한 것이 '만주권업주식회사'이다. 만주권업은 "만주에서 수전을 경영하고 비료·농구의 판매 및 농업자금의 대부"를 목적으로 조선, 일본, 만주의 실업가와 명망가로 발기인을 꾸리고 40만 주 주식을 발행하여 자본금 2,000만 원을 조달할 계획이었다. 발기인들은 관동청의 보조와 조선총독부의 원조, 그리고 장작림 군벌정권의 승인을 얻어 1920년 1월에 창립총회를 개최하였다.[421] 그러나 일본 정부는 민간회사가 만몽척식이라는 국책사업을 감당하기에는 부적합하다는 이유로 설립을 허가하지 않았다.[422]

이후 외무성과 척식국에서는 만주권업 설립을 추진했던 만철, 내몽골의 토지를 불하받아 척식사업을 운영하려던 동척, 장작림 군벌정권과 내몽골 토지경영에 대한 합작을 추진하던 오쿠라구미(大倉組)의 움직임을 수렴하여 만몽에서의 척식사업을 수행할 국책회사를 수립하기로 협의하였다. 이에 따라 1921년 12월 본사를 봉천에 두고 "만몽에서의 토지 경영, 재만선인(在滿鮮人)의 생활 안정, 만몽우(滿蒙牛)의 일본 수출 등"을 목적으로 하는 '동아권업주식회사'가 설립되었다.[423] 동아권업은 만철, 동척, 오쿠라구미가 40만 주의 주식 대부분을 인수하여 3대 대주주가 지배하는 형태로 출범하였고, 조선총독부로부터 매년 30만 엔, 관동청으로부터 매년 20만 엔의 보조금을 지급받는 국책회사의 성격을 지녔다. 그러나 중국의 반발을 고려하여 국책회사가 아

닌 민간회사로 활동을 시작하였고 중국에서는 '동아권업공사(東亞勸業公司)'라는 명칭을 사용하였다.[424]

만철과 동척으로부터 토지를 인계받아 만몽에서의 척식사업을 개시한 동아권업은 사업 성과가 부진하여 이내 "보조금만 먹는 동아권업"으로 전락함에 따라 정리방안이 대두하였다.[425] 동아권업의 사업이 부진하였던 이유는 토지상조권문제로 인하여 토지 소유가 불안정하였고, 내몽골에서 척식사업을 위한 중일 합작이 별다른 성과를 거두지 못했기 때문이다. 동아권업이 간도에서 토지 매수를 시작한 시기는 1929년부터인데, 법적으로 토지를 소유할 수 없었기 때문에 중국인 명의를 빌리거나 귀화 한인 명의로 토지를 매수하였다. 주로 귀화 한인이 소유한 토지에 대하여 상조권 양도 계약을 체결하고 일본영사관의 인증을 받는 방식으로 토지를 매수하였다.[426]

2 간도 담론의 확산 및 분열: 만주개발론과 귀화론

1) 『매일신보』의 만주개발론

경성일보사에서 발간하는 한국어 일간지인 『매일신보(每日申報)』는 조선인을 대상으로 조선총독부의 시정 방침을 전달하는 기관지이다. 1910년대 『매일신보』는 간도 이주 상황과 더불어 총독부의 간도 인식을 전해 주었는데, 만몽조약 체결을 계기로 신문의 논조가 크게 변화하였다. 강점 직후에는 조선 지배의 동요를 우려해서 조선인의 간도 이주에 반대하였지만, 만몽조약 체결 이후에는 간도와 만주 이주를 통한 만몽의 개발을 적극적으로 주창하였다.

  1910년대 전반 『매일신보』는 간도로 이주한 조선인의 참상을 전하며 귀환을 촉구하였다. 『매일신보』는 간도 이주가 간도를 '이상향(理想鄕)'으로 생각하는 사람들의 미신 때문인 것으로 보도하다가 점차 간도를 '사지(死地)', '생지옥'이라고 부르는 등 간도 거주의 비참함을 강조하였다. "근일 함경, 강원, 경북, 황해도 등지에 거주하는 조선인 등은 간도로 이주하는 자가 갈수록 증가하는데 이 사건에 대하여 모처에서 취조(取調)한즉 일종 미신에 불과하니 그 미신인즉 간도 모처에는 백의인의 소재지라 기록한 고비(古碑)가 있다함으로 우미(愚迷)한 사람들은 영원히 거생(居生)할 땅으로 오인하였으나 지금에 이르러서는 이주한 조선인들이 그 경거(輕擧)함을 후회하는 자가 많다더라"[427]라고 미신 때문에 간도로 이주하는 자가 많다고 보았다. 이후 간도로 이주하였다가 다시 귀향한 사례들을 전하면서 비싼 이주비용, 긴 추위, 척박한 토지, 비싼 물가, 질병의 위험, 높은 차지료, 도적과 관리의 침탈 등을 거론하며 간도 이주를 반대하였다.[428] 가령 마산부 진해면에 사는 두 농민은 남대문역, 신의주역을 거쳐 간도로 들어갔지만, "약간의 소지금이 있는 자는 겨우 독립생활을 하지만 그 역시 불과 몇달이면 자본이 거의 떨어지고, 지나인에게 고용으로 들어가 겨우 호구(糊口)하나 매일 노동은 우마와 마찬가지로 사용하며, 또 음료수가 매우 나빠서 노인과 어린이는 종종 병에 걸리는 한탄을 면하기 어려우나 의약이 없어서 치료를 하기 어려"[429]운 간도 상황을 접하고서는 각성하여 바로 귀향하였다고 전하였다. 또한 경남 함안에서 서간도로 이주하였다가 귀향한 사례를 들며, "자금을 수백 원씩 휴대하고 이주한 두 이 씨의 경과도 기사회생의 지경에 이르렀거든 기타 약간의 여비를 지니고 이주한 자야 그 모습의 참혹함은 보지 않아도 짐작할 수 있으니 간도로 이주하고자 하는 자는 그 망상을 버림이 가

(可)"⁴³⁰하다고 간도 이주를 반대하였다.

그러나 만몽조약 체결 이후 간도 이주를 바라보는 시선이 바뀌었다. 『매일신보』에서는 만몽조약 체결 직후에 "금회의 일지신조약(日支新條約: 만몽조약)은 우리 조선인에게 광명의 전도를 열었고 무상의 복음을 전하였도다. … 이미 일본국 신민이 된 이상에는 능히 신조약의 조문을 활용하여 자유로 활동함을 득할지니, 우리 조선인이 활동할 목적지는 만몽(滿蒙)을 버리고 다른 곳에 구할 바 없으며, 역사상·지리상의 관계로 말할지라도 우리 조선인이 만몽에서 거주, 왕래함은 즉 고토를 회복한 감이 있을지니"⁴³¹라고 조선인이 이주할 지역으로 만몽을 지목하였다. 1915년 9월에는 매일신보사와 경성일보사가 공동으로 조선철도 1,000리 개통 기념으로 만주-조선-대만을 잇는 '철도 대경주'를 개최하여 철도 연결 상황과 더불어 철도 연선의 도시들을 소개하였다.⁴³² 1917년 초에는 매일신보사와 경성일보사가 공동으로 "만주의 신천지는 우리들을 고대"한다는 슬로건을 내걸고 대규모의 '만주시찰단'을 모집하였다.⁴³³ 4월에 시찰단이 출발하자 시찰단의 여정을 따라 「만주견문록」을 연재하고 「만주시찰단 사진첩」을 실어 시찰단의 소식과 더불어 만주의 근황을 전하였다.

『매일신보』는 만주 개발을 위한 구체적인 방책으로 수전 개발과 척식사업을 내세웠다. 만주의 수전 개발에 대해서 "우리 조선인은 만주 미작(米作)에 대한 창조, 원조 또는 은인이라 하여도 결코 과대한 점이 아닌 것"⁴³⁴이라고 강조하고, 만몽조약 이래

"제국의 만몽에 대한 경영상 우리 조선인은 만몽 개척에 대한 원대한 미래와 노동계급에 대한 유리한 지위에 있지 아니한가 … 삼천만 섬 정도를 수확할 수전 개간에 유망한 이백오육십만 정보의 미개간(未開墾)을 가지고 지하에 기다무한(幾多無限)한 광물을 잠장(潛藏)하였으니 이와 같은 부원(富源)을 어찌 방기할 수 있을 것인가"[435]라고 만몽의 수전과 광산 개발에 조선인이 적극적으로 참여할 것을 권유하였다. 장지연은 『매일신보』에 「만주수전관(滿洲水田觀)」을 연재하여 역사적으로 조선인이 만주 수전의 개척자임을 주창하였다. 그는 조선의 수전이 백제의 도전(稻田)에서 시작되었고, 만주는 북부여, 고구려, 발해의 판도에 속했다는 사실과 더불어, "근년 내로 우리 조선인의 만주 이주자가 해마다 증가하여 그중 순량한 농민이 많음으로 대부분은 요양, 봉천의 평원, 광야에서 기간(起墾), 경작에 노동하는 자는 수전의 이익, 즉 논농사(畓農)를 개척하여 엄연히 하나의 농업국을 화성(化成)한지라"[436]라고 만주 수전이 조선에서 유래하였고, 이주 조선인에 의하여 개척되었음을 역사적으로 뒷받침하였다.

제1차 세계대전 직후 쌀값 급등으로 만주에서 '수전경영열(水田經營熱)'이 일어남에 따라 조선인의 만주 이주가 증가하고, 일본과 중국의 사업가들은 수전 사업을 운영할 회사 설립에 나섰다. 『매일신보』에서는 1919년 12월 중일 합동으로 추진되는 '중일권업(中日勸業)'의 설립 계획을 전하였고,[437] 1920년 '만주권업'의 설립이 추진되자 "만주에 있는 수전 경영은 전혀 우리 조선인인 이주민의 농자(農者)에 임하였던 것이라. 고로 이 개척을 수행하는 일은 가장 편리하고 또 유익한 일은 물론이라. 이와 같이 유력한 대회사가 출현하여 금후의 구제 및 지도의 임(任)에 당하는 일은 실로 조선인을 위하여 일대 복음"[438]이라고 한인을 구제, 지도할 대회사의 설립 소식을 전하였다. 그리고 "이 제국 신민된 조선인이 제국 세력권 내에 있는 만주 지방에서 활동하며 발전함은 오히려 당연한 일이오 이것의 후원자가 되며 보호자가 되며 또 지도자가 될 사명을 가진 대회사의 성립을 보고자 함은 실로 시의에 적합한 것"[439]이라고 제국의 신민인 조선인을 후원, 보호, 지도할 대회사의 설립을 지지하였다.

1920년 만주 지역에서는 전례 없는 심한 가뭄과 이른 서리로 농사를 짓던 한인들이 큰 피해를 당함에 따라 『매일신보』에서는 '재만 동포'의 참상을 알리고 피해 구제에 나서는 한편, 조선인의 이주와 수전 사업을 행할 척식회사를 재만 동포 구제의 방안으로 소개하였다. 『매일신보』는 재만 동포의 궁핍상을 전함과 아울러,[440] "대규모의 농사회사를 조직하여 선인(鮮人)들로 하여금 토착적 개간농업에 종사케 하며, 혹은 그 농업자금의 대부 등에 편익을 주어 그들로 하여금 생명재산의 공고(鞏固)를 도모케 하"고자 하였다.[441] 만몽 개발과 조선인 이주를 목적으로 한 '동아권업(東亞勸業)'의 설립에 즈음하여 『매일신보』는 동아권업의 설립이 "조선인 이주자의 복음"이라고 찬양하면서, "토지개발 사업에 대하여 조선인의 힘을 기대하지 않으면 가능할 수 없다 함은 내지인이든지 지나인이든지 공통으로 이를 허(許)하였으니 그런즉 이 광막한 무진장의 보고(寶庫)를 개척함에는 내지인의 지(智)와 조선인의 힘(力)으로써 병진할진데 풍부호유(豊富豪腴)한 천리옥야(千里沃野)를 이룸은 결코 난사(難事)가 아니"[442]라고 일본인의 지식과 조선인의 힘을 통합할 수 있는 권업회사의 조속한 설립을 희망하였다.

그렇지만 간도 토벌 이후 일본의 세력 확대와 동아권업의 설립은 중국으로 하여금 토지상조에 대한 단속에 나서게 하였고, 중국 관헌의 토지상조 규제는 재만 한인의 수전 경영을 압박하였을 뿐만 아니라 척식사업의 근간을 동요시켰다. 이러한 상황에서 『매일신보』는 재만한인문제를 낳은 근본 원인이 토지상조권문제에 있다고 인식하고, 토지상조권문제의 해결을 극력 촉구하였다. 『매일신보』는 재만 한인의 구제가 경제적 향상에 의한 생활 안정에 있다고 보고, "경제적 세력을 대륙에 부식함에는 무엇보다도 그 토지에 대한 권리를 확보할 것을 해결해야 할 것이니, 즉 대정 4년의 일지협약(日支協約)에 의하여 만주에서의 상조권을 해결할 일도 극히 필요하거니와 당분간은 각종 사정으로 그 현안의 해결이 극히 곤란하게 된 금일에, 우선 다년간 그 땅에 이주하여 개척에 종사한 조선인을 원조하여 그 차지(借地)의 편의가 있는 점을 선용해야 한다"[443]고 토지상조권문제의 해결이 근본적인 방책임을 제시하면서, 재만 한인을 활용하여 경제적 세력을 부식할 것을 주문하였다. 또한 동아권업의 사업 부진도 "공사 그 자체의 조직이 양호하지 못하다든가 또는 노력이 부족하다는 것보다 오히려 만몽에 있는 내지인 토지상조권문제를 근본적으로 해결치 못함이 일대 원인"[444]이라고 주장하였다.

1925년 들어서는 '재만조선인유지단'이 도쿄로 건너가 각 방면에 토지상조권문제의 해결을 진정하고 있다는 소식을 전하면서 "만주의 토지상조권의 획득은 멀리는 수십 년 가까이는 십수 년에 걸친 기득권을 승인함에 불과하다 … 금일에는 내지의 인구문제와 식량문제의 근본 해결은 만주의 토지상조권과 필연적 관계가 있을 뿐 아니라 그것은 조선 문제에도 중대한 의의를 가진 것이다. 즉 재만의 조선인으로 업(業)에 안정함을 얻게 하는 것은 조선통치상 무엇보다도 급무"[445]라고 토지상조권문제의 해결이 일본의 인구, 식량 문제 뿐 아니라 조선 통치와도 밀접한 관련이 있음을 강조하였다.

2) 『조선일보』의 귀화론

1920년 『조선일보』, 『동아일보』 같은 조선인이 발행하는 일간지가 등장하면서 간도 문제와 재만한인문제에 대해서 『매일신보』와는 다른 목소리가 나오기 시작하였다. 『조선일보』는 창간 직후 「동사평림(東史評林)」을 통하여 단군조선에서 삼국에 이르는 역사를 연재하면서 "중국과 우리의 고사를 살피건대 백산(白山) 남북의 조선·만주 민족이 단군의 혈통"[446]이라고 만주에 대한 역사적 연고를 거론하였다. 그리고 만주로 이주한 재만 동포의 참상을 전하면서 "먼저 그들 동포의 생각하는 바를 소개하고 다음에 우리들의 생각하는 바와 아울러 만주 둥지의 오랜 풍상을 겪은 일반 유지의 생각하는 바를 소개함으로써 만여 리의 타향에 고독을 느끼며 주림에 부대끼어 오래지 아니하여 생명의 위독을 면치 못하게 된 만주에 이주한 동포들을 위하여 구제하고자 하는 목적을 다하고저 하노라"447라고 위기에 처한 재만 동포의 구제에 대한 관심을 촉구하였다.

『조선일보』는 간도를 "배일조선인(排日朝鮮人)"의 근거지이자 "조선인이 개척한 천혜의 보고(寶庫)"448로 보았고, 간도 토벌군의 철병 소식과 간도와 만주 각지에서 일어나는 독립운동의 상황, 그리고 만주 각지에 거주하는 재만 한인의 상황과 더불어 재만 한인이 경영하는 수전사업을 소개하였다. 재만 한인의 수전 경영에 대해서 "지금부터 오십여 년 전 압록강 상류지방에 이주한 조선인이 통화현(通化縣) 상전자(上甸子) 지방에서 수도(水稻)를 시작(試作)한 이래, 조선인의 만주 이주는 해마다 성대"449하게 되면서 만주의 저습지를 중심으로 수전지대를 형성하였다고 역사적 연원을 소개하고, "간도, 안동, 봉천, 해삼위 방면에서 다소의 토지를 소유하고 독립 경영을 하는 자도 없지 않으나 그 대다수는 빈약한 소작인 및 농업노동자"450이고, 만주에서 수전 경작의 수익은 적지 않지만, 소작인의 경우 "지주에게서 생활비를 전차(前借)함에 있어서는 추수의 전부는 전차의 이자에 충당"451되어 수익이 없다고 수전경영의 현황을 전하였다. 한인의 귀화에 대해서는 "종래 간도 재주 조선인으로 지나에 귀화하는 자가 있다 하였지만 그 수효가 얼마되지 않았다. 그런데 작년부터 갑자기 귀화하는 조선인이 증가하는 모양인데 이같이 귀화하는 조선인은 토지를 매수할 수 있다. 이삼 년 전까지는 지나 측에서도 아주 호감으로 동정하며 환영하였지만 작년 이후로 지나 측에서 조선인의 귀화에 대하여 일종의 의혹의 눈으로 보"[452]는 경우가 많다고 간도 토벌 전후로 변화된 상황을 전하였다.

  1924년 11월에는 만주의 상황을 직접 취재한 「만주관견(滿洲管見)」을 14회에 걸쳐 연재하였다. 먼저 재만 한인의 상황과 관련해서 "만주는 조선인을 팔아먹고 생명을 유지하는 무뢰배가 많으며, 일본 관헌 측에서는 각인각양으로 저 무뢰배를 이용하여 조선인 행동을 정찰함에 영일(寧日)과 여력이 없"[453]으며, "금일의 현상은 불행히 중국인이 재만 동포를 대함에 순결한 조선으로써 하지 않고 '너희들 배후에는 일본이 있다'고 하는 개념을 가지고 있으며, 또는 중국인 자신 특히 관헌 측에서도 조선인에 관한 문제가 발생되면 항상 일본인의 비식(鼻息)을 엿보는 것은 동삼성 및 일본의 양 위정자 간의 관계에 의하여 넉넉히 판단할 수 있다"[454]고 양국 관헌 사이에 낀 재만 한인의 불행한 처지를 설명하였다. 토지상조권문제에 대해서 "중국은 외국인에 대하여 토지의 소유권을 법률상 허락하지 않는다. 외국인에게 토지소유권을 허락하지 않는 것은 중국 법률만 그러한 것이 아니라 세계 각국의 법률제도가 소수의 예외를 제외한 외에는 거의 전부가 그러한 원칙을 세우고 있는 것"이라고 중국의 토지상조권 규제 조치를 거론하면서 "중국인이 조선인을 대하는 금일 태도는 결코 순결한 조선인으로써 하지 않음이 역역한 사실이라. 따라서 상조(商租)문제도 일본인과 동일한 경우에 처하게 되었다"455고 중국의 토지상조권 규제로 인하여 재만 한인이 입을 피해를 염려하였다. 귀화문제에 대해서는 귀화의 장점과 단점을 설명하고, "서북간도에만도 이미 귀화한 줄로 중국 관헌이 세는 수가 오만 남짓이라 하며, 그 외에도 귀화를 희망하는 자가 적지 않다"고 귀화 한인이 늘어나고 있는 간도의 상황을 소개하고, "총독부 측에서는 귀화를 절대 불허할 방침을 취하여 설령 조선인으로서 중국 국적에 입적된 자가 있더라도 조선에서는 탈적을 불허하는 까닭에 이중국적을 가지게 되어 그야말로 양국 사이에서 보호는 상양(相讓)하고 단속은 생선(生先)하는 고통을 받게 된다"456고 총독부의 귀화 불허로 생기는 이중국적문제가 중요하고 긴급한 문제라고 지적하였다.

  1925년 3월 봉천성에서 외국인의 토지소유를 금지하는 규정이 발포되자『조선일보』는 "우리는 살아야 하겠다. 귀화의 자유를 주라"457는 재만 동포의 호소를 전하면서 토지상조권문제의 원인이 국적문제에 있음을 천명하였다. 즉 외국인의 토지소유 금지는 곧 재만 한인에 대한 토지상조 금지를 의미하는 것이고, "토지상조 반대의 문제가 그 원인이 일본세력의 구축에서 나온 것이로되, 그 참해(慘害)는 도리어 다수의 무고한 조선인 동포에 미치"458고 있다고 보았다. 따라서 "조선인이 그의 '일본신민' 이라는 이유로서 만주에서 배척되는 것은 본 문제 해결상 가장 착안할 점이다. 국적문제! 그것이 문제의 초점이 아닌가"459라고 토지상조권문제 해결을 위해서는 국적문제가 핵심임을 강조하였다. 따라서 "조선인은 이제 '일본의 신민'인 조선인으로서 만주의 토지를 경작하여야 하는지 혹은 중국인으로 개적(改籍)하고 경작권을 획득하여야 하는지"460 기로에 서 있으며, 재만 조선인은 "이제 일본과 중국 간에 주저하고 머뭇거려서 겹겹의 뜻하지 않은 곤액(困阨)을 겪는 것 보다는 차라리 모두 국적의 이탈을 도모하고 겸하여 경제적 안정의 방책을 강구"461할 것을 제언하였다.

1925년 6월 미쓰야협정이 체결되고 봉천성에서는 한인들에게 교거증서(僑居證書)를 발급하고 토지소유 및 소작을 금지하는 등 단속을 강화하자, 『조선일보』는 중국으로의 귀화가 현실적 해결책임을 주장하였다. 재만 한인에 대한 중일 양국의 압박에 대하여 "상조 금지 및 교거증서의 문제는 곧 백여 만의 재만 조선인으로 오직 일본의 국적에 속함으로 인한 양극의 해악만 편벽되게 받는 가장 노골적인 현상이다. 우리는 만주 백여 만의 조선인의 생활 안정을 위해서는 단연코 일본에 탈적과 중국에 개적으로써 이 양극의 해악을 벗어나기를 제언하는 바이다"462라고 양국의 압박에서 벗어나기 위한 방책으로서 일본 국적으로부터의 이탈과 중국 국적으로의 귀화를 제기하였다. 그리고 "중국은 정정(政情)이 안정되지 못하였고 비도(匪徒)의 횡행(橫行)이 자못 심하며 군경 및 관리배의 침릉(侵凌)이 가혹하며 사법과 일반 행정 등이 자못 난맥(亂脈)을 지은 것 많으니 귀화가 곧 생활의 개선을 가져옴이라고 할 수는 없으나 우선 생활의 기초를 만들기 위하여는 귀화로 시작할 밖에 없을 것"463이라며 귀화가 생활의 안정을 위한 차선책이라고 주장하였다.

3 재만 한인의 구축과 자치론의 발흥

1920년대 후반 만주에서 항일운동의 고양과 더불어 재만 한인에 대한 '구축(驅逐)정책'이 시행된 계기는 일본의 '산동 파병'이다. 일본 정부는 국민혁명군의 북벌로 인하여 산동성의 조계지가 위태롭게 되자 1927년 5월 '거류민 보호'를 명분으로 관동군을 산동으로 파병하였고, 산동을 점령한 상태에서 열린 '동방회의'에서 「대중국정책강령(對華政策綱領)」을 발표하여 만주에서의 권익 수호를 선언하였다. 중국에서는 이를 제1차 세계대전 당시 일본의 21개조 요구와 같은 주권의 위기로 받아들이고 항일운동을 전개하였다.

일본 정부가 한인 보호를 빌미로 압록강 대안의 임강현(臨江縣) 모아산(帽兒山)에 영사관 분관을 설치하려고 하자 중국 관민이 이에 반대하는 운동을 일으켰다.[464] 또한 6월 신민현(新民縣)에서는 중국인들이 동아권업 농장을 습격하고 농장에서 작업하던 한인과 일본인을 폭행하였는데, 동아권업의 토지가 중국인

지주와의 소유권문제가 해결되지 않은 채 만철이 매입했기 때문이다.⁴⁶⁵

중국의 항일운동은 만주에서 일본세력을 축출하는 데 있었고 일본영사관 설치 반대도 이를 위한 것이었지만, 항일운동이 고양될수록 한인에 대한 압박 또한 강화되었다. 중국 관민의 항일운동은 중국의 주권을 침해하는 일본 경찰의 주재를 반대하는 것에 초점이 있었지만, 한인 이주자가 증가하는 지역에는 머지않아 일본영사관이 들어서고 일본 경찰이 들어왔기 때문에 항일운동의 고양과 더불어 영사관 설치와 경찰 주재의 구실이 되고 있는 한인에 대한 규제와 압박도 강화되어 갔다. 임강현 모아산에서 전개된 일본영사관 반대 운동은 한인 퇴거 명령으로 이어졌다. 1927년 6월 봉천성장은 임강현 팔도구(八道溝)의 한인 120호에 대한 퇴거를 명령하였고, 한인 100여 호가 각지의 오지로 이전해야 했다. 봉천성의 재만 한인에 대한 압박은 1927년 9월 이후 길림성을 비롯한 만주 전역으로 확대되었다.⁴⁶⁶

국민혁명군의 북벌이 재개되어 산동성으로 들어가자 1928년 4월 일본군은 다시 산동에 진주하였고, 제남(濟南)에서 북벌군을 공격하여 중국군과 민간인 3천 명 이상이 사상당하는 대참사가 일어났다(제남사변). 제남을 점령한 후 일본은 북벌 저지를 빌미로 장작림에게 길회선을 비롯한 5개 철도 부설 및 일본군에 의한 만주의 치안 유지를 요구하였고, 이를 반대하는 장작림과 갈등이 고조되다가 결국 6월에 관동군에 의한 장작림 암살을 단행하였다. 장작림의 뒤를 이은 장학량(張學良)이 국민정부에 복속함으로써 만주 정세에 커다란 변동이 일어났다. 장학량은 12월 동삼성에서 국민정부의 청천백일기를 게양하고 국민정부는 장학량을 동북변방군 사령관에 임명함으로써 국민정부는 중국을 통일하였다.[467] 이로써 1920년대 들어 지속되었던 일본과 만주 군벌의 협조체제가 붕괴되고 '불평등조약 철폐'를 내세운 국민정부와 일본의 대립이 시작되었다.

만주에서 중일 양국의 대립은 일본인과 미귀화 한인의 토지 소유 및 임대 금지와 한인에 대한 압박과 구축으로 표출되었다. 1929년 국민정부는 「토지도매엄금조례(土地盜賣嚴禁條例)」를 제정하여 일본의 토지 침탈을 막고자 나섰고, 요동성과 길림성에서도 국토도매(國土盜賣) 관련 법령을 제정하여 일본인과 미귀화 한인에 대한 토지의 소유, 임대, 저당을 금지하였다. 동북정무위원회(東北政務委員會)에서는 '토지상조권 회수에 관한 조치'를 통하여 미귀화 한인에 대한 토지상조를 금지하였다.[468] 재만 한인에 대한 압박은 퇴거명령, 귀화명령을 비롯하여 토지, 가옥, 거주, 이동, 교육 등 다방면에 걸친 것이었다.『조선일보』에서는 "□삼년래 지속하는 이 압박의 현실은 가속적으로 또 격심하게 만주의 각 지방에 확대되고 있다. 요즈음 소식으로만 보더라도 관전현(寬甸縣)을 중심으로 한 소작반환 강요, 부채의 독촉, 종자의 차압, 그로 인한 부녀의 모욕, 이주자의 거주 제한, 3~4배에 달하는 과세의 증가책이 그 실례이오, 유하현(柳河縣) 같은 곳에서는 조선인을 방축하자는 현민대회(縣民大會)의 결의, 통화현(通化縣)을 필두로 하여 혼춘, 북간도 일대까지에는 조선인학교의 폐쇄 및 폐쇄명령이 있다"[469]고 한인 압박에 대한 각지의 사례를 소개하였다.

또한 중국 정부에서는 중국 농민의 만주 이주를 장려하여 한인 농민을 압박하였다. 1920년대 후반 산동 농민의 만주 이주가 증가하였고, 동북정무위원회에서는 1931년부터 5개년 동안 중국 관내로부터 500만 호의 만주 이주를 추진하였다. 1930년 길림성 정부는 재만 한인의 이주 방지 및 구축을 위하여 하북(河北), 협서(陝西), 산동 빈민을 이주시키고자 하였다.[470] 1931년 7월 길림성 만보산(萬寶山)에서 벌어진 중국 농민과 한인 농민의 충돌(만보산사건)은 1920년대 후반부터 계속되던 중일의 대립과 중국 정부의 재만 한인 구축이 낳은 결과였다.

중국 정부는 일본의 세력 확장을 저지하기 위해서는 재만 한인을 모두 귀화시키는 것이 근본적 방책이었기에 한인의 귀화를 촉구하고 이를 강제하였다. 1927년 1월부터 1928년 2월까지 봉천성과 길림성에서 내린 '귀화명령'이 32건이었고, 1928년부터 1931년까지 국민정부와 봉천성, 길림성에서 발포한 귀화 관련 훈령만도 28건이었다.[471] 길림성에서는 1928년 7월부터 12월까지를 '조선인 귀화 유예기간'으로 설정하여 한인의 귀화를 촉구하고, 유예기간이 지나자 귀화를 제한하였다. 1929년 3월 길림성 정부는 '3년 이상 계속 거주한 자'로 한인의 귀화를 제한하였고, 1930년 5월에는 '삼민주의에 반대하는 자, 직접·간접으로 일본의 침략정책에 편리를 제공하는 자, 공산사상을 가진 자' 등에 대해서는 귀화를 취소하는 훈령을 발포하였다.[472] 중국 정부의 귀화정책은 일본의 침략에 대한 위기감과 더불어 일본 세력의 확장을 막기 위해 중단되지는 않았지만 정세에 따라 때로는 귀화를 촉진, 강요하기도 하고 때로는 제한, 금지하기도 하였다.

재만 한인에 대한 압박은 1930년 5월의 간도공산당사건(간도 5·30사건)으로 더욱 심각한 상태가 되었다. 간도에서는 간도 토벌을 계기로 민족주의운동이 쇠퇴하고 공산주의운동이 보급되기 시작하였고, 1926년 길림성 영안현(寧安縣)에 조선공산당 만주총국이 설립되면서 간도가 만주 지역 공산주의운동의 중심지가 되었다.[473] 용정촌에 세워진 조선공산당 만주총국 동만구역국(東滿區域局)은 1927년 5월 메이데이시위를 시작으로 군벌정권 타도와 재만 한인의 생존권 확립을 위한 대중운동을 벌였다. 1930년 5월에는 조공 만주총국이 중국공산당 만주성위원회로 합류하면서 연길, 용정촌 등지에서 무장봉기를 일으키고 8월에 길돈선(吉敦線) 철로를 파괴하였고, 이에 따라 중국 관헌의 단속이 강화되면서 공산당 혐의와 공비 단속을 빌미로 재만 한인에 대한 구축, 약탈, 폭행, 살해 사건이 발생하였다. 『조선일보』는 "돈화 총살사건이나 간도 5·30사건 이래 연변 일대를 중심으로 한 공산 구실의 대유린, 대검거와 제제합이(齊齊哈爾)와 송화강 일대를 중심으로 한 대구축사건과 길돈선을 중심으로 한 조선농민 육백여 명의 대검거 등은 총살사건을 중심으로 하고 회전하든 대사변으로서 소수의 반역행동을 기화로 삼아 죄 없는 재만 전 조선인의 생활을 교란하고 그 생존을 위협"[474]당하는 처지에 놓이게 되었다고 간도의 심각한 상황을 전하였다.

중국 관헌의 가혹한 압박과 단속으로 재만 한인들이 생존의 위기에 처하자 현지에서, 그리고 국내에서 대책 마련에 나섰다. 1927년 12월 정의부(正義府)는 길림에서 '한교구축문제대책강구회(韓僑驅逐問題對策講究會)'를 결성하여 중국 정부의 박해와 탄압을 규탄하고 귀화 촉진을 위한 청원서를 제출하였으며, 1928년 9월에는 만철 연선(沿線) 및 간도를 제외한 47개 현의 한인을 망라하여 '동성귀화한족동향회(東省歸化韓族同鄕會, 이하 한족동향회)'를 조직하여 "중국민과 조선인 간의 감정 융화를 도모하며, 교육, 참정(參政), 실업에 관하여 입적민으로서 당연히 향수할 권리를 획득하여 그의 생활을 안정케 하는 동시에 재만 조선인의 조직적 훈련을 기약"[475]하고자 하였다. 1928년 2월 용정에 본부를 둔 '전간도조선인단체협의회'에서는 재만 한인의 구축에 대한 대책으로서 중국에 입적하는 데 의견 일치를 보고 길림성과 봉천성 정부에 전권대표를 보내기로 결의하였다.[476] 국내에서도 1927년 12월 경성에서 신간회를 비롯한 유력 사회단체들을 망라한 '재만동포옹호동맹'이 결성되었다. 재만동포옹호동맹은 만주에서 구축되고 있는 재만 동포의 이익을 옹호하고 조선 내 화교의 배척을 막고자 하였으며, 재만 한인에 대한 대책으로서 중국 입적과 이중국적의 해제를 주장하였다.[477]

재만 한인에 대한 중국 관헌의 압박과 단속에 대한 대책은 중국으로 귀화를 통한 생활 안정이라는 방향으로 모아졌고, 한족동향회는 중국 정부의 동화정책에 대응하여 한인의 정체성과 권리를 주장하는 자치운동을 전개하였다. 한족동향회는 1929년

5월 국민정부에 재만 한인 구축문제를 해결하기 위한 청원서를 제출하였다. 그들은 국적법 개정을 통한 귀화 수속비 면제 및 출적서(出籍書) 폐지, 중앙 및 지방에 귀화한족판사처 설립, 귀화민의 공민권 제한 폐지 등을 요구하였고, 국민정부는 국적법 개정으로 출적서 제출을 폐지하는 한편, 귀화 수수료를 12원에서 2원으로 인하하고 한인의 정체성을 존중하여 지리, 역사, 언어 등을 교육할 수 있도록 하였다.[478] 그러나 한족동향회의 귀화 및 권리 획득 운동이 친일단체에 의하여 활용됨에 따라 한족동향회의 활동은 국민부에 의해 배격당하였고, 1930년 4월에는 한족동향회의 해체를 선언하였다.[479]

간도에서는 '간도 5·30사건' 직후 자치조직이 결성되어 자치운동을 전개하였다. 1930년 9월 연길시정주비처장(延吉市政籌備處長)이 연길, 화룡, 왕청, 혼춘 4현의 한인 대표를 소집하여 자문을 구하였고, 한인 대표들은 '연변사현(延邊四縣) 지방자치촉진회' 조직을 구성하였다. 지방자치촉진회는 중국 정부로부터 정식 인가를 받았으며, 민족주의자 및 종교단체의 유력자로 조직할 것과 공산주의운동을 타도하고 민족적 대동단결을 도모할 것을 방침으로 내세웠다.[480] 지방자치촉진회는 11월에 연길현 농회에서 창립대회를 개최하여 회장에 장빈(張斌), 부회장에 전성광(全盛鑛), 진치업(陳致業)을 선출하였다.[481] 이러한 지방자치촉진회의 활동에 대해서 연변기자단의 이병립(李炳立)은 "자치운동자의 지위 획득과 취직구(就職口) 획득을 목적으로 한 일종의 정치운동"이라고 비판하였고,[482] 중국공산당 연변당부에서는

'타도 연변자치촉진회'를 구호로 내걸었다.[483]

　재만 한인의 귀화를 지지했던 『조선일보』는 입적 후의 난관을 해결하는 방법이 곧 자치라고 하면서 자치운동을 통한 생활 안정을 주장하였다. 조소앙(趙素昻)은 만보산사건을 돌아보면서 민족 자체의 총조직을 조직할 것과 아울러, "동성한교의 자치단체를 시급히 조직하여 내부를 정리하고 옥석구분(玉石俱焚)의 폐단을 방지할 것"을 주장하였다.[484] 9월의 사설에서도 중일 간에 치외법권 철폐가 현안이 되어 있는 상황에서 "재만조선인을 재만조선인으로서 그 생활 개척 또는 생활 안정의 방법을 강구, 실시하는 것이 최대의 요무(要務)이다. 여기에 있어 우리는 재만조선인의 일정한 지역에의 집중과 가능한 최대한의 통일된 조직 및 그를 토대로 하여 일정한 동향적(同鄕的) 또는 이주민단적(移住民團的) 자치를 향유"할 것을 주장하였다.[485]

제7장

1930년대 전반
간도 문제의 소환과
간도 담론의 변용

1 치외법권 철폐문제와 간도 문제

1) 중일 치외법권 철폐 교섭과 간도 문제의 제기

중국에서 치외법권 철폐문제가 국제적 문제로 떠오른 계기는 파리강화회의와 워싱턴회의였다. 특히 1921년 12월 워싱턴회의에 참가한 8개국 대표들은 '치외법권에 대한 결의'를 채택하여 중국의 사법제도 개선과 치외법권 철폐를 선언하고 '치외법권조사위원회'를 개최하기로 결의하였다. 그러나 중국의 정세 불안으로 '치외법권위원회'는 1926년 1월이 되어서야 개최되었으며, 약 9개월에 걸쳐 조사와 소위원회 회의를 마치고 보고서를 제출하였다. 보고서는 중국의 사법제도가 아직 미비하기 때문에 "위원회의 권고 사항이 상당 정도 실행된 이후에 비로소 각국이 치외법권에 대한 권리를 포기할 수 있다"고 결론지으면서 관계국에게 중국의 사법제도 지원을 권고하는데 그치고 말았다.[486]

중국 국내에서 불평등조약 철폐운동이 확산되자 국민정부는 조약 개정 기한이 도래한 국가를 대상으로 조약 개폐를 위한 개별 교섭을 벌이기로 하고, 1926년 10월 조약 개정이 도래한 일청통상항해조약(日淸通商航海條約)에 대하여 일본 정부에게 "상호 평등의 원칙에 기반한 통상조약의 근본적 개정"을 제기하였다.[487] 일본 정부가 조약 개정에 동의함에 따라 1927년 1월부터 1928년 3월까지 관세자주권문제를 중심으로 교섭이 진행되었고, 1927년 4월부터 1928년 3월까지 치외법권 철폐문제에 대한 비공식적 협의가 진행되었다. 그러나 관세에서 최혜국대우문제, 치외법권 폐지와 내지개방문제를 둘러싸고 양국의 이견이 좁혀지지 않은 상태에서 1928년 4월 국민당이 북벌을 개시하고 일본이 재차 '산동출병'을 단행함에 따라 양국의 교섭은 중단되었다.[488]

  북경에 입성한 국민정부는 1928년 7월 '불평등조약 철폐 선언'과 더불어, 만기가 된 조약은 폐기하고 만기가 되지 않은 조약은 적당한 수속을 밟아 개정하되, 만기가 되었는데도 새로운 조약을 체결하지 않은 경우에는 임시판법(臨時判法)을 적용한다고 발표하였다. 국민정부는 이러한 방침을 각국에 문서로 통보하고 개별 교섭에 나섰으며, 일본에 대해서도 만기를 넘긴 일청통상항해조약 파기와 임시판법 적용을 통고하였다. 국민정부의 불평등조약 철폐 교섭에서 먼저 성과를 거둔 것은 관세자주권문제였다. 국민정부는 7월에 미국과 관세자주권을 승인하는 신조약을 체결하였으며, 12월까지 일본을 제외하고 무역관계가 있는 주요국들과 관세자주권을 승인하는 새로운 관세조약을 체결

하였다.[489]

조약 개정을 위한 중일 교섭은 제남사건(濟南事件) 해결을 위한 교섭과 맞물리면서 일본군 철병문제를 둘러싸고 진척되지 못하다가, 제남사건 교섭이 타결됨에 따라 중일 양국은 1929년 5월에 통상조약 초안을 제출하고 교섭을 재개하였다. 중국이 제출한 초안은 치외법권의 완전한 철폐와 관세자주권을 전제로 하여 소재국(所在國)의 법률 적용과 재판 관할, 국정세율 시행 등에 초점이 맞추어져 있었다. 반면 일본은 치외법권 철폐를 원칙적으로 수용하면서도 치외법권 철폐지역을 한정하여 "공동거류지, 전관거류지, 만철 부속지 및 공사관 구역은 치외법권 철폐 이후라도 현행 행정제도를 당분간 유지할 것"[490]과 중국의 관세자주권을 인정하고 국정세율 실시에 동의하되 특정 상품에 대한 호혜세율(互惠稅率) 유지를 교섭 방침으로 삼았다. 통상조약 개정을 둘러싼 양국의 입장 차이는 국민정부와 미국, 영국 등 6개국과의 치외법권 철폐 교섭과 맞물리면서 통상조약 개정 교섭은 진척되지 못하였다. 미국, 영국, 프랑스, 일본이 공동으로 치외법권 철폐에 반대하는 등 치외법권 철폐가 여의치 않자, 국민정부는 일본과의 통상조약 개정 교섭에서 만주의 치외법권 철폐 문제를 진척시킴으로써 이들을 압박하고자 하였다.[491]

1929년 말부터 개시된 국민정부와 미국, 영국과의 치외법권 교섭은 외국인 재판을 위한 특별법정과 외국인 법률고문 설치, 외교관의 '폐안권(廢案權)', 치외법권이 유지되는 '보류구(保留區)'의 범위와 기간 등의 문제를 둘러싸고 중·영, 중·미 간의 입장 차이 뿐만 아니라 미·영 간의 이해관계로 인하여 진척되지 못하였다.[492] 중일 간의 통상조약 교섭도 치외법권 철폐문제에 막혀 진전이 없자 국민정부는 관세문제를 먼저 해결하기로 하고 1930년 2월부터 일본과 관세문제 교섭에 들어갔다. 중일 간의 관세 교섭은 급속히 진척되어 5월에 국정세율을 시행하되 일본의 대중국 주요 수출품의 세율을 3년간 유지하는 것을 골자로 하는 중일관세협정(中日關稅協定)을 체결하였다.[493]

치외법권 철폐문제에서 간도가 등장한 것은 관세문제 교섭에서 치외법권문제 교섭으로 넘어가는 무렵이었다. 1930년 3월 시게미쓰 마모루(重光葵) 주중대리공사는 왕정정(王正廷) 외교부장으로부터 치외법권 철폐문제에 대한 중국 측 초안을 전달받았는데, 중국 전역에서 치외법권의 즉각 철폐와 더불어 간도도 치외법권 철폐에서 예외가 아님을 명기하였다.[494]

1. 일중 양 체약국(締約國) 인민은 소정 체약국의 영토 내에서는 소재국(所在國)의 법률 및 재판소의 관할을 받을 것
2. 양 체약국 인민은 소재 체약국 영토 내에서 거주, 영업 및 토지권 등에 관하여 모두 소재국 법률 및 소정 규정의 적용을 받음
3. 간도에 있는 조선 인민은 중국의 법권에 복종하고 중국 지방관청 관할의 재판에 귀속할 것

중국 측 초안은 조계와 만철 부속지를 예외로 두려는 일본 측의 주장을 배제하고 중국 영토 내에서의 완전한 치외법권 철폐

를 명시하였고, 간도협약을 폐지하여 간도에서 한인(韓人)에게 부여된 특권을 배제하고자 하였다.

관세문제에 이어 치외법권문제에 대한 교섭이 개시될 예정이었지만 치외법권의 즉시 철폐를 주장하는 중국과 치외법권의 점진적·국지적 철폐를 주장하는 일본과의 현격한 차이로 인하여 중일 교섭은 지연되었고, 국민당과 군벌 간의 대규모 내전이 발생함에 따라 국민정부의 치외법권 교섭은 중단되었다.

2) 치외법권 철폐 교섭에서 만주 및 간도 문제의 부각

내전을 평정한 국민정부는 1930년 10월부터 미국과 치외법권 철폐 교섭을 재개하였지만 일본과의 교섭은 시작되지 않았다. '간도 5·30사건'에 이어 10월에는 용정에서 중국 군경의 일본 경찰 사살사건이 발생하여 간도에서 양국 간의 긴장이 높아졌고, 11월에는 국민정부가 한구(漢口)에 남아 있는 일본, 프랑스의 조계지에 대해 반환을 요구하자 일본 정부는 "해당 문제 교섭은 시기상조"라는 의견을 전달하고 교섭을 회피하였다.[495] 당시 남경에서 장개석과 장학량이 동북의 외교, 교통, 내정을 완전히 중앙정부에 이관하기로 협정을 체결함에 따라 만주에서의 일본권익문제는 국민정부의 대일 치외법권 교섭에서 핵심적인 문제로 대두하였다.[496] 『동아일보』는 만주 문제에 대해서 "만몽은 민국(民國)의 일부'라는 중국의 사상과 만몽의 '특수 지위'를 주장하는 일본의 사상은 전혀 상용(相容)되지 못할 것이다. 일본 외교는 분규와 파란이 교착된 것으로 그 해결은 극난(極難)한 문제다. 요컨대 만주는 '동양의 발칸'이다"[497]라고 일중 교섭의 전도를 우려하였다.

국민정부는 12월에 미국, 영국, 프랑스, 일본 등 6개국에 치외법권 철폐 교섭을 촉구하는 통첩을 발송하였으며, 이듬해인 1931년 1월에는 5월에 개최될 국민회의 개최 직전에 일방적으로 치외법권을 철폐하고 임시판법을 시행할 것이라고 발표하였다. 이에 일본 정부는 12월 말 중국에 치외법권 교섭을 요청하였고, 1931년 3월 시게미쓰 주중공사가 일본 정부의 교섭안을 제출하면서 중일 간의 교섭이 시작되었다.[498] 일본은 조계 및 조차지, 공사관구역, 철도부속지는 치외법권 철폐에서 제외할 것, 일본 국민의 재판을 위하여 신식법원과 특별합의정(特別合議廷)을 설치할 것, 치외법권 철폐지역에서 일본 국민의 토지·가옥의 소유·임차권과 거주·여행의 자유를 보장할 것 등을 골자로 하는 점진적 철폐안을 제시하였다.[499] 반면 중국은 관동주 조차지는 점진적 철폐에 동의하지만 나머지 지역에서는 치외법권의 즉시 철폐를 주장하였다.[500]

1931년 4월 들어 노르웨이, 네덜란드가 국민정부와 치외법권 철폐에 관한 새로운 협정을 체결하고 미국, 영국과도 타결이 가까워지자 외무성은 4월 26일부터 28일까지 '치외법권문제협의회(治外法權問題打合會)'를 개최하여 일본 정부의 대중 교섭 방침을 확정하였다.[501] 협의회는 시게미쓰 주중대리공사로부터 상황 보고를 받고서, 치외법권 철폐에 즈음하여 만주 및 간도에 관하여 고려해야 할 사항에 대해 협의하고 각의 결정을 요청하였다. 각의안은 "치외법권 철폐에 수반하여 제국 신민의 생명·재산에 대한 안전 보장 및 중국 내지 개방에 관한 적당한 협정을 체결할 것"을 기본 원칙으로 하고, ① 철도부속지 등 특수한 성질을 가지는 일정한 지역을 치외법권 철폐에서 제외할 것, ② 제국 신민의 생명·재산에 대한 안전을 위해 신식재판소, 외국인 법률고문, 신식 감옥 등을 보장할 것, ③ 중국 영역 내 일본 신민의 거주·영업 및 토지에 대한 권리를 보장할 것, ④ 치외법권 문제에 대한 최혜국 대우를 보장할 것 등을 협정 체결의 방침으로 정하였다.[502] 그리고 치외법권 철폐에 수반하는 내지개방문제와 관련하여 "중국 본부(本部)는 거주·영업 및 '국제관례에 따라 보통 외국인에게 인정하는 일반 사권(私權)'으로 만족함과 아울러 만몽에서는 동 지방에서의 현실적 사태를 지적하고 '토지에 관한 권리'를 요구할 것.…토지에 관한 권리는 간도 이외에는 반드시 토지소유권을 포함할 것을 요하지 않고, 대정 4년의 조약(만몽조약-필자)에 따른 토지에 관한 권리를 실질적으로 보장할 수 있는 적당한 권리로써 만족할 것"[503]이라는 방침을 제시하였다.

이처럼 협의회에서는 중국의 내지와 만몽을 분리하여 만몽 지역에서는 철도부속지 등을 치외법권 철폐에서 제외하고, 만몽조약에 기반한 토지상조권을 보장받되, 간도에서는 간도협약에 기반한 토지소유권을 보장받는 것을 기본 방침으로 삼았다. 특히 만주와 간도는 지역적 특수성과 일본의 이해관계를 고려하여 치외법권문제의 일반적 교섭과는 다른 별도의 협정이 필요하며, "치외법권 철폐에 관한 교섭상 만주에 관해 특별히 교섭해야 할 제2단계의 협정은 최악의 경우에도 대체로 대정 4년 조약의 내용을 표준으로 삼아야 하고, 또한 간도에 관한 제3단계의 특수 협정은 최소한 간도협약의 내용을 대체의 규준으로 함이 적당하"[504]다고 보았다.

외무성은 간도에 대한 별도 협정에 대비하여 외무성, 척무성, 조선총독부가 참여하는 '간도문제협의회'를 개최하였다. '간도문제협의회'는 1930년 7월부터 '간도 5·30사건' 이후 간도 지역의 불안정한 치안에 대처하기 위하여 열린 것인데, 1931년 4월에 개최된 제6차 간도문제협의회에서는 치외법권 철폐와 관련하여 간도에 필요한 협정에 대해서 논의하였다. 협의회에서는 「간도에 관한 특수 협정에서 협정해야 할 사항 및 협정의 내용」을 채택하였는데, 여기에는 중국인과 동일한 대우, 재판 및 행형상의 보장, 토지소유권(일본인은 상조권)의 보장, 중국 경찰제도의 개선, 길회철도(吉會鐵道) 완성의 보장, 일본의 대한인 시설의 보장, 불령선인 단속에 대한 편법(便法)의 보장, 일본 경찰기관의 현상유지 등이 포함되어 있다. 또한 한인의 일본 국적 이탈을 위하여 「조선국적령(朝鮮國籍令)」 시안에 대한 논의가 있었지만 조선총독부의 반대로 채택되지 못하였다.[505]

일본 정부의 협정안은 조계 및 조차지 회수를 전제로 삼은 국민정부의 강경 방침에 부딪혔고 타결이 가까웠던 중·영 간의 치외법권 철폐 교섭도 결렬되자 국민정부는 1931년 5월 국민회의를 앞두고 치외법권 철폐 선언과 「재중외국인관할실시조령(在中外人管割實施條令)」을 발포하여 1932년부터 이를 실시할 것을 선언하였다. 국민회의에서도 조계, 조차지, 철도 및 부속지 회수 등을 포함한 불평등조약 즉시 철폐를 결의하였다.[506] 국민회의 직후 중일 치외법권 철폐 교섭이 재개되었지만 양측의 간극은 좁혀지지 않았다.[507]

    1931년 7월 장춘 외곽의 만보산(萬寶山)에서 한인 농민과 중국 농민이 충돌한 만보산사건은 중국 군경과 일본 경찰의 무력충돌, 조선에서의 화교 배척과 중국에서의 배일운동으로 이어지면서 중일 양국의 갈등이 높아졌다. 이러한 가운데 국민정부는 8월에 만보산사건과 관련한 성명을 발표하였다. 국민정부는 국적문제는 일본 정부가 한인을 국적법 적용에서 배제한 데 기인하기 때문에 중국 정부는 귀화문제를 제출하지 않으며, "조선인 이민문제의 근본 해결은 법권 철폐가 제일 조건"이며, 현재 진행 중인 치외법권 철폐 교섭이 해결될 때까지 "토지상조권의 근본적 취소, 일본 무력경찰의 즉시 철퇴"를 일본에 요구하였다.[508]

2 만몽 문제와 간도 문제

1) 만몽 문제와 만주사변

중국을 통일한 국민정부가 불평등조약 철폐를 선언하고 치외법권 철폐 교섭에 주력하였고 제남사건의 영향으로 중국 각지에서 불평등조약 철폐운동과 더불어 반일운동이 확산됨에 따라 일본 정부는 '만몽의 특수 권익'이 침해받지 않을까 우려하였다. 특히 1930년 11월 장학량이 동북의 외교, 교통, 내정을 국민정부로 이관하기로 함에 따라 동북정권과의 협력을 통하여 만몽의 권익을 보장받던 시대는 막을 내리고, 국민정부의 즉각적인 치외법권 철폐 주장이 일본 정부를 압박하였다. 일본 정부는 중국 본토와 만몽을 분리하여 대응하는 등 '만몽'의 특수성을 강조하였지만 중국 정부와 국민에게 '만몽'이란 일본이 침략을 위하여 만들어낸 용어일 뿐이었다.

일본에서 주장하는 '만몽 문제', 즉 일본의 만몽 이권을 둘러싼 문제는 러일전쟁 이후 일본이 만몽 지역의 이권을 획득하고, 한반도와 요동반도를 기반으로 하여 대륙정책을 전개하면서 생겨났다.[509] 러일전쟁으로 러시아의 관동주 조차지와 철도, 광산 등의 이권을 획득한 일본은 제1차 러일협약(1907)에서 남만주, 제3차 러일협약(1912)에서 내몽골 동부를 일본의 특수이익권으로 삼았다. 이렇게 일본의 특수이익권이 남만주와 내몽골로 확장되면서 '만몽'이라는 지역 개념이 새롭게 만들어졌다.[510] 일본은 '만몽의 특수 권익'을 보장받기 위해 제1차 세계대전의 와중인 1915년, 산동반도를 점령하고 중국에게 '21개조 요구'를 제출하여 산동성 및 남만주와 동몽골의 이권에 대한 승인을 획득하였다. 또한 1918년에는 중국으로부터 니시하라 차관(西原借款)을 명목으로 길회철도와 만몽4철도 부설권을 획득하였다. 이후 워싱턴회의에서 중국의 영토보전을 약속하는 '9개국 조약'이 체결됨에 따라 일본은 산동성의 이권을 반환하고 만몽의 이권을 남겨두게 되었다.

1920년대 후반 일본 정부와 군부는 국민혁명군의 북벌과 반일운동의 고조, 동삼성교통위원회의 철도망 부설이 만몽의 특수 권익을 위협한다고 간주하고, '산동출병' 직후인 1927년 6월 '동방회의'를 개최하여 "만몽, 특히 동삼성 지방은 국방 및 국민의 생존상 중대한 이해관계에 있으므로 만몽 지역에서 우리의 특수한 지위와 권익을 침해당할 우려가 있을 때에는 … 때를 놓치지 않고 적당한 조치를 취"할 것을 결의하였다.[511] 관동군은 만몽의 기득권을 지키기 위한 자치정권 수립, 철도에 대한 신협약 체결, 일본인 고문 고용 등의 대책을 제시하고 이러한 대책을 시행하기 위해서 무력 사용도 불사할 것이라는 의견을 군부에 제시하였다.[512] 1928년 6월 관동군은 장작림(張作霖) 암살을 통하여 일중 양군의 충돌을 야기하고 관동군을 출동시켜 만주를 일거에 점령하려고 기도하였지만 실패로 끝났다. 장작림 암살은 군사점령을 통하여 만주를 관동군의 직접적 통제 하에 두어 만몽 문제를 해결하고자 한 것으로, 만주사변의 원형이 되는 사건이라고 할 수 있다.

군부 일각의 '만몽영유론'[513]이 '생명선 만몽'이라는 사회적 이슈로 등장한 시기는 만주사변을 눈앞에 둔 1930년경이었다. 관동군 참모로 부임한 이시와라 간지(石原莞爾)는 1929년 7월 북만주 참모 여행에서 "만몽 문제 해결은 일본이 생존하는 유일한 길이고 만몽 문제 해결의 관건은 제국군대가 이를 장악"[514]함에 있다고 역설하였고, 1930년 12월 정우회 소속 중의원 의원인 마쓰오카 요스케(松岡洋右)는 통상의회에서 시데하라 기주로(幣原喜重郎) 외상의 대중국 협조외교를 비판하면서 "만몽은 제국의 생명선이다"라고 언급함으로써 '생명선 만몽'을 대국민 슬로건으로 부각시켰다. 1931년 육군성은 선전책자 발간과 더불어 국방사상 보급을 위한 시국강연회를 대대적으로 개최하였다. 이를 통하여 일본이 '20억 엔의 자재와 20만 명의 영령'을 바쳐 획득한 만몽의 권익을 중국이 불법적으로 침해하였다는 점과 미국의 패권적인 중남미 정책과는 달리 일본의 만몽 정책은 국민의 생존권과 직결되는 것임을 강조하고, 불황에 따른 실업문제와 농촌문제를 해결하는 길이 만몽 문제의 해결에 있음을 역설하였다. 초유의 대공황에 직면한 대중들은 궁핍한 현실을 타개하기 위한 길이 만몽 점령에 있다는 군부의 선동에 빠져들었고, 만몽에 대한 무력 행사를 지지하였다.[515]

'만주사변(중국명 9·18事變)'은 관동군 주도로 만몽 문제의 해결을 기도한 것이지만 관동군이 사전에 계획하였던 '만몽 영유'는 실현되지 않았다. 관동군은 만주를 점령하고 직접 지배할 생각이었지만, 국제법 위반이라는 비난과 이에 따른 열강과 국제연맹의 개입을 피하기 위하여 만주인에 의한 만몽국가 수립으로 전환하였다. 관동군은 "중국 본토와 절연하고 표면적으로 중국인에 의하여 통일시켜 그 실권을 우리쪽에서 장악하고, 동북4성 및 내몽골을 영역으로 하는 독립된 신만몽국가(新滿蒙國家)를 건설한다"[516]는 방침 아래, 청조의 마지막 황제인 푸이(溥儀)를 내세워 입헌공화국 건설을 추진하였다. 동북4성에서는 친일 성향의 인물들을 수반으로 하는 치안유지위원회를 조직하여 각 성의 독립을 선언하게 하고, 1932년 3월 국제연맹의 리튼조사단이 도착하기 전에 이들 명의로 만주국 건국을 선언하였다.[517]

독립국가 형식을 빌린 만주국 건국은 일본 정부에게 만주국 승인문제와 더불어 만주국에 대한 식민지 지배를 확립하는 문제를 안겨주었다. 만주국은 관동군이 장악한 '괴뢰국(puppet state)'이지만 독립국가의 형식을 취하고 있기 때문에 대외적으로 열강을 비롯한 국제사회의 승인을 필요로 하였고, 일본은 양국 간의 조약이나 협정, 의정서 등의 형식을 통하여 만주국에 대한 실질적인 지배권을 확보해야 했다. 그렇지만 만주국에 대한 대외적 승인이란 중국의 영토보전을 약속한 '9개국 조약'을 위반하고 만주를 침략한 행위를 인정하는 것이 되기에 일본 정부는 만주국 승인에 주저하면서 만주 침략이 '자위권'의 행사이고 만주국 수립이 '주민의 자유의사'에 의한 독립국가 수립임을 강변하였다. 또한 조약의 형식으로 식민지 지배의 내용을 규정하는 것은 대외적으로 만주국이 일본의 식민지임을 공표하는 것과 다를 바 없기에 독립국이라는 형식과 식민지 지배라는 내용의 균열이 불가피하였다.

1932년 9월 일본 정부는 만주국 승인과 함께 「일만의정서(日滿議定書)」를 체결하였다. 「일만의정서」에서는 일본의 만몽에서의 특수 권익을 보장하고 만주국의 방위를 위한 일본군의 주둔을 승인하였고, 부속문서에 포함된 밀약을 통하여 만주국에 대한 일본의 실질적인 지배권을 보장받았다.[518] 또한 주만일본대사관을 설치하고 관동군사령관이 특명전권대사와 관동장관을 겸함으로써 외교적 형식을 빌려 만주국에 대한 지배체제를 실현하였다. 이처럼 별도의 장치를 통하여 독립국이라는 형식과 식민지 지배라는 내용의 균열을 메우고자 하였지만 만주국 승인과 전쟁의 확대는 국제연맹 탈퇴와 국제사회에서의 고립을 초래하였다.

2) 조선총독부의 간도 특별구역화 구상

조선총독부는 간도 지역이 조선과 국경을 접해 있고 간도 거주민의 80%가량이 한인이기 때문에 간도를 식민지 조선의 연장으로 간주하고 간도 한인과 간도총영사관에 대한 영향력을 확대하고자 하였다. 총독부의 이러한 방침은 1920년 조선군에 의한 간도 토벌 이래 지속적으로 제기되었기에 간도 문제를 중국과의 외교문제로 취급하여 총독부의 개입을 배제하려는 외무성과 갈등을 빚어 왔다. 1930년 '간도 5·30사건'과 길돈선 파괴 등으로 인하여 간도의 치안이 불안해지고 국경 경비가 우려되자 총독부는 다시금 간도에 대한 지배력 강화에 나섰다.

'간도 5·30사건' 직후 간도 치안에 대한 대책을 협의하기 위해 외무대신, 척무대신, 조선총독이 참석한 '간도문제협의회'가 개최되었다. 협의회에서는 척무대신과 조선총독이 요청한 간도경찰 200명 증원은 외교적 대처를 고려한 외무대신의 반대로 20명 선으로 감축되었지만, "간도 문제에 대해서는 치외법권 철폐의 시기를 고려하여 금일부터 근본적으로 연구할 필요"가 있다는 점에 합의하였다.[519] 10월 용정에서 중일 군경의 충돌이 발생하고 사태 해결을 위한 양국 간의 교섭이 개시되자 외무성 아세아국장, 척무성 조선부 제1과장, 조선총독부 경무국장이 참석한 '간도문제협의회'를 11월부터 이듬해 4월까지 개최하여 간도의 치안 유지, 한인 구제, 치외법권 철폐문제 등을 협의하였다. 조선총독부는 간도총영사를 조선총독부에서 임용할 것, 간도의 경비를 총독부에 위임할 것을 요청하였으며, 외무성은 간도총영사의 총독부 임용에 대해서는 수용하지만, 간도 경찰의 총독부 위임에 대해서는 현재 진행되고 있는 치외법권 철폐 교섭과 연관되는 사안이므로 유보하기로 협의하였다. 이에 따라 간도총영사 및 직원을 총독부에서 임용하는 칙령 개정과 더불어, 간도총영사관에 조선부(朝鮮部)를 설치하고 총독부 관리를 임용하기로 결정하였다.[520]

간도총영사관을 총독부에서 관할하여 식민지 조선의 연장으로서 간도 한인을 지배하려고 했던 조선총독부의 구상은 '만주사변' 이후 간도를 만주에서 분리하여 총독부가 관할하는 특별행정구역을 설치하는 것으로 전환되었다. 1932년 2월 만주를 시찰한 조선총독부 경무국장 이케다 기요시(池田淸)는 만주국 건립 담당자를 만나서 "간도는 조선의 연장선으로 신국가의 일반적인 행정조직과는 다른 특별구역으로 하고 조선과 유사한 행정조직으로 하는 편이 서로 간에 편리하지 않겠는가 라고 주장하고 그 실정을 잘 설명"[521]하였다. 당시 조선총독부는 한인의 만주 이민을 위한 이민회사 설립을 구상하는 한편, 한인 피난민 수용을 위한 집단주거지 설치를 동아권업과 협의 중이었는데,[522] '재만 한인 보호'라는 명목 아래에서 이러한 문제를 간도 특별구역 설치문제와 연동시키고자 하였다.

총독부의 이러한 구상은 만주국 건국에 따른 간도에서의 자치운동을 배경으로 하였다. '간도 5·30사건' 이후 간도 한인의 생활 안정을 위한 자치운동은 만주사변으로 중단되었지만, 만주국 수립이 민족자결에 따른 독립국가 수립, '오족협화(五族協和)'에 의한 왕도정치 구현을 표방하면서 간도 독립문제와 자치문제가 동시에 분출하였다. 1932년 간도에서는 주민대표회의를 개최하여 신국가 건설에 따른 공민권 획득과 특별행정구 설치를 청원하였으며,[523] 민회연합회와 민생단(民生團)에서도 간도 특별자치구 수립을 진정하였다.[524] 이처럼 "일방에서는 목단강 이남 11개 현에 조선자유국(朝鮮自由國)을 건설하여 이주민을 지도하자 혹은 동아의 풍운이 각각으로 변하는 이 시기에 간도 지방을 중심으로 민족적 자결운동을 일으키자"[525]는 등 간도를 정치적으로 독립시키자는 움직임과 간도 한인의 자치를 추구하는 움직임이 동시에 일어났다.

만주국 수립으로 분출된 자치운동은 만주국 직속의 특별행정구역 설치로 귀결되었다. 1932년 4월 조선군의 간도 출병에 즈음하여 간도 방면에 대한 관동군의 방침이 제시되고 관동군과 조선군 및 총독부 간에 협정이 체결되었다. 이 협정에서는 "간도의 일반 행정은 길림성의 일부로서 만주국 정부의 전임사항이지만 해당 지역의 특수성에 비추어 조선인의 생활에 적응된 자치행정을 행하여야 하고 길림의 일분성(一分省)으로서 통치할 수 있는 조직을 형성하는 것처럼 만주국을 지도"한다는 관동군의 방침이 제시되었다. 또한 연길시정주비처(延吉市政籌備處)와 각 현의 고문 및 관리는 총독부에서 파견하거나 간도에 거주하는 일본인 및 한인 대표자를 채용하되 조선군 및 총독부의 추천에 따라 관동군에서 임용하는 것으로 결정하였다.[526] 관동군은 간도 지역을 길림성 산하의 자치구역으로 만들되 당분간 연길시 정주비처 등 기존의 행정조직을 활용하여 일본인과 한인 관리를 임용하고자 하였다.

간도의 민회를 비롯한 여러 단체들은 간도를 길림성에서 분리된 특별자치구역으로 만들기 위한 운동을 전개하였지만, 5월의 민회대표자회의에서는 기존 방침을 바꾸어 "간도를 길림성으로부터 분리하여 만주국 정부 직속의 특별구역을 만들고 간도청(間島廳) 같은 행정기관을 설치하여 최고행정관을 비롯하여 관리 다수를 조선인으로 임명하여 조선인 본위의 행정을 하여" 줄 것을 결의하고 만주국을 비롯하여 관동군, 총독부, 외무성 등 관계기관에 청원하였다.[527] 또한 8월에는 간도의 4개 현을 "만주국 직속의 특별행정구로 하여 그 관리에는 조선인을 비교적 많이 채용하여 조선인을 위주로 한 행정조직으로 개편"하며, 그 시기는 "일본의 만주국 정식 승인 이후"가 될 것이라는 보도가 있었다.[528] 10월 봉천에서 관동군, 관동청, 봉천총영사관, 조선총독부가 참여한 '재만조선인대책회의'에서 총독부 외사과장은 "① 간도를 중심으로 한 길돈선의 종점인 돈화와 천도철도의 종점인 노두구(老頭溝)와의 중간에 있는 합파령(哈巴嶺: 哈爾巴嶺의 오기)으로부터 혼춘 방면에 이르는 동부 길림성에 '간도특별구'를 신설하고 그 장관에는 조선인을 임명하여 조선인 안주(安住)의 특별구역으로 할 것, ② 기타 전 만주 각지에 산재한 조선인을 일일이 보호하기는 극히 곤란하기 때문에 사적(私敵)의 협위(脅威)에 대항하는 자위력을 가진 '집단이민'을 행하게 하"

는 구체안을 제시하였다.529

3) 간도 문제의 귀결, 간도성 수립

1933년 간도 특별행정구의 초대장관으로 현 강원도지사 이범익(李範益)이 내정되었다는 등 관리의 인선까지 거론되었으나,530 3월 신경(新京)에서 총독부 외사과장이 만주국 당국자와 협의를 거치면서 총독부의 특별행정구역 제안은 거부되었다. 총독부와 만주국의 담당자는 피난민 구제와 간도 특별행정구문제에 대해서 논의하였는데, 피난민 구제와 관련해서는 간도로 원지귀환(原地歸還)이 불가능한 자는 안전농촌에 이주시키고 원지귀환하는 자는 총독부에서 담당하기로 하였다. 간도 특별행정구에 대해서 만주국은 특별행정구라는 명칭이 만주국의 주권을 제한하는 것처럼 보이기 때문에 반대하였고, 인선도 사무관급에서 3명 정도 보내는 것으로 타결되었다.531

이에 따라 5월에 길림성공서(吉林省公署) 산하에 '특파주연행정판사처(特派駐延行政辦事處)'532가 설치되고, 왕청, 화룡, 연길, 혼춘 4개 현을 관할하였다.533 처장에는 연길현장이던 고립원(高立垣)이 임명되었고, 행정과장에는 전 개성부윤 김병태(金秉泰), 총무 겸 경무과장에는 전 경기도 경무과장 요시무라 히데조(吉村秀藏)가 임명되었다.534 총독부가 구상한 특별행정구역은 실현되지 않았지만, 특파주연행정판사처의 요직에 사무관을 파견함으로써 영향력을 행사할 수 있는 기반이 마련되었다.

만주국 수립 직후의 행정구역과 행정제도가 기존의 동북삼성을 답습한 과도적인 것이기에 1934년 1월 만주국 정부는 국무원에 '임시지방제도조사위원회'를 설치하여 새로운 행정구역 획정과 지방행정제도 개혁을 추진하였다. 이를 기회로 총독부에서는 간도 지역을 별도의 '연길성(延吉省)'으로 독립하는 방안을 적극 추진하였으며,[535] 간도 지역에서도 간도를 독립된 성(省)으로 만들려는 운동이 전개되었다.[536] 1934년 7월 이왕직장관인 시노다 지사쿠는 총독부와 만주국에 건의서를 올려 '간도성' 설치를 요청하였다. 그는 "간도의 영토권은 간도협약에 의해 청국으로 양여되어 지금은 엄연히 만주제국의 일부인 것은 기정사실"이라고 전제하고, "이 지방에서 일만선민(日滿鮮民)을 혼연융화시키고 평화의 이상향을 현출(現出)"하기 위한 구체적 방책으로서 "① 간도는 다른 성과 같은 획일적인 행정을 시행하지 말고 그 지방의 실정에 가장 적합한 특별한 시설을 갖출 것, ② 교육, 권업, 교통, 경비 등에 관해서 조선총독부로 하여금 원조하게 하고, 총독부와 관계를 보다 일층 밀접하게 할 것, ③ 성의 명칭은 간도가 길림의 연장임을 연상시키는 '연길'이 아니라 '간도성'으로 할 것, ④ 성장(省長)은 조선인을 임명하고 일본인은 ⋯ 이를 보좌하게 할 것, ⑤ 간도의 경비는 조선군에 위임할 것[537]"을 제기하였다. 시노다의 견해는 총독부의 이해를 대변하는 것으로, 간도가 조선의 연장임을 상기시키는 '간도성' 명칭과 더불어 행정과 치안에 대한 총독부의 영향력을 강화하고자 하였다.

1934년 10월 만주국의 신행정구획 공포에 따라 압록강 연안의 안동, 관전, 집안, 임강, 장백 등 봉천성 11개 현은 '안동성(安東省)'으로 분립하였고, 길림성의 연길, 왕청, 화룡, 훈춘 4개 현에 봉천성의 안도현을 더한 5개 현이 '간도성(間島省)'으로 분립하였으며, 12월에 간도성공서가 연길에 설립되었다.[538] 만주국 수립으로 간도 지역이 일본제국의 관할에 속하게 된 데 이어 간도 지역만을 관할하는 간도성이 설립됨으로써 간도파출소 이래 일본이 제기하여 왔던 간도 문제는 해결되었다. 비록 총독부가 의도하였던 조선의 연장으로서 간도 특별구역은 아니지만 간도성이 길림성에서 분리됨으로써 간도협약으로 탄생한 '한인잡거구역'은 만주국 내의 독자적인 행정구역이 되었고, 간도 한인문제는 새로운 국면으로 접어들게 되었다.

3 간도 문제의 소환과 간도협약의 재평가

1) 간도 문제의 소환

만몽조약을 계기로 간도에서 만주로 확산되었던 각종 이슈는 1930년 들어 다시 간도로 집중되었다. '간도 5·30사건'을 비롯한 간도 지역에서 공산당의 활동과 검거, 재판 소식과 더불어 이를 빌미로 한 간도 거주 한인에 대한 구축, 약탈, 폭행, 살해 사건이 전해지면서 간도 한인문제가 다시 주목을 받게 되었다. 또한 중일 간의 치외법권 교섭에서 만몽에서의 특수 권익을 주장하는 일본과 만몽의 예외를 인정하지 않으려는 국민정부가 대립하는 가운데, 관동주 조차지 및 만철 부속지 반환문제와 더불어 간도협약 존폐문제가 현안으로 대두하였다.

이러한 상황에서 1930년 8월 조선총독부는 간도파출소의 행적을 기록한 『(통감부시대의) 간도 한민 보호에 관한 시설』을 간행하였고, 간도파출소 총무과장으로 근무했던 시노다 지사쿠는 간도파출소시기를 회고하는 『간도 문제의 회고』를 발간하였다. 『(통감부시대의) 간도 한민 보호에 관한 시설』이 간도파출소의 개설부터 폐쇄까지 약 2년 3개월에 걸친 간도파출소의 활동을 공식적으로 정리한 책이라면, 『간도 문제의 회고』는 시노다가 간도파출소의 기획, 설립, 활동, 철수에 이르는 과정을 회고식으로 풀어나간 것이다.

간도파출소 소개에 이어 간도 문제를 다루는 책들이 본격적으로 출간되었다. 1929년까지 간도 지역에 대한 간략한 조사보고서가 발간되었다면, 1930년부터 간도 문제를 본격적으로 다루는 저술들이 나오기 시작하였다.[539] 1930년부터 1933년까지 간도 관련 주요 간행물의 추이를 살펴보면, 1931년 전반까지는 간도 한인의 피해 상황을 소개하고 간도 한인문제에 대한 대책을 요구하였지만, 1931년 후반에는 일본제국에서 간도의 전략적 중요성을 제기하면서 간도 문제에 대한 일본 정부와 총독부의 적극적인 대책을 요청하고 있다.

1930년 1월 간도를 시찰한 대륙의일본인사(大陸之日本人社) 사장 나카무라 겐토(中村玄濤)는 현재 간도의 상황이 "흉악한 불령선인(不逞鮮人)의 위해와 중국 관헌의 겁략(劫掠)에 협격되어 밤낮 위협과 불안에 안정을 얻지 못하는 간도의 40만 동포는 양민도 차례로 악성화되기에 이르고 나아가 인접한 조선 치안에 영향이 심대"하다고 간도 치안의 불안정이 조선 치안의 위기를 초래한다고 우려하였다.[540] 1930년 11월 조선공론사 사장 이시모리 히사미(石森久彌)는 간도를 둘러본 후, 치안의 불안정으로

간도 관련 주요 간행물(1930~1933)

간행연도	도서명	저자·편자	발행처
1930.8.	『(統監府時代に於ける)間島韓民保護に關する施設』	篠田治策	朝鮮總督府(재간행)
1930.8.	『間島問題の回顧』	篠田治策	日中文化協會
1931.2.	『間島龍井地方を視察して』	中村玄濤	大陸之日本人社
1931.5.	『朝鮮人の間島』	長永義正	大阪每日新聞京城支局
1931.5.	『間島に於ける朝鮮人問題に就いて』	天野元之助	中日文化協會
1931.6.	『間島問題の經緯』		東亞經濟調査局
1931.7.	『間島の實情』	石森久彌	朝鮮公論社
1931.8.	『間島問題の經過と移住鮮人』	朝鮮總督府警務局	
1931.8.	『滿洲問題の關鍵, 間島』	長野朗	支那問題研究所
1931.10.	『間島をどう見るか』	松尾小三郎	奉公會
1931	『最近の間島と琿春』	吉村香六	
1932	『間島の概況』	陸軍省調査班	
1932	『(間島琿春北鮮及東海岸地方)行脚記』	川口忠	大連小林又七支店
1933.4.	『北鮮·間島視察報告』	京城商工會議所	
1933	『間島小史』	柳光烈	太華書館

간도 한인들이 10월경부터 조선으로 귀환하고 있는 상황을 우려하면서 "단적으로 간도를 말한다면, 간도는 대만주 정책상의 암(癌)이고, 또 조선통치상의 암이라고 말할 수 있"[541]다고 간도 문제를 부정적으로 표현하였다. 총독부 경무국에서는 간도협약 이래 중일 간의 분쟁이 끊이지 않았고 최근 국민정부의 국권회복운동 발흥 및 공산당의 압박으로 간도 문제가 부각된 상황을 거론하면서, 간도협약에 대하여 "거의 문제될 것이 없는 만주의 여러 현안을 삼아 대책을 강구하지 못하고, 결국 간도의 영토권

을 양보한 것은 확실히 우리 외교의 실패"⁵⁴²라고 간주하였다.

간도협약에 대한 총독부의 문제제기는 간도협약 개정 논의로 나아갔다. '중국통'으로 알려진 나가노 아키라(長野朗)⁵⁴³는 불령선인의 발호, 중국 관헌의 압박과 중일 관헌의 충돌에 이른 최근의 간도 상황을 간도협약 체결 전과 유사하다고 파악하고, 간도 문제의 근본 원인이 "일본의 영토이어야 할 곳을 중국의 관헌이 지배하고 있는 것에 기인"하는 것으로 보았다.⁵⁴⁴ 따라서 간도 문제의 근본적 해결책은 간도의 조선 귀속이지만, 현재의 상황에서 "제2의 방책은 간도는 의연하게 중국의 영토로 두면서 현재의 간도협약을 개정하여 이를 합리화하는 것"이라고 주장하였다.⁵⁴⁵ 이왕직차관으로 있던 시노다도 만주사변 직후 간도 문제의 근본적 해결을 위한 간도협약 개정론을 피력하였다. 그는 『외교시보(外交時報)』에 기고한 글에서 간도는 "주민의 대다수는 조선인이고 조선의 연장이라고 간주해야 할 특별지대이기 때문에 반드시 조선인 본위의 행정을 필요로 하"는 것이라며 간도를 특별구역으로 만들기 위한 간도협약의 개정을 주장하였다.⁵⁴⁶

간도협약으로 간도 문제가 일단락된 지 20여 년이 지나서 다시금 간도 문제가 현안으로 등장하고 간도협약의 개정이나 근본적 재검토가 제기되는 것은 무엇 때문일까? 총독부에 의해서 간도 문제가 소환되는 1930년은 '만주사변'을 눈앞에 두고 있었고, 대공황의 와중에서 관동군 주도로 '생명선 만몽'이라는 슬로건이 출현하고 있었다. 이러한 정세 속에서 동아경제조사국(東亞經濟調査局)⁵⁴⁷은 『간도 문제의 경위』를 발간하며 "간도는 일본,

러시아, 중국의 교차점에 위치하고, 그 지리적 위치는 이미 동아의 평화를 보전하는데 긴절무비(緊切無比)의 요충에 해당한다. 간도를 무시하고서는 어떠한 만몽 정책도, 대륙정책도 없다"고 만몽 정책에서 간도의 전략적 중요성을 강조하였다.[548] 나가노도 "간도는 또 만주의 부채 모양의 요충에 해당하고, 만주 문제가 극동 문제의 열쇠를 쥐고 있는 것처럼 간도 문제는 실로 만주 문제 해결의 열쇠를 쥐고 있는 것"[549]이라고 만주 문제에서 간도 문제의 중요성을 주장하였다. 이처럼 간도 문제가 만주 문제의 관건이고, 만몽 정책과 직결되어 있다는 인식은 당시 간도 문제가 제기되는 정세와 구도를 보여 준다.

1930년 10월 용정에서 일어난 중일 군경의 충돌과 사태 수습을 위한 양국의 교섭은 간도 문제를 부각시키는 계기가 되었다. 동아경제조사국에서는 이 사건의 처리를 둘러싸고 시데하라 외상의 협조외교를 비판함으로써 간도 문제의 해결을 만몽 문제의 해결과 결부시키고자 하였다. 즉 "조선인 보호를 맡아야 할 일본 경찰권의 근래의 무기력은 첫째로 사태의 중대화를 극도로 우려하는 일본제국 정부의 외교정책에 그 근본적 원인이 있는 것이지만, 조선인에 의한 이와 같은 일본 경찰권을 대하는 불신임은 그것이 통치상 진실로 중대한 문제이다"[550]라고 시데하라 외상의 협조외교를 비판하면서 "일본 경찰의 무기력과 이에 대한 간도 한인의 불신을 부각시키고, 나아가 간도 지방 치안의 유지는 제국일본으로서도 절대적으로 긴요한 일이다. 그리고 이것이 치안의 유지를 중국에 일임해서는 도저히 수습 불가능하다는 것은 과거 및 현재의 참상이 명료하게 실증하는 것"[551]이라고 일본의 간도 개입을 촉구하였다.

총독부에서 간도파출소를 소환한 1930년은 일본에서 만몽 문제가 사회적 이슈로 등장하는 시기이자 일본에서 시작된 대공황이 조선으로 파급되던 시기였다. 이러한 정세에서 총독부는 러일전쟁 직후 한인 '보호'를 명목으로 내세운 간도파출소의 간도 개입을 소환함으로써 만몽 문제에서 간도 문제가 가진 위상을 환기시키는 동시에 군부의 만몽 영유를 지지하고 총독부와 조선군의 간도 개입을 뒷받침하고자 하였다. 총독부의 간도파출소 소환을 시작으로 간도 문제가 부각되면서 간도 문제는 '조선통치의 암'에서 '만주 문제의 관건'으로 변화하였다.

2) 간도협약의 재평가

간도파출소가 간도협약 이전 간도 문제의 역사를 대한제국의 간도 담론을 전유하는 방식으로 재구성한 이래, 이러한 간도 문제 인식을 계승하면서 간도협약 이후 간도 역사를 정리한 것이 1918년 동척에서 발간한 『간도사정(間島事情)』이다. 『간도사정』은 척식사업을 염두에 두고 편찬한 것인 만큼 농업부문 서술에 중점을 두었지만 간도의 역사에 대해서도 상당한 분량을 할애하였다.

『간도사정』에서의 간도 문제 서술은 정묘화약으로 간광지대가 성립되고, 19세기 후반 간광지대 개방을 계기로 조청 간에 경계문제가 대두하였다고 보는 점에서 간도파출소의 간도 문제 인식을 계승하고 있다.[552] 이어서 간도파출소 설치 및 이로 인한 일청 양국의 충돌을 간략하게 서술하고 간도협약 체결로 "간도 문제를 해결"하였다고 간주하였다. 간도협약 이후 간도 상황에 대하여 중국 관헌이 배일친중(排日親支)하는 자를 우대하면서 간도는 배일 한인의 소굴로 변하였으며, 만몽조약 이후 조약의 시행범위에 대한 양국의 이견으로 혼란과 충돌이 일어났고 중국 관헌은 한인 회유에 노력하여 귀화를 신청하는 자가 늘어나고 있다고 서술하였다. 특히 조선주차군사령부 소속 육군중좌인 다케우치 에이키(竹內榮喜)의 「가토 기요마사(加藤淸正)의 간도 진입에 대하여」를 전제하여 임진왜란 당시 가토 기요마사의 간도 정벌을 상세하게 서술하고 있는데,[553] 이를 통하여 간도 지역이 일찍부터 일본의 지배가 미쳤다는 사실을 부각시켰다.

1930년 총독부에 의해서 간도파출소에 대한 기억이 소환되면서 간도 문제 인식에 변화를 가져온 계기가 된 것이 시노다의 『간도 문제의 회고』이다. 시노다는 간도파출소 당시를 회고하면서 "거의 문제될 것이 없는 만주의 여러 현안을 청이 문제로 삼았는데도, 그에 대처할 방책을 강구하지 못하고 결국 간도 영토권을 양보한 것은 확실히 일본 외교의 실패이다. 이를 정치적으로 논하자면 간광지대의 연혁에 비추어 압록강 대안 및 혼춘 방면을 청 영토로 하는 대신, 간도 일대를 조선 영토로 하는 것이 가장 공평하고 타당하다"[554]고 간도협약을 일본 외교의 실패로 평가하였다. 이러한 시노다의 평가는 간도 영유권 확보를 목표로 삼았던 간도파출소의 편향된 인식에서 나온 것이지만, 시데하라 외상의 협조외교를 비판하면서 간도 문제를 부각시키는 단초를 제공하였다.

　시노다의 간도 문제 인식은 조선총독부 경무국에서 간행된 『간도 문제의 경과와 이주 조선인』에 그대로 반영되었다. 간도 문제의 역사를 다루고 있는 부분은 책의 전반부인데, 말갈인에 의한 발해 건국에서 간도협약 체결에 이르는 간도 문제의 역사를 서술하고 있다. 『간도 문제의 경과와 이주 조선인』에서 간도 문제의 역사에 대한 서술은 『간도사정』의 서술을 그대로 옮긴 부분이 많을 정도로 순서나 내용이 유사하며, 단지 간도파출소의 활동에 많은 분량을 할애하고 있다는 점 정도가 다를 뿐이다. 주목되는 부분은 간도협약 부분인데, 간도협약 교섭 과정과 관련하여 "아주 작은 간도 문제 때문에 다시 안봉선 기타의 현안을 지연시키는 것은 우리 만몽 대계획상의 부득책(不得策)이라고 하지 않을 수 없"[555]었다고 간도협약 체결 경위를 설명한다. 간도협약 평가와 관련해서는 일본 외교의 실패라고 단정하는 시노다의 견해를 수용하면서도 "청한 국경의 쟁의는 조선의 주장이 박약"[556]하다는 설명을 덧붙이고 있다. 경무국은 간도협약을 일본 외교의 실패로 간주하면서도 간도협약을 부정하고 영토문제를 제기하는 것은 주저하였다.

　시노다의 간도협약 재평가를 수용하면서 간도 문제와 만주 문제를 결부시킨 것이 나가노의 『만주 문제의 관건, 간도』이다. 그는 간도 문제의 해결이 곧 만주 문제의 해결을 의미하는 것이라는 인식에서 고구려에서 간도협약에 이르는 간도의 역사를 정리하고 있는데, 간도 역사의 출발을 만주를 영유한 고구려에서 잡으면서 "고려족이 우리 이즈모(出雲) 민족과 동족"이기 때문에 만주는 야마토(大和) 민족의 고토라고 설명하였다. 그리고 정묘화약으로 간광지대가 성립하였고, 강희제는 청조의 발상지인 백두산을 판도에 편입하기 위해서 경계를 조사하고 정계비를 건립하였다고 보았다. 백두산정계비 건립 이후에서 간도파출소 설치에 이르는 서술은 시노다의 『간도 문제의 회고』에서 전제하여 설명하고 있다.[557]

  나가노는 안봉선문제와 간도 영유권문제가 교환된 과정을 설명하면서 "안봉선 개축과 간도 문제를 교환적으로 취급한 것은 아주 잘못된 것이고 … 일본은 간도 교섭에서 시종 커다란 착오를 범하고, 당연히 일본의 영토이어야 할 간도를 중국에 양보"하였다고 보았다. 그리고 일본의 잘못은 불리한 경계문제를 가지고 교섭에 나선 것과 간도가 소속불명이거나 한국의 영토임에도 불구하고 간도파출소를 설치하여 소극적으로 교섭에 임한 것에 있다고 파악하였다. 따라서 "금일 간도 문제의 분쟁의 근원은 일본 국민인 조선인을 중국 관헌이 통치하고 있는 것에서 비롯된다. 즉 당연히 일본의 영토가 되어야 할 곳을 중국의 영토로 한 간도협약의 과오에서 비롯"[558]되는 것이기 때문에, 간도 문제의 해결은 간도협약의 근본적 오류를 바로잡는 것이라고 파악하였다.

이상에서 살펴본 것처럼 총독부의 간도파출소 소개를 계기로 한 간도협약에 대한 재평가는 간도 문제의 역사에서 간도파출소 설립 이후의 서술을 변화시켰다. 시노다의 서술을 기반으로 간도파출소의 설립에서 철수에 이르는 과정과 활동을 자세하게 서술함으로써 일본 정부가 간도 문제에 적극적으로 개입하는 모습을 부각시키고, 간도 교섭에서 간도파출소를 배제하고 안봉선문제와 간도 영유권문제를 교환한 간도협약을 일본 정부의 중대한 과실이자 일본 외교의 실패라고 비판하였다. 또한 간도협약 이후 생겨난 각종 문제들, 즉 중국 관헌의 한인 탄압, 불령선인과 공산주의자의 발호, 일중 관헌 간의 갈등 등의 문제는 잘못된 간도협약에서 기인하는 것으로 간주되었다. 이러한 관점에서 간도 문제는 간도협약으로 해결된 것이 아니라 간도협약으로 새롭게 출현하였으며, 간도 문제의 해결은 만몽 문제의 해결과 결부되어 '만몽 영유'와 같은 무력 개입을 통해서만 해결될 수 있다는 인식을 창출하였다.

이 시기에 부각되는 간도협약에 대한 비판적 인식은 기존의 연구에서 지적된 지점들, 즉 일본 정부에서 이미 1908년 9월에 각의 결정을 통하여 간도 영유권을 포기하였기 때문에 간도파출소의 존재가 유명무실하게 되었다는 점, 일본 정부의 이러한 결정은 외교상의 실책이 아니라 미국과의 루트-다카히라협정으로 인한 불가피한 결정이었다는 점, 일본 정부가 간도 영유권을 포기한 이후 간도 교섭의 쟁점은 안봉선 개축문제와 간도 한인에 대한 재판관할권이었다는 점 등에 비추어 볼 때, 사실 관계나 정세 인식에서 많은 오류를 지니고 있다.[559] 더구나 이 시기의 간도 문제 인식이 제국주의 팽창을 정당화하는 간도파출소 간도 담론의 식민주의적 성격을 그대로 간직하면서, '생명선 만몽'을 외치며 만주 점령을 선동하는 군부와 관동군의 만몽 문제 인식과 공명하고 있다는 점도 염두에 두어야 할 것이다.

한편, 이상에서 검토한 간도 문제 서술과는 달리 대한제국의 간도 문제 인식을 계승하여 간도 문제의 역사를 서술한 책이 있다. 유광열(柳光烈)은 『조선일보』 기자로 재직하던 1931년 1월에 「간도의 사적 고찰」을 한 달가량 연재하고, 이를 간추려 1933년에 『간도소사(間島小史)』라는 제목으로 발간하였다.[560] 『간도소사』는 고구려, 발해에서 만주사변 직전까지 간도 문제의 역사를 서술하고 있는데, 대한제국기 간도 문제 인식을 대표하는 『북여요선(北輿要選)』의 내용을 상당 부분 인용하고 있다. 『간도소사』에서는 조선 민족이 세운 고구려와 발해에서 간도 역사가 비롯되었고, 고려 때 윤관이 여진을 정벌하고 선춘령[북만주 영안현(寧安縣)]에 석비를 세워 경계를 삼았다고 보았다. 그리고 백두산을 왕조의 발상지로 존숭한 청이 백두산을 자국의 판도로 편입하려고 정계비를 건립함으로써 선춘령 경계가 토문강 경계로 강역이 축소되었다고 설명하였다.[561] 선춘령 경계에서 간도관리사 파견까지의 서술은 『북여요선』과 유사하지만, 청조의 발흥과 왕조의 발상지인 백두산 숭배에 대한 설명, 청 태조가 회령에서 출생했다는 설화에 대한 소개, 정해감계 때 청국위원이 15개의 석비를 세운 것은 오기(誤記)라는 서술은 『북여요선』 이후의 성과를 반영한 것이다.

 간도협약 이후의 간도 상황에 대해서는 강제병합 이후 간도 한인의 처지를 소개하고 간도 망명과 신해혁명을 계기로 한 제1차 자치운동과 1923년의 최창호(崔昌浩) 피살을 계기로 한 제2차 자치운동을 서술하였으며, '간도 5·30사건'과 이로 인한 한인 단속, 가혹한 검거와 재판 등 한인의 피해 상황을 서술하였다.[562] 간광지대를 중심으로 간도 문제의 역사를 서술하던 식민주의적 간도 문제 서술과는 달리,『간도소사』는 토문강 경계를 중심으로 하여 간도협약 이후 '간도 5·30사건'까지 간도 문제의 역사를 중일에 의한 이중의 압박에 시달리는 간도 한인의 처지에서 서술하였다.

닫는 글

이 책에서는 간도 문제에 대한 담론적 분석이라는 관점에서 한청통상조약을 앞두고 간도 문제가 출현하는 1890년대 후반부터 만주국 간도성이 설립되는 1934년에 이르기까지 간도 문제의 역사적 변천과정을 검토하였다. 지금까지 살펴본 내용을 대한제국기 간도 문제의 출현, 간도 문제의 식민화, 강점 이후 간도 문제와 간도 담론, 식민지 간도 담론의 변용 등으로 나누어 정리하고, 이 책의 한계와 남은 문제를 덧붙이고자 한다.

간도 문제는 두 가지 기원을 가지고 있다. 간도 명칭의 유래가 하나의 기원이라면 조청 경계문제가 다른 하나의 기원이다. 간도 명칭은 1870년대 후반 두만강 건너편의 모래톱을 개간한 것에서 유래되었고 점차 두만강 건너편의 개간지를 가리키는 명칭으로 확장되었다. 조청 경계문제는 1712년 백두산정계비의 건립이 발단이었고 1880년대 들어 양국 간의 경계문제가 불거졌다. 1899년 한청통상조약 체결을 앞두고 종성의 유생이 올린 상소를 통하여 두 가지 기원이 결부되면서 간도 문제가 출현하였다. 간도 명칭이 두만강 건너편의 개간지를 가리키는 명칭에서 토문강과 두만강 사이의 영토를 가리키는 명칭으로 전화하면서 경계문제의 핵심으로 진입하였고, 간도가 '대한의 토지'로, 간도의 월간민이 '대한의 인민'으로 호명되면서 간도 문제는 대한제국의 영토문제이자 주권문제가 되었다.

러시아의 만주 점령으로 인한 국경의 위기는 간도 정책이 출현하는 계기가 되었다. 정부는 국경지역 주민을 보호하기 위하여 변계경무서를 설치하고 이범윤을 시찰사로 파견하는 등 간도 지역에 대한 관할을 시도하였다. 남만주에서 일본과 러시아의 대치로 국경지역의 혼란이 계속되자 정부는 시찰사를 관리사로 승격시켜 간도에 주재하면서 간도 인민에 대한 관할을 강화하도록 조치하였다. 그렇지만 관리사 이범윤이 자체의 무장을 갖추어 나가면서 양국의 무력충돌이 격화되었고, 청에서 이범윤의 소환을 요청하는 한편, 관원을 파견하여 감계할 것을 제의하였다. 정부의 간도 정책은 시찰사 이범윤의 보고에 기반하여 시행되었고, 내부의 '토문강-분계강' 경계론에 의해서 뒷받침되었다. 내부에서는 지난 국경회담에 비추어 토문강 경계론이 비현실적이라고 판단하고 정계비에서 발원하는 토문강과 하반령에서 발원하는 분계강의 남쪽을 대한제국의 강역으로 간주하고, 한청통상조약 제12조를 근거로 관리사 파견과 간도 관할을 정당화하였다.

대한제국시기 간도 담론을 대표하는 저술은 김노규의 『북여요선』과 장지연의 『대한강역고』이다. 김노규는 백두산이 우리나라의 조종산이고 두만강 유역의 조선왕조 발상지가 백두산의 기운을 타고난 곳이라는 풍수지리적 인식을 기반으로 '토문강 경계론'을 주장하였다. 김노규의 백두산 중심의 강역 인식은 고려 때 선춘령 경계에서 비롯되며, 백두산정계비 건립으로 선춘령 경계를 잃어버리고 백두산과 토문강을 경계로 삼았다고 보았다. 그는 국제법을 기반으로 한·청·러 삼국의 공동조사를 통한 간도 문제의 공평한 타결을 전망하였다. 장지연은 북방 강역의 중심에 백두산을 자리매김하고, 백두산 정계 이후 북방 강역의 형세를 다루면서 간도를 강역의 상징으로 부각시켰다. 그는 토문강 경계보다는 현실적인 토문강-분계강 경계를 제기하고, 분계강 남쪽의 간도를 대한제국의 판도로 편입해야 한다고 주장하였다. 『대한강역고』는 대한제국의 역사적 강역을 간도로 귀결시킴으로써 간도 문제가 영토문제임을 부각시켰다.

러일전쟁 이후 간도 문제가 통감부로 이관되면서 일본 정부와 군부는 제2의 러일전쟁에 대비하기 위한 교두보로서 간도 문제에 주목하여 간도 조사를 시행하였다. 이때 일진회는 '간도 개척'을 내걸고 통감부의 지원을 받아 세력을 확장하고자 하였다. 일진회는 일진회원의 간도 이주를 추진하는 한편, 간도를 관할할 관헌 파견을 정부에게 청원하였다. 그러나 일진회의 관헌 파견 요청이 통감부 간도파출소 설치로, 간도 개척은 간도파출소의 간도 지배를 보조하는 것으로 변질되었다. 반면『대한매일신보』는 일진회의 간도 개척이 일본의 사주에 의한 것이라고 주장하면서 간도를 확보하려는 일본의 의도를 비판하였다. 일본과 청의 간도 교섭이 진행되자『대한매일신보』는 간도가 청의 영토임을 인정하는 쪽으로 논조를 바꾸어 나가면서 일본의 간도 침략을 반대하였다.

간도 문제의 식민화는 간도 문제의 통감부 이관 및 간도파출소 설치가 계기가 되었다. 통감부에서는 간도 한인 보호를 명목으로 일본 관리의 간도 파견을 요청하였고, 이에 일본 정부는 남만주 장악을 위한 교두보를 확보하기 위하여 간도파출소 설치를 추진하였다. 통감부에 의한 간도파출소 설치는 통감부에 의한 한국 지배를 간도로 확장하는 것이었고, 청에 대해서 공세적으로 간도 문제를 제기하는 것이었다.

간도 문제의 이관과 간도파출소 설치를 통한 간도 문제의 전유는 식민지 간도 담론의 창출에 기여하였다. 보고서를 통해서 살펴본 간도파출소의 간도 문제 인식은 '간광지대' 개념을 중심으로 재구성되었다. 간도 문제의 기원이 되는 것은 17세기 초 정묘화약으로 출현하여 200여 년 동안 유지된 '간광지대'이고, 19세기 후반 청이 간광지대를 개방하면서 한청 간에 경계문제가 대두되었다. 경계문제를 해결하기 위하여 1880년대에 열린 국경회담은 미결로 끝났으며, 러일전쟁으로 중단된 경계 교섭은 간도파출소 설치를 계기로 재개되었다고 보았다. 나이토 코난에서 시노다 지사쿠로 이어지는 이러한 인식은 간광지대를 청의 지배도 조선의 지배도 미치지 않는 '중립지대' 나아가 무주지로 간주하였는데, 이는 유럽과 일본의 제국주의 팽창을 정당화하는 데 사용되던 식민주의 담론에서 유래한 것이다.

강점 직후 조선총독부는 압록강과 두만강을 경계로 중국, 러시아와 국경을 접하게 되었고, 국경지역을 관리하는 담당자가 되었다. 1910년대 전반 조선총독부는 압록강과 두만강의 도서 및 사주 조사를 통하여 중국과의 도서 분쟁에 대비하였으며, 압록강과 두만강 대안지역에 대한 조사, 시찰을 통하여 국경지역의 현황 및 동향, 대안지역으로 이주한 조선인의 현황과 동향을 주기적으로 파악하였다.

일본 정부는 1911년 압록강철교의 중심을 국경으로 삼았지만 이는 압록강철교에 국한된 것이었으며, 강 전체에 대한 국경 획정에 반대하되 도서와 사주의 귀속은 역사적 연혁과 현실적 조건에 따라 정한다는 방침을 수립하였다. 이러한 방침은 1925년 제국의회에 제출한 압록강의 우안과 두만강의 좌안을 국경으로 하는 조선총독부의 국경협정안으로 귀결되었다.

강점 이후 많은 조선인들이 간도로 이주함에 따라 간도 한인의 관할을 둘러싸고 중국과 일본의 대치가 격화되었고, 간도 한인에 대한 중국 정부의 통제가 강화되었다. 이러한 대치와 갈등 속에서 간도 담론은 만주 담론으로 확장되는 한편, 『매일신보』의 만주개발론과 『조선일보』의 귀화론으로 분열되었다. 『매일신보』는 만몽조약 체결 이후 간도를 비롯한 만주의 개발을 주장하고 만주 개발을 가로막는 토지상조권문제의 해결을 촉구한 반면,『조선일보』는 재만 한인의 경제적 안정을 위한 귀화를 주장하면서 총독부의 귀화 불허로 인한 이중국적문제가 시급한 문제임을 지적하였다. 중국의 재만 한인에 대한 압박이 강화됨에 따라 자치운동이 일어났고,『조선일보』는 자치운동을 통한 생활 안정을 주장하였다.

간도 문제는 1930년대 초반 치외법권 철폐문제 및 만몽 문제와 결부되어 다시금 소환되었다. 중일 간의 통상조약 교섭은 1927년부터 시작되는데, 1930년 초 관세문제를 타결하고 치외법권 철폐 교섭으로 넘어가는 과정에서 중국은 치외법권의 즉각 철폐와 더불어 간도협약 폐지를 제기하였다. 이에 일본은 중국 본토와 만주를 분리하여 만주와 간도의 이권을 보장받고자 하였지만, 중국은 여전히 치외법권의 즉각적, 전면적 철폐를 고수하였기에 양국 간의 교섭은 난관에 봉착하였다.

대공황으로 내외적인 위기에 처한 일본은 만몽 문제를 사회적 이슈로 만들고 만주사변을 통하여 만주를 장악함으로써 만몽 문제를 해결하고자 하였다. 간도를 식민지 조선의 연장으로 간주하고 있는 조선총독부는 만주사변을 계기로 간도를 만주에서 분리된 특별구역으로 만들고자 하였다. 총독부의 이러한 구상은 만주국의 반대로 실현되지 않았지만, 1934년 간도성이 설립됨으로써 간도파출소 이래 일본이 제기하여 왔던 간도 문제는 일단락되었다.

 1930년 초반 대폭 간행된 간도 문제 관련 저술은 간도파출소의 소환과 간도협약에 대한 재평가를 통하여 간도 문제를 새롭게 제기하였다. 이들 저술에서 주목되는 점은 간도협약에 대한 재평가를 통하여 간도 문제와 만몽 문제를 결부시킨다는 점인데, 간도협약 체결을 일본 외교의 실패로 간주하고 간도협약 이래 새롭게 생겨난 간도 문제를 만몽 문제와 마찬가지로 간도에 대한 무력 개입을 통하여 해결할 수 있다는 인식을 창출하였다.

 만주사변 직전인 1931년 7월, 간도 문제의 핵심적 근거라고 할 수 있는 백두산정계비가 사라졌다. 시노다에 따르면, 7월 28일 일본군 국경수비대와 백두산 등반객이 백두산을 오를 때에는 정계비가 원래 자리에 있었지만, 천지 부근에서 노숙을 하고 다음날 내려올 때에는 정계비가 없어지고 그 자리 옆에 '백두산등산도(白頭山登山道)'라고 새겨진 표목(標木)이 세워져 있었다. 누가 그랬는지, 무엇 때문에 그랬는지, 정계비를 깨트려 버렸는지 아니면 주변에 묻었는지 오리무중이지만 이 시기에 간도 문제가 부각되었다는 사실은 백두산정계비 소실문제를 풀어나가기 위한 하나의 실마리가 될 수 있을 것이다.

 이상의 내용 정리와 더불어 이 책이 갖는 의미와 한계를 언급하면서 마무리하고자 한다. 간도 문제를 연구한다는 것은 어떤 의미를 가지고 있을까? 간도 문제 연구에 착수하던 때에는 간도 영유권에 매몰된 간도 문제 연구를 벗어나 비판적인 연구를 지향한다는 생각 정도에 머물러 있었다. 그렇지만 간도 담론을 기반으로 하여 간도 문제의 역사적 변천을 조망하게 되면서 간도 문제는 한국 민족주의의 주요한 구성 부분이고, 간도 문제의 역사를 서술하는 것은 곧 한국 민족주의의 역사를 서술하는 것임을 새삼 깨닫게 되었다. 즉 1890년대 후반 영토문제로서 간도 문제의 출현은 한국 민족주의의 형성이자 민족 주체의 출현이라는 역사적 과정의 일부를 이루는 것이며, 강점 이래 간도 및 만주 한인의 문제는 식민지 민족주의의 일부를 이루는 것이라고 할 수 있다. 그리고 일본의 간도 문제 관여와 간도 문제의 식민화는 식민주의에 의한 민족주의의 전유를 의미하는 것이었다.

이러한 자각은 곧 이 책의 한계를 명료하게 한다. 한국 민족주의의 출현과 그 구성에 대한 밑그림 없이 곧바로 간도 문제 서술로 들어갔기 때문에 마치 간도 문제가 독자적인 영역과 구성을 가지는 것처럼 보인다. 그러나 간도 문제는 독도 문제와 더불어 한국 민족주의의 주요 구성 부분이기에 먼저 한국 민족주의 담론에서 간도 문제가 차지하는 위상과 기능을 규명한 이후에 간도 문제의 영역과 구성에 대한 분석으로 나아갔다면 간도 문제의 역사에 대한 더욱 풍부한 설명을 얻을 수 있었을 것이다. 이러한 한계는 간도 담론에 대한 접근과 분석에서도 나타난다. 간도 담론에 대한 분석이 텍스트 분석에 한정되지 않고 간도 담론의 생산, 유통, 소비 과정에 대한 구체적인 분석이 되어야 한다는 점을 염두에 두었지만 간도 문제의 주체들, 즉 민족 주체를 구성하는 여러 주체들에 대한 고려가 없었기에 신문과 주요 간행물에 대한 텍스트 분석에 한정될 수밖에 없었다.

이러한 한계는 영토문제에 집중하여 현재 간도 영유권 논의가 가지고 있는 문제점을 부각시키고자 한 것에서 비롯되었지만, 간도 담론의 다양한 구성과 복합적인 담론적 장을 무시하는 결과가 되었다. 또한 간도 담론의 변용에 대한 분석에서도 담론 간의 상호작용을 보지 못하고 주요 개념의 변화에 의존하는 방식으로 귀결되었다.

마지막으로 해방 이후 간도 문제의 소환과 간도 담론의 변용에 대한 분석은 후속 연구로 미루고자 한다. 이 책에서는 간도 문제의 역사가 간도성 설립으로 일단락되는 것으로 간주하였지만 이는 러일전쟁 이후 일본이 개입하였던 간도 문제의 귀결일 뿐이다. 한국인이 직면하고 있는 간도 문제는 해방 이후 새롭게 소환되고 주기적으로 사회적 이슈로 부각되었으며, 현재의 문제로 존재하고 있다. 해방 이후 간도 문제와 간도 담론에 대해서는 앞으로의 자료 발굴과 후속 연구를 통하여 마무리하고자 한다.

미주

1 김형종 편역, 「(李重夏)別單草 1」, 『1880년대 조선-청 국경회담 관련 자료 선역』, 서울대학교출판문화원, 2014, 497쪽.
2 류연산, 『혈연의 강들』 상, 연변인민출판사, 1999, 211쪽.
3 류연산, 1999, 211-212쪽.
4 「선구촌과 사이섬」, 『국제신문』, 2007. 10. 25.
5 간도 문제에 관한 주요한 연구사 정리는 다음과 같다. 한철호 편, 『한중관계사 연구의 성과와 과제』, 국사편찬위원회·한국사학회, 2003; 이성환, 「간도 문제 연구의 회고와 전망」, 『백산학보』 76, 2006; 김종건, 「백두산간도 역사연구의 현황과 쟁점」, 『동북아역사논총』 18, 2007; 배성준, 「한중의 간도문제 인식과 갈등구조」, 『동양학』 43, 2008.
6 조광, 「실학 및 개화기의 영토문제연구」, 『영토문제연구』 1, 1983; 강석화, 「조선후기의 북방영토의식」, 『한국사연구』 120, 2005; 이화자, 「명청시기 중한 지리지에 기술된 백두산과 수계」, 『문화역사지리』 20-3, 2008; 문상명, 「한국 고지도에 표현된 백두산 동류 수계」, 『한국역사지리학회지』 19-2, 2013.
7 김형종, 『1880년대 조선·청 공동감계와 국경회담의 연구』, 서울대학교출판문화원, 2018, 26-27쪽.
8 '간도되찾기운동본부'에서는 간도 영역을 북간도 지역, 동간도 지역, 서간도 지역, 연해주 지역, 심·요 지역, 북방고토 지역으로 상정하고 있다.
9 은정태, 「대한제국기 간도 정책 추진의 조건과 내·외부의 갈등」,

『근대 변경의 형성과 변경민의 삶』, 동북아역사재단, 2009.
10 Johannes Angermuller, Dominique Maingueneau, Ruth Wodak ed, *The Discourse Studies Reader-main currents in theory and analysis-*, John Benjamins Publishing Company, 2014, p.2.
11 일반적으로 'discourse'의 번역어로 '담론'을 사용하지만, 대화 참가자가 사용하는 언어 및 상호작용에 초점을 맞추는 언어학이나 미시사회학에서는 'discourse'를 '담화(談話)'라고 번역한다.
12 Johannes Angermuller, Dominique Maingueneau, Ruth Wodak ed, 2014, p.6.
13 이찬행, 「'실재', 그 숭고한 이름」, 『트랜스토리아』 1, 158-160쪽. 전통적 역사가들은 담론적 관점에 대해서 과거에서 실재를 박탈하면 역사와 픽션의 구분이 사라질 것이라거나 텍스트 외부에는 아무것도 존재하지 않게 된다고 비판한다. 그렇지만 정작 문제로 삼아야 할 것은 실존하는 대상과 지식의 대상과의 관계이다.
14 페어클러프에 따르면 '장르'란 "사회적 행위의 특수한 형태와 관련하여 언어를 사용하는 사회적으로 승인된 방법"이다. '장르'가 각각의 텍스트가 특정한 권력관계 내에서 어떤 행위를 수행하는가에 초점이 있다면, '담론들'은 특정한 현상 또는 사물을 어떻게 표상하는가에, 스타일은 텍스트 생산자가 특정한 존재 방식을 가지고 스스로에게 어떤 정체성을 부여하는가에 초점이 있다. N. Fairclough, *Analysing Discourse: Textual Analysis for Social Research*, New York: Routledge, 2003, pp.26-28.
15 페어클러프는 담론 분석의 3가지 차원을 텍스트, 담론적 실천, 사회적 실천으로 나누거나 텍스트들의 내적 관계 분석과 외적 관계 분석, 그리고 이를 매개하는 담론 수준의 분석으로 나누기도 하였다. N. Fairclough, *Critical Discourse Analysis*, London: Longman, 1995; N. Fairclough, "Critical discourse analysis as a method

in social scientific research," *Methods of Critical Discourse Analysis*, London: Sage, 2001; N. Fairclough, *Analysing Discourse: Textual Analysis for Social Research*, London and New York: Routledge, 2003.
16 '상호텍스트성(intertextuality)'이란 텍스트 사이의 상호참조와 상호침투를 통하여 텍스트의 요소가 이동하는 것이고, '상호담론성(interdiscursivity)'이란 담론을 구성하는 텍스트, 장르, 주제(topic)가 시간의 흐름에 따라 한 담론 형태에서 다른 담론 형태로 이동하는 것을 말한다.
17 M. Reisigl and R. Wodak, "The Discourse-Historical Approach (DHA)," *Methods of Critical Discourse Analysis*, 2017. 1, pp. 89-92.
18 로버트 J.C. 영, 『포스트식민주의 또는 트리컨티넨탈리즘』, 박종철출판사, 2005, 711쪽.
19 페쇠(Michel Pêcheux)는 담론적 실천 속에서 주체의 형성을 설명하면서 '동일시', '반동일시' 및 '역동일시(dis-identification)'를 통한 저항 주체의 형성을 제기하였다. 또한 알튀세르(Louis Althusser)와 발리바르(Etienne Balibar)는 이데올로기론에 대한 탐구를 통하여 이데올로기적 반역을 통한 저항 주체의 형성을 제기하였다.
20 시노다 지사쿠(1872~1946)는 도쿄제국대학 법대를 졸업하고 러일전쟁에서 제3군(第三軍) 국제법고문으로 종사하였다. 간도 문제 해결을 위하여 조선으로 건너와 통감부간도파출소 총무과장(1907~1909)을 지냈고, 통감부 비서관(1909~1910), 평안남도 내무부장(1910~1915), 평안남도 지사(1919~1923) 등 총독부 관료를 역임하였다. 이후 이왕직 차관(1923~1932)을 거쳐 일본인 최초로 이왕직 장관(1932~1940)에 임명되었다. 간도파출소 참여에 이어 1919년에 블라디보스토크에 일본군 촉탁으로 파견되는 등 간도와 노령의 한인 문제에 직접 개입하였으며, 간도의 역사, 평양의 역사

에 대한 저술을 간행하고『고종실록』,『순종실록』편찬에 참여하는 등 역사서술에서도 주목할 만한 행적을 남겼다.
21 유광열(1898~1981)은 경기도 파주 출신의 언론인이다. 1919년『매일신보』에 입사하였고, 1920년『동아일보』로 옮겨 사회부 기자, 사회부장을 지냈다. 이후『조선일보』,『중외일보』,『매일신보』등에 근무하였으며, 일제 말기에는 조선임전보국단과 조선언론보국회에 참여하였다. 1949년 국회의장 신익희의 비서실장으로 정계에 입문하여 민의원(1960)이 되었고, 성곡언론문화재단 이사장(1967)을 지냈다.
22 이하의 연구사 정리는 배성준,「한·중의 간도문제 인식과 갈등구조」,『동양학』43, 2008의 연구사 부분을 토대로 하여 이후의 성과를 보완하였다.
23 양태진은 압록강과 두만강 이북의 '간광지대(間曠地帶)'를 조선의 영토로 파악하여 백두산정계비의 국경비로서의 성격을 부정하고 '백두산 석비(石碑)'로 부를 것을 제안하였으며, 노영돈, 이일걸도 압록강 이북에 대한 영토 주장을 위하여 백두산정계비의 효력을 부정하였다. 양태진,『한국의 국경연구』, 동화출판공사, 1981; 노영돈, 「백두산지역에 있어서 북한과 중국의 국경분쟁과 국제법」,『국제법학회논총』35-2, 1990; 이일걸,「간도협약에 관한 국제법적 고찰」, 『국제법학회논총』37-2, 1992. 12.
24 조광,「실학 및 개화기의 영토문제연구」,『영토문제연구』1, 1983.
25 李盛煥,『近代東アジアの政治力學:間島をめぐる日中朝關係の史的展開』, 錦正社, 1991.
26 강석화,「백두산정계비와 간도」,『한국사연구』96, 1995.
27 '간도 영유권 100년 시효설'은 간도협약 체결 100주년이 되는 2009년이 되기 전에 간도 영유권을 제기하지 않으면 간도 영유권을 상실하게 된다는 주장이다. 간도 영유권 100년 시효설은 국제법적

근거를 가진다고 하지만 국제법과는 무관한 주장일 뿐이다. 그렇지만 2009년 들어 간도협약 체결 100년을 앞두고 간도 문제를 국민적 이슈로 부각시키는 기반이 되었다.

28 이일걸, 「동북공정과 간도영유권 분쟁」, 『한국 근대의 북방영토와 국경문제』, 국사편찬위원회, 2004; 이일걸, 「우리 영토의 축소과정과 왜곡된 국경선 문제」, 『간도학보』 2, 2019; 박선영, 「왜 '간도문제'가 제기되나」, 『내일을 여는 역사』 18, 2004.12; 박선영, 「토문강을 둘러싼 중국의 '역사조작' 혐의」, 『중국현대사연구』 40, 2008; 노영돈, 「한·중 간도영유권문제와 국제법상의 시효문제」, 『백산학보』 71, 2005; 노영돈, 「간도영유권문제와 '중조변계조약'의 의미」, 『군사』 108, 2018.

29 은정태, 「대한제국기 '간도문제'의 추이와 식민화」, 『역사문제연구』 17, 2007.

30 김형종, 『1880년대 조선·청 공동감계와 국경회담의 연구』, 서울대학교출판문화원, 2018.

31 이화자, 「중국·북한 국경 답사기: 백두산 토퇴군의 새로운 발견」, 『문화역사지리』 24-3, 2012; 이화자, 「백두산 정계의 표식물 – 흑석구의 토석퇴에 대한 새로운 고찰」, 『동방학지』 162, 2013.

32 김기훈, 「간도 담론의 연구사적 검토」, 『근대 만주 자료의 탐색』, 동북아역사재단, 2009.

33 李丙燾, 『朝鮮史大觀』, 同志社, 1948, 452쪽.

34 東洋拓植株式會社 編, 『間島事情』, 1918, 28-32쪽.

35 동북아역사재단 편, 『조청 국경회담 자료집』, 고구려연구재단, 2005, 191쪽.

36 동북아역사재단 편, 2005, 177-178쪽.

37 김형종 편역, 「중국에서 파견되어 온 관원에게 올리는 탄원서」, 『1880년대 조선-청 국경회담 관련 자료 선역』, 서울대학교출판문화

원, 2014, 217-220쪽. 원래 번역에서는 '間土'를 '사이 땅'으로 풀어서 번역하였지만 여기에는 한자어 그대로 번역하였다.

38 『高宗實錄』권21, 고종21년 2월 24일.
39 김형종 편역, 「吉林將軍 銘安等奏, 朝鮮貧民占種吉林邊地, 遵旨妥議覆陳摺」, 『1880년대 조선-청 국경회담 관련 자료 선역』, 서울대학교 출판문화원, 2014, 131쪽.
40 김형종, 「吳祿貞과 『延吉邊務報告』」, 『역사문화연구』 35, 2010.
41 吳祿貞, 『延吉邊務報告』, 學務公所, 1908, 125-126쪽.
42 "古間島卽光霽峪假江地", 議政府 編, 「照會 第48號」(1904. 9. 29), 『議政府各官廳來文』(奎17823).
43 윤정희가 1954년에 간행한 『간도개척사』에서는 1880년의 '경진개척' 당시의 간도 개간 상황과 간도 명칭의 발생에 대하여 구체적으로 서술하고 있다. 그러나 당대의 자료가 아니라 후대의 저술이고, 간도 명칭이 발생한 장소도 종성이 아니라 회령 인근이라는 점에서 별도의 검토가 필요하다. 尹政熙, 「『間島開拓史』附 '永新學校沿革'(原文)」, 『한국학연구』 3 별집, 1991, 15-16쪽; 윤병석, 「한인(조선인)의 간도 이주 개척과 『간도개척사』」, 『백산학보』 79, 2008, 321-328쪽.
44 「咸北間島視察 李範允報告 全文이如左하니」, 『皇城新聞』, 1902. 9. 5; 「間島情形」, 『皇城新聞』, 1903. 4. 8; 「北間島視察 李範允氏 報告書에」, 『皇城新聞』, 1903. 8. 19.
45 "命北墾島管理 視察李範允", 『官報』 제2594호, 1903. 8. 18.
46 「咸北間島視察李範允報告全文이如左하니」, 『皇城新聞』, 1902. 9. 5; 「地方局長代辦 禹用鼎氏가 北道邊界墾島寓民等保護에 關혼意見書」, 『皇城新聞』, 1903. 7. 16; 外部 編, 「照會 第9號」(1903. 8. 21), 『內部來去文』15(奎17794).
47 「北間島視察 李範允氏 報告書에」, 『皇城新聞』, 1903. 8. 19; 「內部에셔 北墾島에 管理設置事로 外部에 照會하야 淸公舘에 移照하라」, 『皇城

新聞』, 1903.9.24;「論北墾島管理召還說」,『皇城新聞』, 1904.6.3.

48 李寅燮,『元韓國一進會歷史』2, 文明社, 1911, 149쪽; 議政府 編,「請願書」(1905.10.3),『各官廳公文原本』, 1905(奎17272).

49 「輿地考」,『增補文獻備考』권36, 1908.

50 중국에는 백두산정계비 건립에 대한 기록이 남아 있지 않은 반면, 한국에는『숙종실록』,『비변사등록』같은 공식 자료에 백두산 정계의 과정이 기록되어 있을 뿐 아니라 김지남(金指南)의『북정록(北征錄)』, 박권(朴權)의『북정일기(北征日記)』같은 백두산 정계에 참여한 사람들의 개인 기록도 남아 있다. 이러한 기록에 의하면 조선에서는 백두산 정계를 전후한 시기에 '토문강'과 '두만강'을 같은 강으로 인식하고 있었다. 강석화,「1712년의 조·청 정계와 18세기 조선의 북방경영」,『진단학보』79, 1995, 146-147쪽.

51 『英祖實錄』권109, 영조43년 윤7월 10일.

52 김형종 편역,「朝鮮鍾城府使照會」,『1880년대 조선-청 국경회담 관련 자료 선역』, 서울대학교출판문화원, 2014, 221-225쪽. 1881년 혼춘당국의 대규모 월간민 발견에서 1885년 국경회담에 제기되기까지의 과정은 김형종,『1880년대 조선·청 공동감계와 국경회담의 연구』, 서울대학교출판문화원, 2018의 제2장 제2절·제3절에 상세하다.

53 東洋拓殖株式會社 編,『間島事情』, 1918, 23쪽.

54 李丙燾,『朝鮮史大觀』, 同志社, 1948, 453쪽.

55 김형종 편역,「朝鮮鍾城府使照會」,『1880년대 조선-청 국경회담 관련 자료 선역』, 서울대학교출판문화원, 2014, 221-225쪽.

56 강상규,「주권 개념과 19세기 한국근대사」,『한국동양정치사상사연구』19-1, 2020.3, 35-36쪽.

57 은정태,「1899년 한청통상조약 체결과 대한제국」,『역사학보』186, 2005, 30-33쪽.

58 『皇城新聞』, 1898. 10. 20.

59 『皇城新聞』, 1899. 2. 23.

60 「유지각한 친구의 편지」, 『독립신문』, 1898. 11. 2.

61 「좋은 의견」, 『독립신문』, 1899. 2. 28.

62 은정태, 2005, 44쪽.

63 外部 編, 『韓淸議約公牘』, 1900, 34·38·44·49쪽(奎15302).

64 은정태, 2005, 45-46쪽.

65 金魯奎, 「察界公文攷」, 『北輿要選』下, 1904.

66 『皇城新聞』, 1898. 10. 20. 상소문 원문은 다음과 같다. "淸朝庸熙五十一年 復尋我界分之 烏喇 總管穆克登立碑分水嶺上 定爲韓界 由前由後 以迄三朝 此界之爲韓土 若燭照數計 蓋鮮卑氣脈 東馳西北 起立白頭山 白山中匯大澤 澤邊竪定界碑 碑下有分水嶺 推列土石 樹以木寨 是分界之明驗也 東北下三舍地 水出爲分界江流爲土門江 始也水分于嶺 終焉嶺沿乎水 分水嶺至下畔嶺 分界江至土門江 上下東西以邊裏邊外 名其地 是又分界之確證也 … 分界豆滿兩江之間 地名間島 內地人民 認是韓界 挈去荒地 歲積日蒸 西北生靈之人處 廢地屢萬戶 今係淸人箝制 傭畜 淸國軍餉 虛歸官吏之橐 我民結稅 贅作漁獵之資 仍占民地之俱失 忍使我地民 受人脅奪 恒所痛嘆 … 近伏見駐淸公使命下 此其千載一遇之機會也 敢暴衷懇 幸垂澄察 現今宇內各邦 保護該民 確係另辦 且與淸國 和約旣成 誼敦友邦 務臻公平 伏願聖上 亟令政府會同 勿仍前泄沓 倍惕此喚醒 照會淸隣 各立保民之官 議定約程 擇我公廉明練有學識智略一宰臣 前往該境 仿照舊約 著使啣專管 設館鍾會江界等越邊東洋之上 兩江之間 廢郡之中 各置事務大員 撫育無告之我民 使他潢池喁魚 化吾衾褥赤子", 『經議疏本存案』, 광무2년 8월 31일(奎17233).

67 오삼갑은 분계의 증거가 되는 '분계강'이 정계비 아래 분수령에서 발원하여 토문강으로 흘러 들어간다고 보았다. 그러나 이러한 지리 인식은 ① 정계비에서 발원하는 물줄기를 토문강, 하반령에서 발원

하는 물줄기를 분계강이라고 불렀고 ② 토문강과 분계강이 이어지는 물줄기가 아니라는 점에서 오류이거나 착각이다.
68 「좋은 의견」, 『독립신문』, 1899. 2. 28.
69 푸코는 담론이 언표들로 이루어지며, 이 언표들은 언어의 조각들일 뿐만 아니라 사건이면서 동시에 사물이기도 하다고 설명한다. 로버트 J.C. 영, 2005, 706쪽.
70 「對岸調査」, 『皇城新聞』, 1899. 6. 1; 「對岸民願」, 『皇城新聞』, 1899. 12. 19.
71 「鬱陵島調査委員」, 『皇城新聞』, 1900. 5. 24.
72 『在滿朝鮮人槪況』에는 1897년에 서상무를 서변계관리사(西邊界管理使)로 파견하였다고 서술하고 있다. 그러나 1899년 정부에서 이광하를 파견한 것이 서간도에 관리 파견의 시작이었기 때문에 서상무의 서간도 파견은 1902년으로 보는 것이 타당하다. 『高宗實錄』 권 43, 고종40년 6월 18일.
73 外部 編, 「照會 第4號」(1902. 6. 13), 『內部來去文』 14(奎17794).
74 박일헌의 보고서에서 분계강(分界江)은 "근원은 下畔嶺에서 나와 小土門子水에 합류하여 200여 리 지점 夾心子에 이르러 穩城 於伊後로 흐른"다고 설명하는데, 보고서에서 말하는 분계강, 즉 하반령에서 발원하여 온성에서 두만강과 합류하는 강은 오늘날의 부르하통하(布尔哈通河)이다.
75 金魯奎, 「査界公文攷」, 『北輿要選』 下, 1904.
76 「山東流民」, 『皇城新聞』, 1900. 3. 28; 『帝國新聞』, 1900. 4. 17.
77 최문형, 『제국주의시대의 열강과 한국』, 민음사, 1990, 284쪽; 「滿洲保護에 關한 密約」, 『皇城新聞』, 1901. 1. 28.
78 國史編纂委員會 編, 「增祺와 러시아 관리 간에 체결한 私約은 무효로 한 러시아 政府와의 再談判 건」(1901. 2. 7), 「러시아 政府의 滿洲에 관한 約定草案 제출 건」(1901. 2. 27), 『駐韓日本公使館記錄』 17, 1990.

79 러청만주환부조약 체결에 이르는 과정은 구대열, 「러일전쟁」, 『신편한국사』 42, 국사편찬위원회, 2002, 180-181쪽. 러시아군의 만주 철병은 3단계로 이루어지는데, 6개월 뒤의 제1차 철병(성경성 서남부 요하의 러시아군 철수), 12개월 뒤의 제2차 철병(성경성의 나머지 지역과 길림성의 러시아군 철수), 18개월 뒤의 제3차 철병(흑룡강성의 러시아군 철수)으로 규정되었다.

80 國史編纂委員會 編, 「淸韓國境爭議에 관한 露國代理公使 調停의 件」(1901.11.30), 『駐韓日本公使館記錄』 16, 1990.

81 한국 측 자료에서는 의화단 잔여세력, 청국 패잔병, 홍건적 등 지역 토비, 마적 등을 구별하지 않고 '청비(淸匪)'로 지칭하고 있다.

82 『帝國新聞』, 1900.8.23.

83 「淸匪入北」, 『皇城新聞』, 1900.8.20; 「慶源警報」, 『皇城新聞』, 1900.8.23; 『帝國新聞』, 1900.9.5; 『帝國新聞』, 1900.9.27; 「慘殺韓人」, 『皇城新聞』, 1900.10.2; 『帝國新聞』, 1900.11.12; 『帝國新聞』, 1901.1.26.

84 「平安北道와 咸鏡南北道에 鎭衛大隊設置件(勅令第22號)」, 『官報』, 1900.7.3.

85 「慶源警報」, 『皇城新聞』, 1900.8.23; 「請設山砲」, 『皇城新聞』, 1901.1.26; 「報破淸匪」, 『皇城新聞』, 1901.3.11; 「山砲請費」, 『皇城新聞』, 1901.3.22.

86 은정태, 「대한제국기 압록강·두만강 일대 변경의 '장소성'」, 『한국 지역사의 위상과 방법적 가능성의 모색』(학술회의총서3), 국사편찬위원회, 2017.

87 「間島電請」, 『皇城新聞』, 1901.1.23; 『帝國新聞』, 1901.1.23.

88 「請願設隊」, 『皇城新聞』, 1901.3.1.

89 「請設事務官」, 『皇城新聞』, 1901.9.14.

90 「請護流民」, 『皇城新聞』, 1901.10.22.

91 「無失民地」,『皇城新聞』, 1901.3.5.
92 「咸鏡北道邊界에 警務署를 設置하는 件」,『官報』, 1901.2.19.
93 小林玲子,「大韓帝國政府による間島における朝鮮人保護政策 - 邊界警務署と北間島視察使・管理使李範允を中心に -」,『石堂論叢』46, 2010, 352-358쪽.
94 「警官報告」,『皇城新聞』, 1901.9.23.
95 外部 編,「通牒」(1901.12.25),『外部各官廳來去文』(奎17818, 국사편찬위원회 한국사데이터베이스).
96 外部 編,「照會 第4號」(1902.6.13),『內部來去文』14(奎17794).
97 이범윤의 직책에 대해서 종래 시찰사, 시찰원, 시찰사 등을 사용하였다. 1895년 3월에 반포된「內部官制」에서 "지방제도 개정에 필요한 일을 조사하며, 혹 임시로 명을 받들어 지방 행정을 순찰, 검열"(제12조)하는 시찰관(視察官)을 두도록 규정하고 있다. 따라서 이범윤의 직책은 시찰관이 타당하지만 통상적으로 시찰사라고 불렀기에 본문에서는 시찰사로 표기하였다.
98 「照禁薙髮」,『皇城新聞』, 1902.7.8;「薙髮迫頭」,『帝國新聞』, 1902.8.15.
99 「咸北間島視察李範允 報告全文이 如何하니」,『皇城新聞』, 1902.9.5.
100 國史編纂委員會 編,「間島問題에 關한 書類(間島管理使 李範允으로부터 內部에의 報告)」,『統監府文書』2, 1998.
101 「北輿要撰」,『皇城新聞』, 1903.6.22.
102 「淸匪擾民」,『皇城新聞』, 1902.10.22;「設砲請銃」,『皇城新聞』, 1902.12.6.
103 길림조선상민수시무역장정에 설치된 화룡욕(和龍峪)의 통상총국은 1893년에 '무간국(撫墾局)'으로 개칭하였다.
104 김춘선,「'간도협약' 체결 전후 북간도 지역 한인사회」, 동북아역사재단 편,『근대 변경의 형성과 변경민의 삶』, 2009, 동북아역사재단,

187-188쪽.

105　김원수,「압록강 위기와 러일전쟁」,『서양사학연구』23, 2010.
106　와다 하루키,『러일전쟁: 기원과 개전』2, 한길사, 2019, 724-737쪽.
107　「地方局長代辯禹用鼎氏가 北道邊界間島寓民等保護에 關한 意見書」,『皇城新聞』, 1903.7.16.
108　『高宗實錄』권43, 고종40년 8월 11일.
109　「交仗顚末」,『皇城新聞』, 1904.1.19.
110　外部 編,「報告 第5號」(1904.2.28),「報告 第13號」(1904.4.25),『咸鏡北道來去案』(奎17983).
111　김춘선, 2009, 189쪽.
112　外部 編,「照會 第1號」(1904.1.14),『內部來去文』16(奎17794).
113　國史編纂委員會 編,「照會」(1904.2.29),『駐韓日本公使館記錄』21.
114　外部 編,「照覆」(1904.3.23),『內部來去文』16(奎17794);「管理報明」,『皇城新聞』, 1904.3.3.
115　外部 編,「照會 第7號」(1904.3.16),『議政府來去文』(奎17793).
116　國史編纂委員會 編,「往電第486號」(1904.5.21),『駐韓日本公使館記錄』23.
117　國史編纂委員會 編,「機密送第63號」(1904.8.23),『駐韓日本公使館記錄』22.
118　「待平勘界」,『皇城新聞』, 1904.8.6.
119　議政府 編,「照會 第48號」(1904.9.29),『議政府各官廳來文』(奎17823).
120　議政府 編,「照會 第52號」(1904.10.11),『議政府各官廳來文』(奎17823).
121　「咸北間島視察李範允 報告全文이 如左하니」,『皇城新聞』, 1902.9.5;「間島査籍」,『皇城新聞』, 1903.4.7;「間島査報」,『皇城新聞』, 1903.9.11.
122　「咸北間島視察李範允 報告全文이 如左하니」,『皇城新聞』, 1902.9.5.
123　「地方局長代辯禹用鼎氏가 北道邊界間島寓民等保護에 關한 意見書」,

『皇城新聞』, 1903.7.16.
124 「北道邊界間島寓民等保護에 關한 意見書(續)」,『皇城新聞』, 1903.7.17.
125 「北道邊界間島寓民等保護에 關한 意見書(續)」,『皇城新聞』, 1903.7.17.
126 外部 編,「照會 第9號」(1903.8.21),『內部來去文』15(奎17794).
127 外部 編,「照覆 第9號」(1903.9.8),『內部來去文』15(奎17794).
128 外部 編,「照會 第11號」(1903.9.21),『內部來去文』15(奎17794).
129 外部 編,「照覆」(1904.3.23),『內部來去文』16(奎17794).
130 「寄新任墾島管理書」,『皇城新聞』, 1903.8.20.
131 「告墾島民人」,『皇城新聞』, 1903.8.21.
132 김노규(金魯奎, 1846~1904)는 한말 함경도 지역을 대표하는 유학자로서, 의릉참봉(1903)으로 관직에 올라 의릉영(義陵令), 함경북도관찰사(1904)를 역임하였다.『용당지(龍堂志)』,『풍패중흥지(豊沛中興志)』,『북여요선』,『학음집(鶴陰集)』등의 저술을 남겼다.
133 金魯奎,「序(內部大臣 李乾夏)」,『北輿要選』, 1904.
134 金魯奎,「目錄」,『北輿要選』上, 1904.
135 李昌鍾,「原本編輯攷」,『(增補懸吐) 北輿要選』, 撫松堂, 1925, 75쪽.
136 조광,「북여요선 해제」,『영토문제연구』1, 1983, 217-218쪽.
137 「北輿要撰」,『皇城新聞』, 1903.6.22.
138 조광,「북여요선 해제」,『영토문제연구』1, 1983, 218-219쪽.
139 朝鮮古書刊行會 編,『渤海考, 北輿要選, 高麗古都徵, 北塞記略, 高麗圖經』, 1911; 李昌鍾,『(增補懸吐) 北輿要選』, 撫松堂, 1925.
140 용비어천가에서 알동은 목조의 근거지로 나오며, 김노규는 목조 부부의 무덤인 덕릉(德陵)과 안릉(安陵)이 있는 알동과 해관을 "聖祖의 古地"로 간주하였다. 우경섭,「한말 두만강 지역의 유학자들 - 김노규(金魯奎)와 김정규(金鼎奎)를 중심으로 - 」,『한국학연구』32, 2014, 45-46쪽.
141 우경섭, 2014, 47쪽.

142 金魯奎,「目錄」,『北輿要選』上, 1904.
143 金魯奎,「白頭碑記攷」,『北輿要選』上, 1904.
144 규장각한국학연구원 홈페이지에서『북여요선』으로 검색하면 첨부 지도를 찾을 수 있다(규장각한국학연구원 소장 奎6969). 규장각한국학연구원에서 소장하고 있는 유사한 지도로는「白頭山定界碑地圖」(奎26676),「朝鮮定界碑疆域略圖」(奎15504)가 있다.
145 장지연(張志淵, 1864~1921)은 사례소 직원, 내부 주사(1897~1898)를 거쳐『시사총보(時事叢報)』주필(1899),『황성신문』의 주필과 사장(1902~1905),『해조신문』(1908)과『경남일보』의 사장과 주필(1909~1913)을 지냈다. 1905년 11월『황성신문』에 '시일야방성대곡'을 게재하여 일제의 침략을 규탄하였지만, 1914년부터 1918년까지『매일신보』에 식민통치를 뒷받침하는 다수의 글을 기고하였다.
146 「大韓經濟先生茶山丁若鏞氏의 所撰한 守令考績法을 左에 略記ᄒ노라」,『皇城新聞』, 1899. 8. 3.
147 노관범,「대한제국기 장지연 저작목록의 재검토」,『역사문화논총』4, 2008, 287-289쪽.
148 「論鬱島報告事件」,『皇城新聞』, 1902. 5. 1.
149 「西北森林及龍岩浦事件(續)」,『皇城新聞』, 1903. 5. 30.
150 『황성신문』의 '아한강역고' 관련 연재물은 다음과 같다.「北邊開拓始末」(1903. 1. 12.~1. 15, 잡보),「西邊征服始末」(1903. 1. 16.~1. 23, 잡보),「我韓疆域考」(1903. 4. 14.~4. 28, 논설),「我韓疆域西北疆域攷」(1903. 4. 29.~5. 4, 논설),「叙我韓疆域攷後說」(1903. 5. 5.~5. 8, 잡보),「疆域總論」(1903. 6. 2.~6. 9, 잡보).
151 「廣告」,『皇城新聞』, 1904. 2. 25.
152 「北邊開拓始末」,『皇城新聞』, 1903. 1. 12.~1. 15;「西邊征服始末」,『皇城新聞』, 1903. 1. 16.~1. 23.

153 「疆域總論」,『皇城新聞』, 1903.6.9.

154 조성을,「『아방강역고』에 나타난 정약용의 역사인식」,『규장각』15, 1992, 67쪽.

155 「叙我韓疆域攷後說(續)」,『皇城新聞』, 1903.5.7.

156 「叙我韓疆域攷後說(續)」,『皇城新聞』, 1903.5.7.

157 丁若鏞 著, 張志淵 增補,「大韓疆域考序」,『大韓疆域考』, 皇城新聞社, 1903(奎7335).

158 丁若鏞 著, 張志淵 增補,「大韓疆域考序」,『大韓疆域考』, 皇城新聞社, 1903(奎7335).

159 丁若鏞 著, 張志淵 增補,『朝鮮疆域誌』上·下, 文友社, 1928.

160 조성을은『아방강역고』와『대한강역고』의 체제를 비교하였고, 채관식은『대한강역고』에 나오는 장지연의 안설 48개를 정리, 분석하여『아방강역고』와『대한강역고』의 강역 인식을 비교하였다. 조성을,「『아방강역고』와『대동수경』의 문헌학적 검토」,『다산학』13, 2008, 373-374쪽; 채관식,「대한제국기 지식인의 국경 문제 제기와 영토 인식 - 장지연의『대한강역고』를 중심으로 -」,『역사와현실』115, 2020, 218-224쪽.

161 조성을, 1992, 66·73-74쪽; 채관식, 2020, 214쪽.

162 丁若鏞 著, 張志淵 增補,「北路沿革考」,『大韓疆域考』6, 皇城新聞社, 1903, 31-32쪽(奎7335).

163 丁若鏞 著, 張志淵 增補,「西北路沿革考」,『大韓疆域考』6, 皇城新聞社, 1903, 44-45쪽(奎7335).

164 丁若鏞,「白山譜」,『我邦疆域考』(定本 與猶堂全書 32), 다산학술문화재단, 2012.

165 丁若鏞 著, 張志淵 增補,「白山譜」,『大韓疆域考』8, 皇城新聞社, 1903, 9-10쪽(奎7335).

166 丁若鏞 著, 張志淵 增補,「任那考」,『大韓疆域考』2, 皇城新聞社, 1903,

47쪽(奎7335). 장지연이 말하는 '일본사(日本史)'란 『일본서기(日本書紀)』를 말한다.

167 "大池의 동쪽에 溫泉水가 있다. 그 위에 穆克登의 定界碑가 있다. 비로부터 남쪽으로 虛項嶺, 緩項嶺을 이루고 雪嶺에 이른다", 丁若鏞, 「白山譜」, 『我邦疆域考』(定本 與猶堂全書 32), 다산학술문화재단, 2012.

168 "『大淸一統志』: 會寧古城은 寧古塔 西南쪽에 있어 土門江(豆滿江) 조선 경계까지 육백리이다", 「北路沿革續」, 『我邦疆域考』 券十一.

169 丁若鏞 著, 張志淵 增補, 「白頭山定界碑考」, 『大韓疆域考』 9, 皇城新聞社, 1903, 17쪽(奎7335).

170 丁若鏞 著, 張志淵 增補, 「白頭山定界碑考」, 『大韓疆域考』 9, 皇城新聞社, 1903, 18쪽(奎7335).

171 "(두만강이) 온성에 이르면 서북으로 두 개의 큰 지류가 두만강에 주입하니 이를 해란하(海蘭河)라 칭하는데 그 수원은 백두산 북쪽에 있고 두만강원은 백두산 남변에 있고 두 강은 그 사이에 하나의 커다란 구역을 포용하니 이것이 곧 간도(間島)라 … 처음에 한국이 중국(支那)과 경계를 정할 때 중국은 해란하를 경계로 삼았기 때문에 해란하를 분계강(分界江)이라고도 칭하는데 조선은 두만강을 경계로 삼고 그 사이에 있는 토지는 양국이 침략하지 못하는 구역이 됨으로 말미암아 간도의 명칭이 생겨난지라", 「日本人 小藤文次郞씨가 年前間島를 踏査하고」, 『皇城新聞』, 1903.3.27; 「間島問題ノ槪況」 (C11081205700).

172 「叙我韓疆域攷後說(續)」, 『皇城新聞』, 1903.5.7.

173 丁若鏞 著, 張志淵 增補, 「白頭山定界碑考」, 『大韓疆域考』 9, 皇城新聞社, 1903, 17-18쪽(奎7335).

174 丁若鏞 著, 張志淵 增補, 「白頭山定界碑考」, 『大韓疆域考』 9, 皇城新聞社, 1903, 18-19쪽(奎7335).

175 「日露講和談判全權委員ニ對スル訓令案」,『日本外交文書』日露戰爭 5, 106-107쪽.

176 최덕규,『대한제국 국제관계사 연구』, 동북아역사재단, 2021, 310-312쪽.

177 최덕규, 2021, 319-320쪽.

178 防衛廳防衛硏修所戰史室 編,『戰史叢書: 大本營陸軍部(1)』, 朝雲新聞社, 1967(森山茂德,『近代日韓關係史硏究』, 東京大學出版會, 1987, 229-230쪽에서 재인용).

179 「帝國軍ノ用兵綱領」, 1907(C14061025000).

180 1904년 3월에 창설된 한국주차군사령부(韓國駐箚軍司令部)는 1910년 강제병합 직후 조선주차군사령부(朝鮮駐箚軍司令部), 1918년 조선군사령부(朝鮮軍司令部)로 개편되었다. 한국주차군사령부는 산하에 '한국주차군수비대', '한국주차헌병대'를 두었으며, 2개 사단 규모의 한국주차군수비대는 한국뿐만 아니라 안동, 봉천까지 관할하였다. 군사령관이 병력을 사용할 경우 한국통감의 허가를 받도록 하였지만 군정 및 인사는 육군대신, 작전 및 동원계획은 참모총장, 교육은 교육총감의 지휘를 받도록 하였다.

181 中井錦城,『朝鮮回顧錄』, 糖業硏究會出版部, 1915, 180-181쪽.

182 韓國駐箚軍參謀部,「間島境界調査材料」, 1905.11(C06040131500).

183 韓國駐箚軍參謀部,「間島ニ關スル調査槪要」, 1906.4, 0444-0454 (B03041192800).

184 韓國駐箚軍參謀部,「間島ニ關スル調査槪要」, 1906.4, 0451(B03041192800).

185 나카이 기타로(中井喜太郎, 1864~1924)는 언론인이자 관리로서 동아동문회(東亞同文會)에 참여하여 일본의 대륙 진출을 주창하였다. 나카이 기타로는 요미우리신문에 근무하다가 1892년 조선특파원으로 조선에 건너왔으며, 1903년에 경성거류민장(京城居留民長) 겸

한성신보(漢城新報) 주필, 1906년 통감부 촉탁, 1908년 함경북도 서기관, 1910년 함경북도 내무부장을 역임하였다.

186 구니토모 시게아키(國友重章, 1861~1909)는 1906년에 간도를 답사하고 1907년 2월에 도쿄에 돌아와서 「간도시찰보고(間島視察報告)」를 외무성에 제출하였다. 『新聞集成明治編年史』 제14권, 126-127쪽.

187 中井錦城, 1915, 191-193·195-209쪽.

188 中井錦城, 1915, 215-216쪽. 『朝鮮回顧錄』에서는 제1차 간도 조사를 마치고 이토 총감과 하세가와 사령관에게 보고서를 제출하였다고 하였지만 보고서는 전하지 않는다.

189 中井喜太郞, 「間島問題ノ沿革」, 1907.9(B03041195300-B0304119 5600).

190 나이토 코난(內藤湖南, 1866~1934)은 『오사카아사히신문(大阪朝日新聞)』의 기자, 논설위원으로 중국문제를 담당하였으며, 교토대학 사학과 교수가 되어 『중국론(支那論)』, 『동양문화사연구(東洋文化史研究)』, 『중국회화사(支那繪畵史)』, 『청조사통론(清朝史通論)』, 『중국상고사(支那上古史)』, 『중국근세사(中國近世史)』, 『중국사학사(支那史學史)』 등 중국사에 관한 많은 저술을 남겼다.

191 「滿韓視察旅行日記」, 『內藤湖南全集』 제6권, 筑摩書房, 1972.

192 나이토는 1908년 8월부터 10월까지 다시 함경북도, 간도, 길림을 경유하는 제3차 간도 시찰을 다녀왔으며, 시찰 결과를 정리하여 1909년 2월 외무성에 「간도문제사견(間島問題私見)」을 제출하였다. 「間島吉林旅行談」, 『內藤湖南全集』 제6권, 筑摩書房, 1972.

193 內藤虎次郞, 「間島問題調査書」, 1906.2, 0113·0139-0141(B030412 12500).

194 『중국 서술(Description de la Chine)』로 보고서에 나와 있는 뒤 알드의 저서는 1735년에 출판된 『중국 제국과 중국의 타타르의 지리, 역사, 연대기, 정치, 자연에 대한 서술(Description geographique,

historique, chronologique, politique et phisique de l'Empire de la Chine et de la Tartarie Chinoise)』이다.

195 内藤虎次郎,「間島問題調査書 第二」, 1907. 10. 0319(B03041213500).
196 内藤虎次郎,「間島問題調査書 第六」, 1907. 10. 0374(B03041213800).
197 「淸國ガ間島ヲ其領土ト主張スル論據取調方訓令ノ件」,『日本外交文書』第40卷 2冊, 172쪽.
198 「간도 소속문제에 관한 연혁상 한국측의 논거에 도움이 될만한 점들의 요령」은 나이토의『간도문제조사서』를 토대로 작성되었으며, 레지의 비망록도 나이토의 보고서에 첨부된 간도 자료이다.「間島問題ニ關シ韓國側ノ利益トナルヘキ諸点通報並該問題ニ關スル參考書送付ノ件」,『日本外交文書』第40卷 第2冊, 192-194쪽.
199 外務省 編,『日本外交年表竝主要文書』上, 1978, 309-310쪽.
200 内藤虎次郎,「間島問題私見」, 1909. 1(B03041213200).
201 林權助,『わが70年を語る』, 第一書房, 1935, 235-236쪽.
202 國史編纂委員會 編,「韓國施政改善ニ關スル協議會 第十二回 會議錄」,『統監府文書』1.
203 「間島在住韓國民保護ノ爲同地ニ我官憲派駐ニ付閣議申請方ノ件」,『日本外交文書』第40卷 第2冊, 78-79쪽.
204 「間島交涉」,『萬歲報』, 1906. 12. 5.
205 「間島在住韓國民保護ノ爲同地ヘ日本官吏派遣決定ニ關スル件」,『日本外交文書』第40卷 第2冊, 83-84쪽.
206 최덕규, 2021, 389-390쪽.
207 統監府臨時間島派出所 殘務整理所 編,『統監府臨時間島派出所紀要』, 1910, 23-47쪽.
208 國史編纂委員會 編,「告示」,「間島問題에 關한 書類」,『統監府文書』2.
209 「間島ニ統監府員派出ニ關スル淸國政府ヘノ聲明並右ニ對スル同政府ノ抗議写送付ノ件」,『日本外交文書』第40卷 第2冊, 91-93쪽.

210 「間島問題一件」, 『日本外交文書』第40卷 第2冊, 93-107쪽.

211 「間島問題一件」, 『日本外交文書』第40卷 第2冊, 173-175·188-194쪽;「間島問題一件」, 『日本外交文書』第41卷 第1冊, 412-415쪽.

212 「間島問題一件」, 『日本外交文書』第41卷 第1冊, 455-475쪽.

213 森山茂德, 『近代日韓關係史硏究: 朝鮮植民地化と國際關係』, 高麗書林, 1996, 235쪽.

214 外務省 編, 『日本外交年表竝主要文書』 上, 1978, 309-310쪽.

215 「滿州ニ關スル日淸協約締結一件」, 『日本外交文書』第41卷 第1冊, 700-701쪽.

216 森山茂德, 1996, 238-239쪽.

217 이성환, 「일본의 간도정책: 일본 외교문서를 중심으로(1906-1909)」, 『대한정치학회보』 25-1, 2017. 2, 197쪽.

218 이화자, 『백두산 답사와 한중 국경사』, 혜안, 2019, 313쪽.

219 최덕규, 「제국주의 열강의 만주정책과 간도협약(1905-1910)」, 『역사문화연구』 31, 2008, 216-222쪽.

220 1908년 4월 하야시 외무대신이 주청일본공사에게 전달한 내부 훈령 「간도문제해결안(間島問題解決案)」에는 이미 일본인과 조선인의 잡거 허용, 영사관 설치와 영사재판권, 길장철도의 회령 연장 등이 포함되어 있어서 제2차 가쓰라 내각 성립 이전에 이미 일본의 간도 방침이 전환되고 있음을 보여준다.

221 「滿州ニ關スル日淸協約締結一件」, 『日本外交文書』第42卷 第1冊, 222-245쪽.

222 篠田治策, 『白頭山定界碑』, 樂浪書房, 1938, 272·324쪽.

223 간도협약이 국경조약으로서 미흡하다는 점은 강제병합 초기에 이미 지적되고 있다. 1911년 2월 함경북도장관 다케이 도모사다는 국제법에 비추어 두만강을 국경으로 정한 간도협약의 불충분함을 거론하면서 "한·청 국경은 석을수에서 발하는 두만강으로써 양국의

국경임을 추측하는데 그치고 그 이외의 점에 대해서는 자못 불명하다"고 피력하였다. 총무부 외사국,「淸露境界ニ關スル件」(1911.6),『청국국경관계』, 1911(CJA0002276).

224 「滿州ニ關スル日淸協約締結一件」,『日本外交文書』第42卷 第1冊, 239쪽.

225 「滿州ニ關スル日淸協約締結一件」,『日本外交文書』第42卷 第1冊, 242쪽.

226 「滿州ニ關スル日淸協約締結一件」,『日本外交文書』第42卷 第1冊, 319쪽.

227 「滿州ニ關スル日淸協約締結一件」,『日本外交文書』第42卷 第1冊, 333쪽.

228 「滿州ニ關スル日淸協約締結一件」,『日本外交文書』第42卷 第1冊, 344·351쪽.

229 統監府臨時間島派出所 殘務整理所 編,『統監府臨時間島派出所紀要』, 1910, 204-225쪽.

230 統監府臨時間島派出所 殘務整理所 編,『統監府臨時間島派出所紀要』, 1910, 227쪽.

231 篠田治策,『間島問題の回顧』, 日中文化協會, 1930, 46-51쪽.

232 김종준,『일진회의 문명화론과 친일활동』, 신구문화사, 2010, 26쪽 및 제1장 참조.

233 「一進宣言」,『皇城新聞』, 1906.3.5.

234 「一會提案」,『皇城新聞』, 1906.3.30.

235 「間島人民請願內閣文」,『皇城新聞』, 1907.7.6.

236 內閣 編,「請願書」(1907.4),『請願書』3(奎17848).

237 內閣 編,「請願書」(1907.5.8),『請願書』6(奎17848).

238 國史編纂委員會 編,「韓國施政改善ニ關スル協議會 第十四回 會議錄」,『統監府文書』1.

239 金正明 편,「韓國施政改善ニ關スル協議會」,『日韓外交資料集成』6·上·中, 巖南堂書店, 1964.
240 「北間島開拓」,『皇城新聞』, 1907. 7. 12.
241 이인섭,『원한국일진회역사』권4, 문명사, 1911, 70쪽.
242 김종준, 2010, 226-230·232쪽.
243 「間島問題」,『大韓每日申報』, 1906. 8. 12.
244 「事在間島」,『大韓每日申報』, 1906. 12. 6.
245 「북간도」,『大韓每日申報』, 1907. 9. 21.
246 「북간도」,『大韓每日申報』, 1907. 9. 21.
247 「事在間島」,『大韓每日申報』, 1906. 12. 6.
248 「間島問題」,『大韓每日申報』, 1906. 8. 12.
249 「북간도」,『大韓每日申報』, 1907. 9. 21.
250 「間島」,『大韓每日申報』, 1907. 9. 15.
251 「日本의 可受之害」,『大韓每日申報』, 1907. 11. 26.
252 고종이 청 예부에 보낸 자문은 감계 결과에 대한 조선의 공식적인 판단과 요청을 청에 통보하는 내용이었다. 이 자문에서 홍토수와 석을수가 합류하는 곳 아래는 감계가 완료되었으며, 홍토산수가 분수령의 비석과 돌무더기와 서로 조응하고 있음을 명시하고 있다. 김형종 편역,「勘界節略核閱轉奏事, 北京禮部咨」,『1880년대 조선-청 국경회담 관련 자료 선역』, 서울대학교출판문화원, 2014, 861-865쪽.
253 「事在間島」,『大韓每日申報』, 1907. 12. 7.
254 「間島問題狀況」,『大韓每日申報』, 1908. 1. 29.
255 「間島」,『大韓每日申報』, 1908. 1. 25.
256 「서간도 소식」,『大韓每日申報』, 1909. 4. 23.
257 「간도문제 결정」,『大韓每日申報』, 1908. 10. 29.
258 「間島視察報告書」, 1907. 5, 0007(B03041215700).
259 「間島視察報告書」, 1907. 5, 0030-0031(B03041215700).

260 간도파출소가 설립되고서 한국인들이 압록강 대안을 '서간도'라고 칭하는 점을 고려하여 동간도는 '동간도 동부', 서간도는 '동간도 서부'로 변경하였다. 統監府臨時間島派出所 殘務整理所 編, 『統監府臨時間島派出所紀要』, 1910, 32쪽.

261 「間島視察報告書」, 1907. 5, 0008-0009(B03041215700).

262 統監府派出所, 「淸韓國境問題沿革」, 1907. 7(B03041215800).

263 제1차 현지조사에는 참모본부에서 파견한 2명의 측량수가 대동하였으며, 현지조사 및 측량 결과 「自白頭山至小沙河路線圖」(5만분의 1)와 「長白山附近路線測圖」(40만분의 1)를 작성하였다. 이화자, 2019, 244-246쪽.

264 統監府臨時間島派出所 殘務整理所 編, 『統監府臨時間島派出所紀要』, 1910, 57-59쪽.

265 統監府臨時間島派出所 殘務整理所 編, 『統監府臨時間島派出所紀要』, 1910, 65-67쪽.

266 統監府臨時間島派出所 殘務整理所 編, 『統監府臨時間島派出所紀要』, 1910, 89-91쪽.

267 統監府臨時間島派出所 殘務整理所 編, 『統監府臨時間島派出所紀要』, 1910, 228-241쪽.

268 '한변외(韓邊外)'란 청말 백두산 북쪽 기슭에 자리한 산동 이민의 집거지이자 채금하는 유민들의 집거지이다. 유조변 바깥, 청조의 행정 관할 외부에 존재하면서 한헌종(韓憲宗), 한수문(韓受紋), 한등거(韓登擧)에 의하여 통치되었기에 '한변외'라고 불렀다.

269 선사인(鮮事人)은 간도 한인들이 실시한 향약의 직임. 선사인은 지역의 명망자 중에서 주민의 추천에 의하여 선정하며, 문서를 관리하고 각종 사안에 대하여 자문하는 역할을 수행하였다.

270 統監府臨時間島派出所 編, 『間島在住韓人ノ親族慣習及其他』, 1917.

271 統監府臨時間島派出所 殘務整理所 編, 『統監府臨時間島派出所紀要』,

1910, 127-128쪽.
272 統監府臨時間島派出所 殘務整理所 編, 『間島産業調査書』, 1910.
273 統監府派出所, 「淸韓國境問題沿革」, 1907. 7, 0054(B03041215800).
274 統監府派出所, 「淸韓國境問題沿革」, 1907. 7, 0103-0104(B03041215800).
275 統監府派出所, 「淸韓國境問題沿革」, 1907. 7, 0110(B03041215800).
276 守田利遠 編, 『滿洲地誌』, 丸善株式會社, 1906, 제7편 「化外區域」 참조.
277 統監府臨時間島派出所, 『間島問題之顚末並意見書』, 1908.
278 統監府臨時間島派出所, 『間島問題之顚末並意見書』, 1908, 0120·0124·0126쪽.
279 나이토 코난은 제1차 보고서에서는 '공광(空曠)·무인(無人)의 곳'이라거나 '중립지(中立地)의 상태'라고 묘사한 반면, 제2차 보고서에서는 '간황지대(間荒地帶)', '중립지대(中立地帶)'라고 개념화하여 서술하고 있다. 內藤虎次郞, 「間島問題調査書」, 1906. 2, 0103-0104(B03041212500); 內藤虎次郞, 「間島問題調査書 第二」, 1907. 10, 0314-0315(B03041213500).
280 統監府臨時間島派出所, 『間島問題之顚末並意見書』, 1908, 0125쪽.
281 統監府臨時間島派出所, 『間島問題之顚末並意見書』, 1908, 0128쪽.
282 統監府臨時間島派出所, 『間島問題之顚末並意見書』, 1908, 0146쪽.
283 統監府臨時間島派出所, 『間島問題之顚末並意見書』, 1908, 0164쪽.
284 統監府臨時間島派出所, 『間島問題之顚末並意見書』, 1908, 0170-0171쪽.
285 統監府臨時間島派出所, 『間島問題之顚末並意見書』, 1908, 0128-0129·0132-0133·0139-0140쪽.
286 統監府臨時間島派出所 殘務整理所 編, 「제1장 간도문제의 연혁」, 『統監府臨時間島派出所紀要』, 1910.
287 統監府臨時間島派出所 殘務整理所 編, 『統監府臨時間島派出所紀要』,

1910, 1쪽.
288 統監府臨時間島派出所 殘務整理所 編,『統監府臨時間島派出所紀要』, 1910, 7쪽.
289 內藤虎次郎,「間島問題調査書 第二」, 1907.10, 0319(B03041213500).
290 內藤虎次郎,「間島問題調査書 第三」, 1907.10, 0346(B03041213600).
291 內藤虎次郎,「間島問題調査書 第二」, 1907.10, 0314-0315(B030412 13500).
292 정철웅,「장-밥티스트 뒤 알드의『서술』과 18세기 프랑스 중국학」, 『동양학』64, 2016.
293 쑹녠선,『두만강 국경 쟁탈전 1881-1919』, 너머북스, 2022, 244쪽.
294 Nous avons trouvé par des obfervations immédiates fa hauteur à 40 dégrez. 30. min. 20. fec.; fa longitude nous vient au feptiéme degré 42, minutes, à l'Orient duquel eft la borne Occidentale de la Corée fous la famille régnante; car aprés les Guerres des Coréens avec les Mantcheous, qui les fubjuguerent, avant que d'attaquer la Chine, on convint enfin qu'on laifferoit un efpace inhabité, entre la paliffade & les limites de la Corée. Ces limites font marquez par des points fur la Carte. Du Halde, Jean-Baptiste, *Description geographique, historique, chronologique, politique et phisique de l'Empire de la Chine et de la Tartarie Chinoise*, volume 4, 1735, p.424.
295 統監府臨時間島派出所,『間島問題之顚末並意見書』, 1908, 0124쪽.
296 박배근,「무주지 선점의 요건에 관한 1905년 전후의 학설」,『영토해양연구』6, 2013.12, 44-45쪽.
297 쑹녠선, 2022, 240-241쪽.
298 篠田治策,『間島問題の回顧』, 日中文化協會, 1930, 56-58쪽.
299 황미주,「『黑龍』의 한국 관련 기사를 통해 본 일본의 아시아주의 전

개양상」,『한국민족문화』30, 2007.10, 135-137쪽.

300 小藤文次郎,「韓滿境界歷史」,『歷史地理』12-6, 1904.

301 「日本人小藤文次郎씨가 年前間島를 踏査하고」,『皇城新聞』, 1903.3.27.

302 총무부 외사국,「鴨綠江本流澪筋ニ關スル件」(1911.3.14),『국경부근 도서사주에 관한 조사』, 1911, 0653(CJA0002277).

303 총무부 외사국,「鴨綠江本流澪筋ニ關スル件」(1911.3.14),『국경부근 도서사주에 관한 조사』, 1911, 0660(CJA0002277).

304 총무부 외사국,「國境附近島嶼及沙洲ニ關スル調査書」,『국경부근 도서사주에 관한 조사』, 1911, 0539(CJA0002277).

305 최초의 초안에는 조사보고서의 제목이「鴨綠江及圖們江中ノ島嶼沙洲ニ就テ」로 되어 있었지만, 수정 과정에서「國境附近島嶼及沙洲ニ關スル取調概要」,「國境附近島嶼及沙洲ニ關スル調査書」로 변경되었고, 최종적으로 1911년 6월 조선총독에게 보고한「國境設備ニ關スル意見」에 별책으로 첨부된 것은「國境附近島嶼及沙洲ニ關スル調査」이다. 이 과정에서 국경 상황 전반을 설명하고 있는 앞부분이 제외되었다. 또한「國境附近島嶼及沙洲ニ關スル調査書」말미에 사주의 현황도, 시찰한 수로, 추정 국경선이 그려진 도면을 첨부한다고 되어 있지만 문서철에는 도면이 빠져 있다.

306 총무부 외사국,「國境附近島嶼沙洲ニ關スル調査書」,『국경부근 도서사주에 관한 조사』, 1911(CJA0002277).

307 총무부 외사국,「鴨綠江上島嶼成立ニ關スル件」(1912.5.8),『국경부근 도서사주에 관한 조사』, 1911(CJA0002277).

308 「鴨綠江中島嶼地圖送付ノ件」, 1922.9.25, 0074(B03041227900).

309 「鴨綠江流域內島嶼略圖」는 송부 문서와 별도의 문서철에 들어 있다. 「鴨綠江流域內島嶼略圖」, 1922.1~17, 0049-0052(B03041227800).

310 총독관방 외사국,「國境事情調査ノ件」(1913.8),『국경청국관계서』, 1913(CJA0002290).

311 대안지역 상황 보고로는 「鴨綠江對岸狀況」(1911-1914), 「鴨綠江對岸支那領情況彙報」(1917), 「圖們江對岸狀況」(1912), 「圖們江對岸支那領情況彙報」(1916-1917), 「惠山鎭對岸狀況ニ關スル件」, 「鴨綠江上流事情通牒」(이상은 『청국 국경부근 관계사건철』) 등이 있다.

312 총독관방 외사국, 「對岸支那領移住朝鮮人戶口調査ノ件」(1913.7.16), 『국경청국관계서』, 1913(CJA0002290).

313 총독관방 외사국, 「移住朝鮮人調査統計表寫送付ノ件」(1912.7.5), 『청국 국경부근 관계사건철 경찰보고 제외(1911.10-1912.8)』, 1911~1912(CJA0002284).

314 총독관방 외사국, 「朝鮮人移住ニ關スル件」(1912.3.22), 『청국 국경부근 관계사건철 경찰보고 제외(1911.10-1912.8)』, 1911~1912(CJA0002284).

315 총독관방 외사국, 「移住鮮人生活狀態ノ件」(1912.5.2), 『청국 국경부근 관계사건철 경찰보고 제외(1911.10-1912.8)』, 1911~1912(CJA0002284).

316 총독관방 외사국, 「間島視察狀況ノ件」(1912.5.13), 『청국 국경부근 관계사건철 경찰보고 제외(1911.10-1912.8)』, 1911~1912(CJA0002284).

317 총독관방 외사국, 「輯安縣及懷仁縣旅行者ノ報告」(1912.6.15), 『청국 국경부근 관계사건철 경찰보고 제외(1911.10-1912.8)』, 1911~1912(CJA0002284).

318 外務省, 「圖們江沿岸地調査復命書 附 地圖並寫眞」(1911.11.4), 『圖們江下流沿岸地方並ニ露領煙秋浦潮ニ於ケル諸事項調査ノ爲メ大賀副領事出張一件』(B16080798500).

319 朝鮮總督府, 『國境地方視察復命書』, 1915.

320 압록강 대안지방은 관전, 환인, 집안, 통화, 임강, 장백을 포함하는 지역이고 동간도 지방은 연길, 화룡, 왕청, 안도를 포함하는 지역

이다. 두만강 연안지방(러시아와 접경하는 지역은 제외)과 동간도(및 혼춘)는 중복되는 부분이기 때문에 항목에 따라서 두만강 연안지방만을 서술하기도 하고 동간도(및 혼춘)만을 서술하기도 한다.

321 朝鮮總督府,「緖言」,『國境地方視察復命書』, 1915, 1쪽.
322 朝鮮總督府,『國境地方視察復命書』, 1915, 242쪽.
323 朝鮮總督府,『國境地方視察復命書』, 1915, 204쪽.
324 朝鮮總督府,『國境地方視察復命書』, 1915, 121-122쪽.
325 朝鮮總督府營林廠,『朝鮮總督府營林廠事業要覽』, 1912, 9-10쪽.
326 배재수,「임적조사사업(1910)에 관한 연구」,『한국임학회지』 89-2, 2000.
327 朝鮮總督府殖産局,『朝鮮ノ林業』, 1921, 15쪽.
328 「營林廠所管林野區分調査內規」,『예규철(구분조사)』, 1907(CJA0010597).
329 朝鮮總督府營林廠,『營林廠案內』, 1919, 7쪽.
330 朝鮮總督府營林廠,『營林廠案內』, 1919, 18쪽.
331 朝鮮總督府殖産局,『朝鮮ノ林業』, 1921, 56-57쪽.
332 탁지부 세무과,「鴨綠江漂流木ニ關スル件」(1916.8.23),『법령예규』, 1916~1917, 0838-0842(CJA0003950).
333 朝鮮總督府遞信局,『發電水力調査書』, 1918, 357-358쪽.
334 朝鮮總督府遞信局,『發電水力調査槪況』, 1926, 6-7쪽.
335 朝鮮総督府,『朝鮮事情(上)』, 1922.12.
336 「鴨綠江水電公司設立ニ關スル件」, 1923.10.25(B12083494900).
337 「鴨綠江水電公司設立願ニ關スル件」, 1923.12.3, 0496(B12083494900).
338 「中日合倂鴨綠江水力電機會社取消要求ニ關シ報告ノ件」, 1924.6.16, 0455(B04010879300).
339 「鴨綠江水電公司ニ關スル件」, 1925.10.6, 0503(B12083494900).
340 「鴨綠江電力公司ニ關スル件」, 1926.1.26, 0508(B12083494900).

341 총무부 외사국,「淸露境界ニ關スル件」(1911.6),『청국국경관계』, 1911 (CJA0002276).

342 총무부 외사국,「國境設備ニ關スル意見」,『청국국경관계』, 1911 (CJA0002276).

343 총무부 외사국,「國境設備ニ關スル意見」,『청국국경관계』, 1911, 0079 (CJA0002276).

344 총무부 외사국,「國境設備ニ關スル意見」,『청국국경관계』, 1911, 0082 (CJA0002276).

345 '탈베크의 원칙(Talweg principle or Talweg doctrine)'은 하천에서 국경을 접하고 있는 당사국이 항행이 가능한 수로의 '탈베크(talweg: 수로의 가장 깊은 곳)'를 국경으로 삼는다는 규칙이다. 탈베크의 원칙은 항행의 자유와 하천의 동등한 이용에 기반한 것으로, 각종 조약이나 법률적 판정에 다양한 형태로 수용되었으며, 당사국 사이의 특별한 협약이 없다면 탈베크의 원칙에 따르는 것이 일반적이다.

346 Omar Abubakar Bakhashab, "The Legal Concept of International Boundary," *JKAU:Econ.&Adm.*, Vol9, 1996, pp.53-54.

347 총무부 외사국,「鴨綠江本流澪筋ニ關スル件」(1911.4),『국경부근 도서사주에 관한 조사』, 1911(CJA0002277).

348 총독관방 외사국,「鴨綠江小桑島ニ關スル件」(1912.5.4),『압록강 소상도관계』, 1912, 0018(CJA0002285).

349 총독관방 외사국,「鴨綠江小桑島ニ關スル件」(1912.7.2),『압록강 소상도관계』, 1912, 0033-0047(CJA0002285).

350 총독관방 외사국,「小桑島ニ於ケル警察事故ニ關スル件」(1912.6.5),『압록강 소상도관계』, 1912, 0096-0098(CJA0002285).

351 朝鮮總督府鐵道局,『朝鮮鐵道史』, 1929, 457-463쪽.

352 김지환,「안봉철도 개축과 중일협상」,『중국근현대사연구』59,

2013.9, 51-57쪽.

353 外務省,『鴨綠江架橋ニ關スル日清覺書』, 1910.4(B13090915800).
354 朝鮮總督府鐵道局,『朝鮮鐵道史』, 1929, 463-472쪽.
355 「調印書」, 1911.11.2(B13090917000). 이 협약의 중국 측 명칭은 '안봉철로와 조선철도의 국경통차 협정(安奉鐵路與朝鮮鐵道國境通車協定)'이다.
356 外務省,『鴨綠江架橋ニ關スル日清覺書』, 1910.4(B13090915800).
357 총독관방 외사국,「鴨綠江鐵橋下水面ニ於ケル警察權ニ關スル件」(1912.9.21),『청국국경관계서』, 1912, 0946-0949(CJA0002283).
358 총독관방 외사국,「鴨綠江鐵橋回轉部航行取締ニ關スル朝鮮總督府平安北道警務部令ニ付安東道臺抗議ノ件」(1912.10.3),『청국국경관계서』, 1912, 0935-0937(CJA0002283).
359 外務省,「圖們江沿岸地調査復命書 附 地圖並寫眞」(1911.11.4), 0028-0030,『圖們江下流沿岸地方並ニ露領煙秋浦潮ニ於ケル諸事項調査ノ爲メ大賀副領事出張一件』(B16080798500).
360 총무부 외사국,「國境附近島嶼沙洲ニ關スル調査書」,『국경부근 도서 사주에 관한 조사』, 1911, 17-18(CJA0002277).
361 外務省,「圖們江沿岸地調査復命書 附 地圖並寫眞」(1911.11.4),『圖們江下流沿岸地方並ニ露領煙秋浦潮ニ於ケル諸事項調査ノ爲メ大賀副領事出張一件』, 0029(B16080798500).
362 在本邦露國代理大使,「圖們江下流及江口ニ於ケル漁業區域協定方提起ノ件」, 1911.7.13(B07080113100).
363 「圖們江及其ノ附近海面ニ於ケル漁業並日露兩國ノ境界,航行,交通及貨物輸出入ニ關スル協約締結ノ件」,『圖們江漁業ニ關スル日露協約締結一件』(B07080113100).
364 보리스 이바노비치 트카첸코,『러시아-중국: 문서와 사실에 나타난 동부국경』, 동북아역사재단, 2010, 37-49쪽.

365 김형종,「오대징과 1880년대 청·러 동부국경감계」,『중국근현대사연구』60, 2013.12, 39-40쪽.
366 「日露兩國間ニ圖們江及其ノ附近海面ニ於ケル漁業ニ關スル條約並同江下流ニ於ケル境界交通等ニ關スル協約締結ニ付閣議請求ノ件」, 1914.4.8, 0015-0028(B07080129300).
367 「圖們江漁業條約幷國境條約」, 1914.4.8, 0097-0098(B07080129300).
368 「鴨綠江口水路測量實施ニ關シ日支交涉經過報告」, 1922.1~7, 0012-0015(B03041227800).
369 「中華民國臨時代理公使 張元節 書翰」, 1922.1.9, 0007(B03041227800).
370 「鴨綠江水道測量ニ關スル件」, 1922.5.6, 0032-0033(B03041227800).
371 「鴨綠江保全工事及國境線劃定ニ關スル件」, 1922.11.17, 0077-0078 (B03041227900).
372 「趣意書」, 1922.11.3, 0080-0096(B03041227900).
373 체신청에서는 선박 통행에 차질이 없다면 보전공사 및 국경 획정에 다른 의견이 없다고 회신하였고, 해군성에서는 보전공사는 이의가 없지만 불온 조선인과 마적의 규제 및 어업구역의 제한 등 불리한 점이 있기 때문에 국경 획정에는 반대한다고 회신하였다.「鴨綠江水道國境線劃定ニ關スル件」, 1923.8.13, 0153(B03041228000).
374 「鴨綠江保全工事及國境線劃定ニ關スル件」, 1922.11.17, 0149-0150 (B03041227900).
375 「鴨綠江水道國境線劃定ニ關スル件」, 1923.8.13, 0155(B03041228000).
376 1925년 10월 외무성에서 압록강 도서의 귀속문제를 정리한 문건에서 '압록강 국경 획정 문제'에 대한 항목이 해군성과 조선총독부의 답신을 소개하는 것으로 끝나는 것으로 보아 국경 획정에 대한 중일 교섭은 1923년 후반에 중단된 것으로 보인다.「鴨綠江ノ島嶼歸屬問題」, 1925.8~12, 0305-0307(B03041228500).
377 「城川渡船場ニ關シ支那側申出ノ件」, 1922.4.15, 0019-0024(B03041

227800).
378 「黃草坪所屬問題ニ關スル件」, 1923. 11. 1, 0156(B03041228100).
379 「惠山ト長白府間ニ在ル中洲ニ水上分局ニ於ケ監視所設置ニ關スル件」, 1925. 7. 27, 0265(B03041228400).
380 「惠山ト長白府間ニ在ル中洲ニ水上分局ニ於ケ監視所設置ニ關スル件」, 1925. 7. 27, 0265(B03041228400).
381 朝鮮總督府, 『第五十一回帝國議會說明資料』, 1925. 11.
382 朝鮮總督府, 『第五十一回帝國議會說明資料』, 1925. 11.
383 朝鮮總督府, 「黃草坪所屬問題ニ關スル件」, 『第五十一回帝國議會說明資料』, 1925. 11.
384 「間島移住者 增加」, 『每日申報』, 1911. 4. 25.
385 「間島의 移住狀況」, 『每日申報』, 1913. 3. 26.
386 「間島의 不利益」, 『每日申報』, 1912. 12. 28.
387 朝鮮總督府, 『國境地方視察復命書』, 1915, 215-216쪽.
388 토지상조권(土地商租權)은 만몽조약 제2조[일본국 신민은 남만주에서 각종 상공업상의 건물을 건설하기 위하여 또는 농업을 경영하기 위하여 필요한 토지를 상조(商租)할 수 있다]에 규정된 것으로, 남만주와 내몽골에서 일본인의 토지 획득을 법적으로 인정하였다. 그러나 이 조항에 대해서 일본은 일본인에 대하여 실질적인 토지소유권을 보장한 것이라고 해석한 반면, 중국은 토지임차권만을 보장한 것이라고 해석하였기 때문에 일본인의 토지소유를 금지하고 토지임대를 규제하였다.
389 「間島鮮人의 近狀」, 『每日申報』, 1914. 7. 26.
390 「만몽과 조선인」, 『每日申報』, 1915. 6. 17.
391 「송 만주시찰단」, 『每日申報』, 1917. 4. 15.
392 1921년의 간도 한인 인구는 232,600명(연길+화룡+왕청)이고, 만주 한인 인구는 488,656명이다. 이명종, 『근대 한국인의 만주 인식』, 한

양대학교 출판부, 2018, 183·272쪽.

393 혼춘은 러일전쟁 직후 1905년 12월에 체결한 '만주에 관한 일청조약'에서 통상지로 지정된 곳이었다. 이를 근거로 일본 정부는 1910년 4월 간도총영사관 출장소를 설립하였고, 12월에는 간도총영사관 분관으로 승격시켰다.

394 일본에서는 간도협약을 파기하고 1896년에 체결된 일청통상항해조약(日淸通商航海條約)을 적용하자고 주장할 수 있다. 중국에서 일본인의 치외법권을 규정한 일청통상항해조약을 간도 한인에게 적용한다면 간도 한인 전부에게 치외법권이 적용될 수 있다.

395 李盛煥, 『近代東アジアの政治力學-間島をめぐる日中朝關係の史的展開-』, 錦正社, 1991, 110-111쪽.

396 小林玲子, 「'韓國倂合'前後の間島問題-'間島協約(1909)'の適用をめぐつて-」, 一橋大學大學院 學位請求論文, 2004, 26-27·142-144쪽.

397 小林玲子, 2004, 174-175쪽.

398 이성환, 1991, 103쪽.

399 이러한 관계는 남만주의 일본영사관과 관동주의 관계에서 선례를 찾아볼 수 있다. 1908년 1월 관동도독부 관제 개편에 따라 남만주 주재 영사는 관동도독부 사무관을 겸임하였고, 영사관 부속 경찰관은 관동도독부 경찰관을 겸임하였다. 오병한, 「1900-20년대 일본의 안동영사관 설치와 운영」, 『한국독립운동사연구』 64, 2018, 175쪽 주 42.

400 '동남로병비도(東南路兵備道)'는 연길, 영안(寧安), 혼춘, 동녕(東寧), 왕청, 화룡, 돈화, 액목(額穆) 등지를 관할하는 관청이다. 장관은 도대(道臺)이며, 행정 뿐만 아니라 군대의 통제권을 가진다.

401 김태국, 「북간도지역 조선인거류민회(1917-1929)의 설립과 조직」, 『역사문제연구』 4, 2000, 236-237쪽.

402 外務省 編, 『外務省警察史』 第19卷(間島ノ部), 不二出版, 1998, 46-

47쪽.
403 김춘선, 「'간도협약' 체결 전후 북간도 지역 한인사회」, 『근대 변경의 형성과 변경민의 삶』, 동북아역사재단, 2009, 213-216쪽.
404 박정현, 「20세기 초 만주 한인에 대한 중국정부의 정책」, 『역사학연구』 84, 2021.11, 10-12쪽.
405 손승회, 「만주사변 전야 만주한인의 국적문제와 중국·일본의 대응」, 『중국사연구』 31, 2004.8, 337-339쪽.
406 小林玲子, 2004, 271-274쪽.
407 이성환, 1991, 139-140쪽.
408 민회의 설립과 운영에 대해서는 이성환, 1991, 145-149쪽 및 김태국, 2000 참조.
409 남양평(南陽坪)에는 1918년 2월에 경찰분서가 설치되었고, 팔도구(八道溝)에는 1918년 12월에 영사관 분관 설립이 허가되어 파출소가 설치되었다. 혼춘에는 1916년 12월 한인의 사적 조직인 '조선민공회(朝鮮民公會)'가 설립되었으며, 1917년부터 영사분관의 개입 아래 조선총독부와 외무성의 보조금을 지원받았다.
410 이성환, 1991, 153-154쪽.
411 1945년까지 일본 국적법은 식민지 조선에 적용되지 않았다. 조선총독부에서는 국적법을 시행하지 않은 이유와 관련하여 '재만 불령선인 단속을 위하여 중국 국적 취득을 인정해서는 안 될 것'이라는 점을 우선적으로 언급하였다.
412 박정현, 2021, 14-16쪽.
413 김태국, 2000, 251-252쪽.
414 김주용, 『일제의 간도 경제침략과 한인사회』, 선인, 2008, 123-128쪽.
415 이성환, 1991, 264쪽.
416 이성환, 1991, 208·211-212쪽.
417 이성환, 1991, 220-223쪽.

418 오미일,「간도의 통로, 근대 회령지방의 월경과 생활세계」,『역사와 세계』51, 2017.6.

419 東洋拓植株式會社 編,『間島事情』, 1918, 796-797쪽.

420 東洋拓植株式會社 編,『間島事情』, 1918, 776-778쪽; 김주용, 2008, 102-105쪽.

421 「在滿同胞를 위하여 慶幸, 滿洲勸業經營에 就하여」,『每日申報』, 1920.2.1;「滿洲勸業 趣意」,『每日申報』, 1920.2.13.

422 조정우,「만주사변 전후 '척식'사업기구의 변화-동아권업(주)의 기업지배구조를 중심으로-」,『사회와 역사』92, 2011, 13쪽.

423 東亞勸業株式會社,『東亞勸業株式會社拾年史』, 1933, 2-5쪽.

424 조정우, 2011, 12-24쪽.

425 「보조금만 먹는 동아권업의 궁상」,『東亞日報』, 1924.12.7;「東亞勸業 整理案 關係方面서 樹立」,『每日申報』, 1926.10.19.

426 『東亞勸業株式會社拾年史』, 149-150쪽.

427 「間島移住者後悔」,『每日申報』, 1912.5.5.

428 「間島의 불이익」,『每日申報』, 1912.12.28;「進退維谷의 窮境, 間圖移住의 一鑑」,『每日申報』, 1913.4.24;「間島移住十不可」,『每日申報』, 1913.4.30;「間島는此生地獄」,『每日申報』, 1913.8.14;「間島移住者의 失敗」,『每日申報』, 1914.4.19.

429 「間島移住에 對하여」,『每日申報』, 1913.3.19.

430 「間島는死地」,『每日申報』, 1913.5.9.

431 「만몽과 조선인」,『每日申報』, 1915.6.17.

432 「社告: 朝鮮滿洲臺灣 鐵道大競走」,『每日申報』, 1915.7.23;「鐵道大競走 競走規程決定」,『每日申報』, 1915.9.5.

433 「본사주최 만주시찰단」,『每日申報』, 1917.3.21.

434 「滿洲農業과 鮮人(1)」,『每日申報』, 1916.12.1.

435 「滿洲農業과 鮮人(3)」,『每日申報』, 1916.12.3.

436 「滿洲水田觀」, 『每日申報』, 1918. 5. 9, 5. 12, 5. 14.

437 「滿洲米作水田事業統一」, 『每日申報』, 1919. 12. 5.

438 「在滿同胞를 위하여 慶幸, 滿洲勸業經營에 就하여」, 『每日申報』, 1920. 2. 1.

439 「滿洲勸業會社」, 『每日申報』, 1920. 2. 14.

440 「在滿同胞의 窮狀(1)-(4)」, 『每日申報』, 1921. 6. 25~6. 29 ; 「속히 在滿 同胞를 구하라(上)(中)」, 『每日申報』, 1921. 7. 16~7. 19.

441 「在滿同胞保護策」, 『每日申報』, 1921. 11. 16.

442 「만몽권업회사의 설립」, 『每日申報』, 1921. 12. 10.

443 「在滿朝鮮人問題에 대하여」, 『每日申報』, 1923. 10. 21.

444 「원대한 목적, 동아권업에 대한 총독부측의 의견」, 『每日申報』, 1923. 11. 11.

445 「滿洲土地商租問題」, 『每日申報』, 1925. 3. 25.

446 「東史評林 檀君朝鮮(6)」, 『朝鮮日報』, 1920. 5. 20.

447 「同胞의 安危를 左右하는 焦眉의 問題(2)」, 『朝鮮日報』, 1920. 6. 20.

448 「朝鮮人이 開拓한 間島는 天惠의 寶庫」, 『朝鮮日報』, 1920. 12. 20.

449 「在滿同胞의 水田事業(4)」, 『朝鮮日報』, 1923. 1. 5.

450 「在滿同胞의 水田事業(5)」, 『朝鮮日報』, 1923. 1. 6.

451 「在滿同胞의 水田事業(2)」, 『朝鮮日報』, 1923. 1. 3.

452 「支那에 歸化한 朝鮮人과 支那人」, 『朝鮮日報』, 1921. 5. 23.

453 「滿洲管見(5)」, 『朝鮮日報』, 1924. 12. 4.

454 「滿洲管見(8)」, 『朝鮮日報』, 1924. 12. 8.

455 「滿洲管見(10)」, 『朝鮮日報』, 1924. 12. 11.

456 「滿洲管見(9)」, 『朝鮮日報』, 1924. 12. 9.

457 「歸化의 自由를 주라」, 『朝鮮日報』, 1925. 3. 17.

458 「滿洲의 朝鮮人排斥問題」, 『朝鮮日報』, 1925. 5. 23.

459 「在滿同胞의 運命」, 『朝鮮日報』, 1925. 4. 2.

460 「東三省土地問題」,『朝鮮日報』, 1925.3.17.
461 「滿洲의 朝鮮人排斥問題」,『朝鮮日報』, 1925.5.23.
462 「在滿朝鮮人問題」,『朝鮮日報』, 1925.11.25.
463 「滿洲朝鮮人의 歸化問題」,『朝鮮日報』, 1926.7.10.
464 「帽兒山領事分館 設置顚末」,『朝鮮日報』, 1927.8.23;「新設中의 日本領事館 中國官民이 反對破壞」,『東亞日報』, 1927.8.24.
465 「東亞勸業을 中農民이 襲擊」,『東亞日報』, 1927.6.18.
466 이명종,『근대 한국인의 만주 인식』, 한양대학교 출판부, 2018, 287-291쪽.
467 이시카와 요시히로,『중국근현대사』3, 삼천리, 2013.
468 손승회, 2004, 341-343쪽.
469 「同胞壓迫酷甚」,『朝鮮日報』, 1929.6.6.
470 황민호,「1920년대 후반 재만한인에 대한 중국당국의 정책과 한인 사회의 대응」,『한국사연구』90, 1995, 230-231쪽.
471 이명종, 2018, 292·296쪽.
472 이성환, 1991, 258-259쪽.
473 이성환은 간도파병 이후 간도에서 공산주의운동이 출현한 이유로 민족주의운동 지도자의 배제 및 새로운 세대(지식청년)의 출현, 중국인 지주 대 조선인 소작인이라는 계급적·민족적 대립을 들고 있다. 이성환, 1991, 237-240쪽.
474 「逼迫한 在外同胞問題」,『朝鮮日報』, 1930.9.18.
475 「在滿韓族同鄉會의 組織」,『朝鮮日報』, 1928.11.18.
476 「全間島朝鮮人團體 在滿同胞驅逐에 對策講究」,『朝鮮日報』, 1928.2.25.
477 윤효정,「신간회의 '민족동권'운동과 식민지 체제의 균열적 성격 - 재만동포옹호운동을 중심으로-」,『한국학연구』64, 2022.2, 70-71·81쪽.

478 「在滿朝鮮人의 入籍, 敎育問題 解決」, 『朝鮮日報』, 1929. 7. 31.

479 황민호, 1995, 242-243쪽.

480 황민호, 1995, 244쪽.

481 「延琿和汪의 自治促進會」, 『東亞日報』, 1930. 11. 12.

482 「地方輿論에 訴함 第二十一 間島篇(4)」, 『東亞日報』, 1931. 1. 15.

483 「在滿民族主義者와 正面衝突計劃」, 『朝鮮日報』, 1931. 3. 18.

484 「總組織의 急務, 萬寶山事件과 在滿同胞問題(上)」, 『朝鮮日報』, 1931. 8. 8.

485 「在滿同胞問題私議(上)」, 『朝鮮日報』, 1931. 9. 4.

486 김지환, 「중국의 조계회수운동과 왕정위정부의 참전」, 『아시아문화연구』 20, 2010, 179-184쪽.

487 1920년대 후반 일본과 중국의 통상조약 개정 교섭에 대한 중국, 대만의 연구사는 翁敏, 「1926-1930年中日修改商約交涉研究述評」, 『理論觀察』, 2017年 第4期 참조.

488 外務省通商局, 『日支通商條約改訂問題經過要領』(日支通商條約改訂準備調書 第2輯), 1929. 5, 2-16쪽.

489 王建朗, 「日本與國民政府的 "革命外交": 對笑稅自主交涉的考察」, 『历史研究』, 2002年 第4期, 21-26쪽; 久保 亨, 「國民政府による關稅自主權の回復過程」, 『東洋文化研究所紀要』 98, 1985. 10, 348-349쪽.

490 外務省, 「日支通商條約改訂商議方針に關し訓令」(1929. 5. 24), 『日本外交文書』昭和期 I 第1部 第3卷, 785-789쪽.

491 「日中條約交涉은 劈頭부터 難澁할 模樣」, 『每日申報』, 1929. 10. 7; 「治外法權撤廢는 日本一國에 全力」, 『東亞日報』, 1929. 11. 9.

492 李恩涵, 「九一八事變前中美撤廢領事裁判權的交涉-北伐後中國'革命外交'的研究之三-」, 『近代史研究所集刊』 第15期, 1986, 351-357쪽.

493 王建朗, 「日本與國民政府的 '革命外交': 對笑稅自主交涉的考察」, 『歷史研究』 2002(04), 31-32쪽.

494 「法權撤廢問題의 中國側草案要點」, 『朝鮮日報』, 1930. 3. 30;「日中締約 國人民은 所在國法律適用」, 『東亞日報』, 1930. 3. 30.

495 「漢口租界回收는 時期尙早로 拒絶」, 『每日申報』, 1930. 12. 3.

496 「中央에 服從한 張學良의 動機」, 『東亞日報』, 1930. 12. 8;「注目되는 中國」, 『朝鮮日報』, 1930. 12. 13.

497 「尖銳化하는 民國의 對日外交(下)」, 『東亞日報』, 1930. 12. 31.

498 「日中治外法權遂交涉開始」, 『朝鮮日報』, 1930. 12. 27;「漸進的 撤廢條件 重光公使가 提議」, 『每日申報』, 1931. 3. 17;「商租權承認이면 法權은 逐次撤廢」, 『東亞日報』, 1931. 3. 17.

499 「治外法權撤廢ニ關スル大綱」, 0179-0183(B04013770500).

500 「日本의權益全部否認 中國側은卽廢固執」, 『東亞日報』, 1931. 3. 21.

501 「對中法權交涉 根本方針決定」, 『朝鮮日報』, 1931. 4. 26;「日本도治外法權=卽時撤廢에 同意」, 『朝鮮日報』, 1931. 4. 30.

502 「中國ニ於ケル治外法權撤廢ニ關スル件」, 0014-0017(B04013770200).

503 「中國ニ於ケル治外法權撤廢ニ關スル件」, 0018-0020(B04013770200).

504 「中國ニ於ケル治外法權撤廢ニ際シ滿洲並間島ニ關シ特ニ考慮スヘキ事項ニ關スル件」, 0039-0044(B04013770200).

505 「法權問題交涉ニ際シ特ニ滿洲及間島ニ關シ協定ヲ要スル事項」, 0045-0058(B04013770200);「間島ニ關スル特殊協定ニ於ケ協定セラルヘキ事項並協定ノ內容」, 0218-0224(B04013771200).

506 「對中强硬論擡頭와 國民會議의國權回收熱」, 『東亞日報』, 1931. 5. 13.

507 「治外法權交涉 基礎案 重光代理公使로부터 手交」, 『每日申報』, 1931. 6. 9;「內地雜居權은 租界回收後」, 『東亞日報』, 1931. 7. 19;「日中法權交涉 雙方意見全然背馳」, 『東亞日報』, 1931. 7. 27.

508 「朝鮮人移民問題 民國의重要聲明」, 『東亞日報』, 1931. 8. 6.

509 린츠훙, 「'제국' 변강과 '지식정치': 근대 중일의 만몽 논술」, 『제국의 학술기획과 만주』, 동북아역사재단, 2021, 62-74쪽.

510 中見立夫, 『'滿蒙問題'の歷史的構圖』, 東京大學出版會, 2013, 13-16쪽.
511 「東方會議「對支政策綱領」に關する田中外相訓令」(1927.7.7), 『日本外交文書』昭和期Ⅰ 第1部 第1卷, 174-176쪽.
512 「對滿蒙政策ニ關スル意見」, 1927.6.1(C01003764000).
513 이시와라 간지(石原莞爾)는 세계최종전쟁에 대비하여 만몽 지역을 영유해야 한다는 '만몽영유론'을 제기하였다. 그는 향후 전쟁이 미국과 일본이 세계의 패권을 다투는 최종전쟁이 될 것이라고 전망하고, 최종전쟁의 자원기지로서 만몽 영유를 추진해야 한다고 주장하였다.
514 「國運轉回の根本國策たる滿蒙問題解決案」(1929.7), 『現代史資料 7: 滿洲事變』, みすず書房, 1980.
515 가토 요코, 『만주사변에서 중일전쟁으로』, 어문학사, 2012, 21-29쪽; 曾寶滿, 「1930年代前半の國防思想普及運動に關する一考察」, 『東京大學日本史硏究室紀要』23, 2019.3, 13-17쪽.
516 「滿蒙問題解決の根本方策」(1931.10.24), 『現代史資料 7: 滿洲事變』, みすず書房, 1980, 232쪽.
517 임성모, 「일본제국주의와 만주국: 지배와 저항의 틈새」, 『한국민족운동사연구』27, 2001, 158-159쪽.
518 임성모, 2001, 160-161쪽.
519 「間島問題ニ關スル協議記錄」, 1928.9~1933.12, 0292-0294(B14090409700).
520 「間島問題ニ關スル外務, 拓務, 朝鮮總督府 第三回協議會 議事錄」, 1930.12.3, 0412-0414(B02032027100); 「間島問題ニ關スル外務, 拓務, 朝鮮總督府 第五回協議會 議事錄」, 1930.12.3, 0484-0495(B02032027300).
521 『間島新報』, 1932.2.23(조춘호, 「'9·18'사변 후 중국 동북지역 한인자

치운동과 중국공산당 대응-민생단자치와 국민부자치를 중심으로-」,
『한국학논총』33, 438쪽에서 재인용).

522 「大移民可能 集團農經營」, 『東亞日報』, 1932. 2. 17.
523 「間島特別行政區 滿洲國에陳情」, 『朝鮮日報』, 1932. 3. 12.
524 「われ等의 間島에 特別自治區의 設定」, 『京城日報』, 1932. 3. 17.
525 「間島와 朝鮮人問題」, 『朝鮮日報』, 1932. 2. 5.
526 「間島에 對する關東軍の方策ならびに朝鮮軍との協定について」(1932. 4. 7), 『日本外交文書』滿洲事變, 第2卷 第1冊, 478-479쪽.
527 「間島獨立問題再燃 今回엔滿洲國直屬으로」, 『東亞日報』, 1932. 5. 13.
528 「間島同胞積年의希望인 特別區實現性豐富」, 『每日申報』, 1932. 8. 28.
529 「朝鮮人을長官으로間島特別區新設」, 『每日申報』, 1932. 10. 6.
530 「今年內에實現될 間島特別行政區」, 『東亞日報』, 1933. 2. 24.
531 「約三萬餘避難民과 間島特別區問題」, 『每日申報』, 1933. 3. 4; 「間島의 農民救濟는 自作農創定으로」, 『每日申報』, 1933. 3. 16.
532 特派駐延行政辦事處의 기구 명칭에 대해서는 자료마다 약간의 차이가 있다. 特派駐延行政辦事處(間島省 編, 『省政彙覽』), 特派駐延行政專員辦事處(太田勝 編, 『間島之現勢』), 駐延行政處員臨時辦事處(間島敎育會, 『間島』) 등 다양한 명칭이 등장하는데, 이 글에서는 『省政彙覽』의 기구 명칭을 따르기로 한다.
533 만주국 수립과 더불어 길림성장관공서(吉林省長官公署)는 길림성공서(吉林省公署)로 개편되었다. 이에 따라 장관(長官)은 성장(省長)으로 바뀌고 길림성공서 산하에 총무, 민정, 경무, 실업, 교육의 5개 청을 두었다.
534 「滿洲國이行政區反對 特派辦事機關設置」, 『東亞日報』, 1933. 4. 23.
535 「間島一帶를特別區로」, 『東亞日報』, 1934. 6. 28.
536 太田勝, 『間島之現勢』, 鮮滿事情出版社, 1935, 160쪽.
537 篠田治策, 「間島ノ狀態改善ニ關スル私見」(李盛煥, 『近代東アジアの政治

力學 －間島をめぐる日中朝關係の史的展開－』, 300-301쪽에서 재인용).

538 「滿洲國政府 新行政區劃發表」,『朝鮮日報』, 1934. 10. 4;「新地方制度要綱」,『東亞日報』, 1934. 12. 1.

539 1931년 5월에 간행된 『間島に於ける朝鮮人問題に就いて』(天野元之助)의 부록에는 1931년 초까지 간행된 간도 관련 문헌목록이 수록되어 있다.

540 中村玄濤,『間島龍井地方を視察して』, 大陸之日本人社, 1931, 8·11쪽.

541 石森久彌,『間島の實情』, 朝鮮公論社, 1931, 40쪽.

542 朝鮮總督府 警務局,「序」,『間島問題の經過と移住鮮人』, 1931, 58쪽.

543 나가노 아키라(長野朗, 1888~1975)는 육군사관학교 졸업. 중국연구에 전념하기 위하여 육군대위로 퇴역하고 중국에 관한 많은 저술을 남겼다. 국가주의자, 농본주의자로서 서구열강의 중국 진출을 비난하고 일본의 만몽 권익을 주장하였다.

544 長野朗,『滿洲問題の關鍵·間島』, 支那問題研究所, 1931, 145-146·201-202쪽.

545 長野朗,『滿洲問題の關鍵·間島』, 支那問題研究所, 1931, 203쪽.

546 篠田治策,「'間島協約'締結の由來と其改訂の機運」,『外交時報』656, 1932. 4.

547 동아경제조사국(東亞經濟調査局)은 1908년 만철의 조사기관으로 도쿄에 설립되어 세계경제의 조사, 분석을 담당하였다. 1929년에 사단법인으로 독립되었다가 1939년에 다시 만철 조사부로 통합되었다. 사단법인 동아경제조사국은 만철의 기금으로 운영되었고 오카와 슈메이(大川周明)가 이사장을 맡았다.

548 東亞經濟調査局,「序文」,『間島問題の經緯』, 1931.

549 長野朗,『滿洲問題の關鍵·間島』, 支那問題研究所, 1931, 1쪽.

550 東亞經濟調査局,『間島問題の經緯』, 1931, 30쪽.

551 東亞經濟調査局,『間島問題の經緯』, 1931, 34쪽.

552 東洋拓植株式會社 編, 「第1章. 歷史的關係」, 『間島事情』, 1918.
553 東洋拓植株式會社 編, 『間島事情』, 1918, 6-19쪽.
554 篠田治策, 『間島問題の回顧』, 日中文化協會, 1930, 54-55쪽.
555 朝鮮總督府 警務局, 『間島問題の經過と移住鮮人』, 1931, 52-53쪽.
556 朝鮮總督府 警務局, 『間島問題の經過と移住鮮人』, 1931, 61쪽.
557 長野朗, 「제2장. 간도의 역사」, 『滿洲問題の關鍵·間島』, 支那問題研究所, 1931.
558 長野朗, 『滿洲問題の關鍵·間島』, 支那問題研究所, 1931, 38-43쪽.
559 최덕규, 「제국주의 열강의 만주정책과 간도협약(1905-1910)」, 『역사문화연구』 31, 2008; 배성준, 「간도파출소의 간도 문제 인식과 간도 문제의 식민화」, 『동양학』 89, 2022, 18-21쪽.
560 「間島의 史的考察 -高句麗, 渤海, 高麗, 李朝의 變遷-」, 『朝鮮日報』, 1931.1.1~1931.2.3.
561 柳光烈, 『間島小史』, 太華書館, 1933, 1-44쪽.
562 柳光烈, 1933, 46-102쪽.

참고문헌

1. 자료

1-1. 문서 자료

『高宗實錄』.
金魯奎, 『北輿要選』, 1904.
李寅燮, 『元韓國一進會歷史』, 文明社, 1911.
李重夏, 『勘界使謄錄』 上·下 (이왕무 외, 『譯註 勘界使謄錄』, 동북아역사재단, 2008; 이왕무 외, 『譯註 勘界使謄錄』 下, 동북아역사재단, 2010).
李昌鍾, 『(增補懸吐) 北輿要選』, 撫松堂, 1925.
丁若鏞, 『我邦疆域考』(定本 與猶堂全書 32), 다산학술문화재단, 2012.
丁若鏞 著, 張志淵 增補, 『大韓疆域考』, 皇城新聞社, 1903.
_____, 『朝鮮疆域誌』 上·下, 文友社, 1928.
朝鮮古書刊行會 編, 『渤海考, 北輿要選, 高麗古都徵, 北塞記略, 高麗圖經』, 1911.
「輿地考」, 『增補文獻備考』, 1908.

김지남 외 지음, 『조선시대 선비들의 백두산답사기』, 혜안, 1998.
김형종 편역, 『1880년대 조선-청 국경회담 관련 자료 선역』, 서울대학교출판문화원, 2014.
동북아역사재단 편, 『대한제국기 간도자료집(1-3): 정부문서』, 2021-2023.
_____, 『백두산정계비 자료집』, 2006.
_____, 『조선시대 북방사 자료집』, 2004.
_____, 『조청 국경회담 자료집』, 고구려연구재단, 2005.

양보경 외,『백두산고지도집: 한국 고지도 속의 백두산』, 동북아역사재단, 2016.

間島敎育會,『間島』, 1935.
間島省,『間島省大觀』, 1936.
間島省公署民政廳 金秉泰 報告,『間島最近政情槪況報告 附意見』, 1935.
京城商工會議所,『北鮮, 間島視察報告』, 1933.
國史編纂委員會 編,『駐韓日本公使館記錄』, 1986-2000.
_____,『統監府文書』, 1998-2000.
金基哲,『關北大觀』, 1927.
內藤湖南,『韓國東北疆界攷略』, 1907.
東亞經濟調査局,『間島問題の經緯』, 1931.
東洋拓植株式會社 編,『間島事情』, 1918.
石森久彌,『間島の實情』, 朝鮮公論社, 1931.
篠田治策,『間島問題の回顧』, 日中文化協會, 1930.
_____,『白頭山定界碑』, 樂浪書房, 1938.
松尾小三郎,『間島をどう見るか』, 1931.
永井勝三,『北鮮間島史』, 會寧印刷所, 1925.
_____,『會寧及間島事情』, 1923.
_____,『會寧と間島』, 1923.
陸軍省 調査班,『間島の槪況』, 1932.
外務省 編,『日本外交年表竝主要文書』上卷, 原書房, 1966.
長野朗,『滿洲問題の關鍵·間島』, 支那問題硏究所, 1931.
長永義正,『朝鮮人の間島』, 大阪每新聞京城支局, 1931.
朝鮮總督府,『間島集團部落』, 1936.
_____,『國境地方視察復命書』, 1915.
_____,『(統監府時代に於ける)間島韓民保護に關する施設』, 1930.
朝鮮總督府 警務局,『間島問題の經過と移住鮮人』, 1931.
_____,『在滿鮮人ト支那官憲』, 1930.

朝鮮總督府 外事局,『清國國境關係書』, 1912.
中井錦城,『朝鮮回顧錄』, 糖業研究會出版部, 1915.
中村玄濤,『間島龍井地方を視察して』, 大陸之日本人社, 1931.
津村甚之助,『間島及琿春地方經濟狀況』, 朝鮮銀行, 1912.
天野元之助,『間島に於ける朝鮮人問題に就いて』, 中日文化協會, 1931.
太田勝 編,『間島之現勢』, 鮮滿事情出版社, 1935.
統監府臨時間島派出所,『間島問題之顚末並意見書』, 1908. 4.
_____,『統監府臨時間島派出所紀要』, 1910.
統監部臨時間島派出所 殘務整理所,『間島産業調査書』, 1910.

吳祿貞,『延吉邊務報告』, 學務公所, 1908(李樹田 主編,『長白叢書』初集, 吉林文史出版社, 1986).
中央研究院近代史研究所 編,『清季中日韓關係史料』, 1972(『국역 청계중일한관계사료』, 동북아역사재단, 2012-2020).

1-2. 신문 자료

『官報』,『大韓每日申報』,『독립신문』,『東亞日報』,『每日申報』,『帝國新聞』,『朝鮮日報』,『皇城新聞』.

1-3. 온라인 자료

1-3-1. 서울대학교 규장각한국학연구원(kyu.snu.ac.kr)
內閣 編,『請願書』, 1906-1910(奎17848).
外部 編,『內部來去文』, 1895-1906(奎17794).
_____,『咸鏡南北道來去案』, 1896-1908(奎17983).
_____,『外部各官廳來去文』, 1901-1903(奎17818).
_____,『議政府來去文』, 1896-1905(奎17793).
_____,『韓淸議約公牘』, 1900(奎15302).

議政府 編,『各官廳公文原文』, 1905(奎17272).
_____,『照會』, 1903-1907(奎17823).
作者 未詳,「朝鮮定界碑疆域略圖」, 刊年 未詳(奎15504).
編者 未詳,『經議疏本存案』, 1902(奎17233).
_____,「白頭山定界碑地圖」, 刊年 未詳(奎26676).

1-3-2. 행정안전부 국가기록원(archives.go.kr/theme/next/government/viewMain.do)

『예규철(구분조사)』, 1907(CJA0010597).
총독관방 외사국,『국경청국관계서』, 1913(CJA0002290).
_____,『압록강 소상도관계』, 1912(CJA0002285).
_____,『청국국경관계서』, 1912(CJA0002283).
_____,『청국 국경부근 관계사건철 경찰보고 제외(1911.10-1912.8)』, 1911~1912(CJA0002284).
총무부 외사국,『국경부근 도서사주에 관한 조사』, 1911(CJA0002277).
_____,『청국국경관계』, 1911(CJA0002276).
탁지부 세무과,『법령예규』, 1916~1917(CJA0003950).

1-3-3. 국립공문서관 아시아역사자료센터(jacar.go.jp)

陸軍省,『明治三十七八年年戰役に關する滿密受書類 補遺 陸軍省』(C06040123800-C06040131500).
  -「間島境界調査材料」, 1905.11(C06040131500).
陸軍省,『密大日記 6冊の内 第4冊 昭和2年』(C01003744200-C01003766700).
  -「對滿蒙政策ニ關スル意見」, 1927.6.1(C01003764000).
陸軍省,『明治四十年 日本帝國ノ國防方針』(C14061024300-C14061025100).
  -「帝國軍ノ用兵綱領」(C14061025000).
外務省,『圖們江下流沿岸地方並ニ露領煙秋浦潮ニ於ケル諸事項調査ノ爲メ大賀副領事出張一件』(B16080798400-B16080798500).

外務省, 『間島ノ版圖ニ關シ淸韓兩國紛議一件』 第一卷(B03041192000-
B03041193200).
- 韓國駐箚軍參謀部, 「間島ニ關スル調査槪要」, 1906. 4(B03041192800).
外務省, 『間島ノ版圖ニ關シ淸韓兩國紛議一件』 參考書 第二卷(B03041215600-
B03041217200).
- 「間島視察報告書」, 1907. 5(B03041215700).
- 統監府派出所, 「淸韓國境問題沿革」, 1907. 7(B03041215800).
外務省, 『間島ノ版圖ニ關シ淸韓兩國紛議一件』 第三卷(B03041194600-
B03041195600).
- 中井喜太郞, 「間島問題ノ沿革」, 1907. 9(B03041195300-B03041195600).
外務省, 『間島ノ版圖ニ關シ淸韓兩國紛議一件』 第十七卷(B03041210500-
B03041211600).
- 「間島ニ關スル協約」, 1909. 9. 4(B03041210700).
外務省, 『間島ノ版圖ニ關シ淸韓兩國紛議一件 附属書(内藤虎次郞嘱託及調査
報告)』(B03041212000-B03041213900).
- 内藤虎次郞, 「間島問題調査書」, 1906. 2(B03041212500).
- 「佛文淸韓境界圖附說」(B03041213000).
- 「間島問題私見」, 1909. 1(B03041213200).
- 「間島問題調査書 第二」, 1907. 4(B03041213500).
- 「間島問題調査書 第二」, 1907. 10(B03041213500).
- 「間島問題調査書 第三」(B03041213600).
- 「間島問題調査書 第六」, 1907. 10(B03041213800).
外務省, 『國境列車直通運轉に關する協約』(B13090916800-B13090917200).
- 「調印書」, 1911. 11. 2(B13090917000).
外務省, 『豆滿江下流及江口ニ於ケル日露漁業協約締結一件』(B0708012920 0-B07080129300).
- 「圖們江漁業條約幷國境條約」(B07080129300).
- 「日露兩國間ニ圖們江及其ノ附近海面ニ於ケル漁業ニ關スル條約並同江下流ニ於ケル境

界交通等ニ關スル協約締結ニ付閣議請求ノ件」(B07080129300).

外務省,『豆滿江漁業ニ關スル日露協約締結一件』(B07080112900-B07080113400).

   -「圖們江下流及江口ニ於ケル漁業區域協定方提起ノ件」, 1911.7.13(B07080113100).

外務省,『鴨綠江架橋ニ關スル日淸覺書』, 1910.4(B13090915800).

外務省,『鴨綠江日支畫界問題一件附渡船場問題, 島嶼問題』(B03041227700-B03041229300).

   -「城川渡船場施ニ關シ支那側申出ノ件」, 1922.4.15(B03041227800).

   -「鴨綠江ノ島嶼歸屬問題」, 1925.8~12(B03041228500).

   -「鴨綠江口水路測量實施ニ關シ日支交涉經過報告」, 1922.1~7(B03041227800).

   -「鴨綠江島嶼地圖送付ノ件」, 1922.9.25(B03041227900).

   -「鴨綠江保全工事及國境線劃定ニ關スル件」, 1922.11.17(B03041227900).

   -「鴨綠江水道國境線劃定ニ關スル件」, 1923.8.13(B03041228000).

   -「鴨綠江水道測量ニ關スル件」, 1922.5.6(B03041227800).

   -「鴨綠江流域內島嶼略圖」, 1922.1~1922.7(B03041227800).

   -「中華民國臨時代理公使 張元節 書翰」, 1922.1.9(B03041227800).

   -「趣意書」, 1922.11.3(B03041227900).

   -「惠山ト長白府間ニ在ル中洲ニ水上分局ニ於ケ監視所設置ニ關スル件」, 1925.7.27(B03041228400).

   -「黃草坪所屬問題ニ關スル件」, 1923.11.1(B03041228100).

外務省,『在滿帝國警察機關統制關係雜件 第一卷』(B14090408700-B14090409800).

   -「間島問題ニ關スル協議記錄」, 1928.9~1933.12(B14090409700).

外務省,『支那治外法權撤廢問題一件 滿洲並間島ニ關スル特殊關係』(B04013770500-B04013771400).

   -「間島ニ關スル特殊協定ニ於ケ協定セラルヘキ事項並協定ノ內容」(B04013771200).

外務省,『支那治外法権撤廃問題一件』(B04013770200).

   -「中國ニ於ケル治外法權撤廢ニ關スル件」(B04013770200).

- 「中國ニ於ケル治外法權撤廢ニ際シ滿洲並間島ニ關シ特ニ考慮スヘキ事項ニ關スル件」(B04013770200).
- 「治外法權交涉ニ際シ滿洲並間島ニ關シ協定ヲ要スル事項」(B04013770200).

外務省, 『支那治外法權撤廢問題一件 參考資料 第二卷』(B04013770500).
- 「治外法權撤廢ニ關スル大綱」(B04013770500).

外務省, 『外國電氣及瓦斯事業關係雜件 第一卷』(B12083489700-B12083496400).
- 「鴨綠江水電公司設立ニ關スル件」, 1923.10.25(B12083494900).

外務省, 『日支合弁事業關係雜件 第二卷』(B04010878200-B04010879300).
- 「中日合併鴨綠江水力電機會社取消要求ニ關シ報告ノ件」, 1924.6.16(B04010879300).

外務省·拓務省, 『間島ニ於ケル共匪暴動事件及事後ノ情勢並対策關係雜纂 間島問題協議會關係』(B02032027000-B02032027400).
- 「間島問題ニ關スル外務, 拓務, 朝鮮總督府 第三回協議會 議事錄」(B02032027100).
- 「間島問題ニ關スル外務, 拓務, 朝鮮總督府 第五回協議會 議事錄」(B02032027300).
- 「間島問題ノ槪況」(C11081205700).

1-3-4. 外務省 外交史料館
(www.mofa.go.jp/mofaj/annai/honsho/shiryo/archives/index.html)
『日本外交文書』.

2. 저서
강석화, 『조선후기 함경도와 북방영토의식』, 경세원, 2000.
국사편찬위원회, 『한국근대의 북방영토와 국경문제』, 국사편찬위원회, 2004.
김경춘, 『한국 국경분쟁사』, 三光出版社, 1980.
김득황, 『백두산과 북방강계』, 思社硏, 1987.
김명기, 『간도 연구』, 법서출판사, 1999.
김영, 『근대 만주 벼농사 발달과 이주 조선인』, 국학자료원, 2004.
김영숙 역, 『만주사변에서 중일전쟁으로』, 어문학사, 2012.

김종준,『일진회의 문명화론과 친일활동』, 신구문화사, 2010.
김주용,『일제의 간도 경제침략과 한인사회』, 선인, 2008.
김춘선,『북간도 한인사회의 형성과 민족운동』, 고려대 민족문화연구원, 2016.
김형종,『1880년대 조선-청 공동감계와 국경회담의 연구』, 서울대학교출판문화원, 2018.
노계현,『조선의 영토』, 한국방송통신대학교출판부, 1997.
로버트 J.C. 영,『포스트식민주의 또는 트리컨티넨탈리즘』, 박종철출판사, 2005.
류연산,『혈연의 강들』상·하, 연변인민출판사, 1999.
배우성,『조선 후기 국토관과 천하관의 변화』, 일지사, 1998.
백산학회 편,『간도영유권 문제 논고』, 백산자료원, 2000.
_____,『간도영토에 관한 연구』, 백산자료원, 2006.
_____,『백두산정계비와 간도영유권』, 백산자료원, 2000.
_____,『한국의 북방영토』, 백산자료원, 1998.
_____,『한민족의 대륙관계사』, 백산자료원, 1996.
쑹녠선,『두만강 국경 쟁탈전 1881-1919』, 너머북스, 2022.
신기석,『간도영유권에 관한 연구』, 탐구당, 1979.
앙드레 슈미드,『제국 그 사이의 한국 1895-1919』, 휴머니스트, 2007.
양태진,『韓國國境史研究』, 法經出版社, 1992.
_____,『한국의 국경연구』, 동화출판공사, 1981.
와다 하루키,『러일전쟁: 기원과 개전』1-2, 한길사, 2019.
윤병석,『간도역사의 연구』, 국학자료원, 2003.
이명종,『근대 한국인의 만주인식』, 한양대학교출판부, 2018.
李丙燾,『朝鮮史大觀』, 同志社, 1948.
이성환,『간도는 누구의 땅인가』, 살림, 2004.
이종석,『북한-중국국경획정에 관한 연구』, 세종연구소, 2014.
이한기,『한국의 영토』, 서울대출판부, 1969.
이화자,『백두산답사와 한중 국경사』, 혜안, 2019.

_____,『한중국경사 연구』, 혜안, 2011.
최덕규,『대한제국 국제관계사 연구』, 동북아역사재단, 2021.
_____,『근대 한국과 동아시아 변경 연구』, 경인문화사, 2016.
_____,『제정러시아의 한반도 정책, 1891-1907』, 경인문화사, 2008.
최장근,『韓中國境問題硏究: 일본의 영토정책사적 고찰』, 백산자료원, 1998.

加藤陽子,『滿州事変から日中戦争へ』(シリーズ日本近現代史 5), 岩波新書, 2007.
李盛煥,『近代東アジアの政治力學』, 錦正社, 1991.

Angermuller, Johannes, Dominique Maingueneau, Ruth Wodak ed, *The Discourse Studies Reader-main currents in theory and analysis-*, John Benjamins Publishing Company, 2014.
Fairclough, N., *Analysing Discourse: Textual Analysis for Social Research*, New York: Routledgs, 2003.
Fairclough, N., *Critical Discourse Analysis*, London: Longman, 1995.

3. 논문

강상규,「주권 개념과 19세기 한국근대사」,『한국동양정치사상사연구』19-1, 2020. 3.
김기훈,「간도 담론의 연구사적 검토」,『근대 만주 자료의 탐색』, 동북아역사재단, 2009.
김원수,「압록강 위기와 러일전쟁」,『서양사학연구』23, 2010.
_____,「일본의 경의철도 부설권 획득기도와 용암포 사건」,『한일관계사연구』9, 1998.
김지환,「안봉철도 개축과 중일협상」,『중국근현대사연구』59, 2013.
_____,「중국의 조계회수운동과 왕정위정부의 참전」,『아시아문화연구』20, 2010.

김춘선, 「조선인의 동북이주와 중조(한) 국경문제 연구동향-중국학계의 성과를 중심으로-」, 『한중관계사 연구의 성과와 과제』, 국사편찬위원회·한국사학회, 2003.

김태국, 「북간도지역 조선인거류민회(1917-1929)의 설립과 조직」, 『역사문제연구』 4, 2000.

김형종, 「吳祿貞과 『延吉邊務報告』」, 『역사문화연구』 35, 2010.

_____, 「오대징과 1880년대 청·러 동부국경감계」, 『중국근현대사연구』 60, 2013.

노계현, 「간도협약에 대한 외교사적 고찰」, 『대한국제법학회논총』 11-1, 1966.

_____, 「동간도 귀속문제를 논함」, 연세대 석사학위논문, 1958.

노관범, 「대한제국기 장지연 저작목록의 재검토」, 『역사문화논총』 4, 2008.

노영돈, 「간도영유권문제와 조중변계조약의 의미: 간도영유권 문제의 논의쟁점이 변화를 중심으로」, 『군사』 108, 2018.

_____, 「백두산지역에 있어서 북한과 중국의 국경분쟁과 국제법」, 『국제법학회논총』 35-2, 1990.

린츠훙, 「'제국' 변강과 '지식정치': 근대 중일의 만몽 논술」, 『제국의 학술기획과 만주』, 2021.

박선영, 「간도협약의 역사적 쟁점과 일본의 책임」, 『중국사연구』 63, 2009.12.

_____, 「토문강을 둘러싼 중국의 '역사조작' 혐의」, 『중국현대사연구』 40, 2008.

박용옥, 「간도귀속문제에 대한 역사적 고찰」, 『時事』 31, 1966.

박정현, 「20세기 초 만주 한인에 대한 중국정부의 정책」, 『역사학연구』 84, 2021.11.

배성준, 「한중의 간도 문제 인식과 갈등구조」, 『동양학』 43, 2008.

손승회, 「만주사변 전야 만주한인의 국적문제와 중국·일본의 대응」, 『중국사연구』 31, 2004.8.

신기석, 「間島歸屬問題」, 『중앙대학교30주년기념논문집』, 1955.

오병한, 「1910-20년대 일본과 중국의 압록강 국경문제 인식과 대응」, 『한국근현대사연구』 84, 2018.

우경섭,「한말 두만강 지역의 유학자들-金魯奎와 金鼎奎를 중심으로-」,『한국학연구』32, 2014.

유수정,「잡지 '조선'(1908-1911)에 나타난 간도·만주 담론」,『아시아문화연구』19, 2010.

은정태,「1899년 한청통상조약 체결과 대한제국」,『역사학보』186, 2005.

_____,「대한제국기 간도 문제의 추이와 식민화」,『역사문제연구』71, 2007.

_____,「대한제국기 압록강·두만강 일대 변경의 '장소성'」,『한국 지역사의 위상과 방법적 가능성의 모색』, 국사편찬위원회, 2017.

이강원,「역대 실지조사기록 검토를 통한 임진정계 경계표지물 분포 복원」,『대한지리학회지』51-5, 2016. 10.

_____,「임진정계시 '입지암류'의 위치와 '토문강원'의 송화강 유입 여부」,『대한지리학회지』50-6, 2015. 12.

이선근,「백두산과 간도 문제-회상되는 우리 강역의 역사적 수난-」,『역사학보』17·18, 1962.

이일걸,「간도협약에 관한 국제법적 고찰」,『국제법학회논총』37-2, 1992. 12.

임성모,「일본제국주의와 만주국: 지배와 저항의 틈새」,『한국민족운동사연구』27, 2001.

임학성,「20세기 초 서간도 거주 이주한인들의 생활양태-'초산강북호적'(1902) 자료의 분석 사례」,『동북아역사논총』46, 2014.

장영숙,「일제시기 역사지리서에 반영된 간도 인식」,『동아시아 문화 연구』53, 2013. 5.

정철웅,「장-밥티스트 뒤 알드의『서술』과 18세기 프랑스 중국학」,『동양학』64, 2016.

조광,「실학 및 개화기의 영토문제연구」,『영토문제연구』1, 1983.

_____,「조선후기의 변경의식」,『백산학보』16, 1974.

조정우,「만주사변 전후 '척식'사업기구의 변화-동아권업(주)의 기업지배구조를 중심으로-」,『사회와 역사』92, 2011.

_____,「지역조사와 식민지의 경계지대-1919년 전후 동척과 조선은행의

간도조사-」,『만주연구』 26, 2018.

채관식, 「대한제국기 지식인의 국경 문제 제기와 영토 인식-장지연의 대한 강역고를 중심으로-」,『역사와 현실』 115, 2020. 3.

하원호, 「개화기 조선의 간도 인식과 정책의 변화」,『동북아역사논총』 14, 2006.

황민호, 「1920년대 후반 재만한인에 대한 중국당국의 정책과 한인사회의 대응」,『한국사연구』 90, 1995.

久保 亨, 「國民政府による關稅自主權の回復過程」,『東洋文化硏究所紀要』 98, 1985. 10.

小林玲子, 「大韓帝國政府による間島における朝鮮人保護政策-邊界警務署と北間島視察使·管理使李範允を中心に-」,『石堂論叢』 46, 2010.

翁敏, 「1926-1930年中日修改商约交涉研究述评」,『理论观察』, 2017年第4期.

王建朗, 「日本與國民政府的"革命外交": 對笑稅自主交涉的考察」,『历史研究』, 2002年第4期.

李恩涵, 「九一八事變前中美撤廢領事裁判權的交涉-北伐後中國'革命外交'的硏究之三-」,『近代史研究所集刊』第15期, 1986.

曾寶滿, 「1930年代前半の國防思想普及運動に關する一考察」,『東京大學日本史硏究室紀要』 23, 2019. 3.

Fairclough, N., "Critical discourse analysis as a method in social scientific research," *Methods of Critical Discourse Analysis*, London: Sage, 2001.

Reisigl, M. and R. Wodak, "The Discourse-Historical Approach(DHA)," *Methods of Critical Discourse Analysis*, 2017. 1.

찾아보기

ㄱ

간광지대 45, 174, 178, 191
간도 5·30사건 264, 266, 274, 277, 284, 291, 302
간도 담론 23, 28, 29, 70, 301
간도 문제 15, 19, 21, 22, 28, 33, 56~59, 67, 70, 72, 79, 83, 114, 117, 120, 121, 127, 128, 136, 142, 145, 160, 162, 167, 179, 185, 190, 290, 292, 294, 296, 299, 302
간도 정책 82~84, 88, 91, 93, 136, 159
간도문제협의회 284
간도성 39, 289, 290
간도에 관한 일청협약 146, 147, 212
간도총영사관 236
간도파출소 141, 143, 145, 153, 157~160, 165, 171, 177, 179, 185, 191, 235, 291, 292, 296, 297, 299
간도협약 19, 22, 56, 136, 144, 147, 148, 162, 177, 194, 211, 215, 233, 235, 237, 239, 240, 274, 276, 290, 291, 293, 294, 297, 298, 300, 302
간황지대 185, 189

경신참변 242
고토 분지로 117, 118, 120, 192
국경열차 직통운전에 관한 협약 216
국유림구분조사사업 206
「국적법」 242
김노규 96, 97, 100, 102

ㄴ

나가노 아키라 294, 295, 298
나이토 코난 132, 134, 136, 144, 168, 173, 174, 176, 181~185, 189, 190
나카이 기타로 130, 131, 136, 144
남만주 및 동부 내몽골에 관한 조약(만몽조약) 233~235, 239, 240, 245, 246, 249, 251, 276, 291, 297
남만주철도주식회사(만철) 245, 248

ㄷ

담론-역사적 접근(discourse-historical approach) 27, 29
담론 연구(discourse studies) 24
「대한국국제」 60, 64
동남로병비도 238, 239
동아권업주식회사 247, 253, 260

동양척식주식회사(동척) 246, 248
두만강 15, 16, 20, 22, 38, 46, 48~50,
51, 53, 54, 56, 58, 62, 65, 67, 69,
72, 79, 80, 90, 92, 99, 100, 117,
121, 128, 130, 132, 133, 143,
146~148, 150, 156, 171, 172, 174,
176, 178~180, 182, 184, 185, 189,
192, 194, 195, 202, 211, 213, 215,
218, 220, 225, 228, 232, 233, 235
뒤 알드(Jean-Baptiste Du Halde)
134, 172, 174, 182, 183

ㄹ
러일전쟁 86, 124, 128, 135, 139, 154
러청만주환부조약 74, 80, 82
레지(Jean-Baptiste Regis) 135, 174,
182~185, 189
루트-다카히라협정 145, 148, 300

ㅁ
만몽 문제 279, 282, 296, 301
만몽영유론 281
만몽척식단 234
만보산사건 263, 267, 278
만주5안건에 관한 일청협약 146
만주국 39, 282, 283, 285~290
만주사변 281, 282, 285, 294, 301
만주에 관한 일청조약 204
무주지 190~192, 307
미쓰야협정 244, 259

ㅂ
백두산 11, 14, 18, 31, 32, 37, 44, 50,
58, 62, 89, 90, 98, 101, 107, 109,
113~116, 133, 167, 172, 181, 182,
301
백두산정계비 11, 20, 35, 36, 54, 62,
67~70, 98, 101, 102, 107, 114,
115, 130, 133, 156, 165, 167, 168,
173, 174, 179, 180, 227
백산학회 31~34, 36
변계경무서 78~80, 88
변계선후장정 52, 86, 175
봉천·조선변민교역장정 48
북간도 21, 45, 53, 54, 80, 84, 157,
204, 244, 262
분계강 20, 62, 65, 66, 69, 90, 117,
120, 121, 133, 156

ㅅ
사이섬 16, 18
사이토 스에지로 139~141, 151, 164
「산림법」 205
산포군 76
서간도 21, 45, 53, 54, 161, 165, 244
석을수 147, 148, 150, 175, 211
선춘령 99, 101, 102, 169, 173, 174,
179, 301, 305
송화강 15, 20, 21, 45, 69, 100~102,
104, 117, 130, 133, 144, 151, 165,
167, 264

스즈키 신타로 164, 167, 169, 171
시노다 지사쿠 30, 139, 151, 171, 190, 289, 291, 292, 294, 297, 298, 300
식민주의 39, 192, 301
신축조약 73

ㅇ

「안봉철도에 관한 각서」 215
압록강 11, 14, 53, 69, 73, 76, 83, 102, 113, 178, 184, 185, 192, 194~197, 207, 209, 210, 213, 215, 217, 222~225, 228, 232, 235, 244
「압록강가교에 관한 일청각서」 216
압록강수전공사 209
압록강채목공사 204
압록강철교 146, 215, 217, 245
어윤중 48, 56, 58
여순협정 73
「연변변무선후사의」 239
영일동맹 74, 82, 234
오삼갑 61, 65, 70
용정촌구제회 246
우용정 89, 90
우적동사건 151
워싱턴회의 270, 280
유광열 31, 301
윤관 31, 33, 65, 116, 133, 167, 169, 171, 178, 301
의화단 72, 73, 75, 76
이범윤 52, 80, 84~89, 92, 96~98, 167, 172, 175
이중하 14, 46, 49, 128, 132, 175, 178
이토 히로부미 131, 136~139, 144, 155~157
「일만의정서」 283
일진회 53, 128, 136, 154, 155, 157, 158, 160
일청통상항해조약 271

ㅈ

자치운동 265~267, 285, 286, 302
장작림 281
장지연 33, 105, 106, 110, 115, 252
정묘화약 189, 191
정약용 105, 107~109, 112, 115
『제국국방방침』 127
제남사건 272, 279
조선인거류민회 241, 243
조선총독부 41, 195, 228, 237
조청 경계문제 54, 61
조청 국경회담 19, 20
중립지대 134, 135, 174, 181, 182, 185, 189, 190, 192
중일관세협정 273
중한 도문강 경계 조약 147
진위대 75, 76, 80, 81, 84, 85

ㅊ

천평벌 15, 16, 18
청비 75~78

찾아보기 369

최심수로 223, 224
치외법권 63, 234, 236, 240, 241, 267, 270, 272, 273, 275, 276, 278, 284, 285, 291
치외법권 철폐문제 41, 270~273, 284, 308

ㅌ

탈베크의 원칙(Talweg principle or Talweg doctrine) 213, 228
토문강 11, 14, 18, 21, 22, 38, 44, 58, 61, 62, 65, 67, 69, 72, 78, 84, 90, 92, 99, 101, 102, 104, 116, 121, 130, 132, 143, 156, 165, 167, 172, 177, 179, 301, 302
토문회 34
토지상조권 254, 257, 258

ㅍ

포이합통하 120, 130, 156, 169
포츠머스조약 124~126, 138

ㅎ

한교구축문제대책강구회 265
한변외 169
한인잡거구역 148, 150, 290
한청통상조약 38, 63, 65, 67, 69~72, 84, 90~92, 132, 172
해란하 117, 118, 128, 130, 168, 192
혼춘사건 242
홍단수 59
홍토수 38, 132, 168, 175, 178
회의동삼성사의정약 216
「홍개의정서」 219, 220